科学出版社"十四五"普通高等教育本科规划教材
南开大学"十四五"规划核心课程精品教材
新能源科学与工程教学丛书

太阳能电池科学与技术
Science and Technology
of Solar Cells

袁明鉴　姜源植　编著

科 学 出 版 社
北 京

内 容 简 介

本书是"新能源科学与工程教学丛书"之一。全书共7章,首先介绍半导体基本知识,以便读者对太阳能电池中半导体材料和内部载流子输运机制有大致的了解;然后概述太阳能电池的基本工作原理和关键性能参数;接着简要介绍目前较为成熟的硅基太阳能电池原理,并对各类新型薄膜太阳能电池进行分类和系统阐述其特点;最后总结太阳能电池在各领域的应用及器件检测手段,并展望其未来发展趋势。

本书可作为高等学校新能源科学与工程及相关专业的教材,也可供其他专业师生以及从事太阳能电池研究的科研人员和企业技术人员参考。

图书在版编目(CIP)数据

太阳能电池科学与技术 / 袁明鉴,姜源植编著. -- 北京 : 科学出版社, 2024.9. -- (科学出版社"十四五"普通高等教育本科规划教材)(南开大学"十四五"规划核心课程精品教材)(新能源科学与工程教学丛书). -- ISBN 978-7-03-079489-5

Ⅰ. TM914.4

中国国家版本馆 CIP 数据核字第 2024Q9V868 号

责任编辑:丁 里 李丽娇 / 责任校对:杨 赛
责任印制:吴兆东 / 封面设计:迷底书装

科学出版社 出版

北京东黄城根北街 16 号
邮政编码:100717
http://www.sciencep.com

北京富资园科技发展有限公司印刷
科学出版社发行 各地新华书店经销

*

2024 年 9 月第 一 版 开本:787×1092 1/16
2024 年 11 月第二次印刷 印张:15 1/2
字数:360 000

定价:68.00 元
(如有印装质量问题,我社负责调换)

丛 书 序

能源是人类活动的物质基础，是世界发展和经济增长最基本的驱动力。关于能源的定义，目前有 20 多种，我国《能源百科全书》将其定义为"能源是可以直接或经转换给人类提供所需的光、热、动力等任一形式能量的载能体资源"。可见，能源是一种呈多种形式的，且可以相互转换的能量的源泉。

根据不同的划分方式可将能源分为不同的类型。人们通常按能源的基本形态将能源划分为一次能源和二次能源。一次能源即天然能源，是指在自然界自然存在的能源，如化石燃料(煤炭、石油、天然气)、核能、可再生能源(风能、太阳能、水能、地热能、生物质能)等。二次能源是指由一次能源加工转换而成的能源，如电力、煤气、蒸汽、各种石油制品和氢能等。也有人将能源分为常规(传统)能源和新能源。常规(传统)能源主要指一次能源中的化石能源(煤炭、石油、天然气)。新能源是相对于常规(传统)能源而言的，指一次能源中的非化石能源(太阳能、风能、地热能、海洋能、生物质能、水能)以及二次能源中的氢能等。

目前，化石燃料占全球一次能源结构的 80%，化石能源使用过程中易造成环境污染，而且产生大量的二氧化碳等温室气体，对全球变暖形成重要影响。我国"富煤、少油、缺气"的资源结构使得能源生产和消费长期以煤为主，碳减排压力巨大；原油对外依存度已超过 70%，随着经济的发展，石油对外依存度也会越来越高。大力开发新能源技术，形成煤、油、气、核、可再生能源多轮驱动的多元供应体系，对于维护我国的能源安全，保护生态环境，确保国民经济的健康持续发展有着深远的意义。

开发清洁绿色可再生的新能源，不仅是我国，同时也是世界各国共同面临的巨大挑战和重大需求。2014 年，习近平总书记提出"四个革命、一个合作"的能源安全新战略，以应对能源安全和气候变化的双重挑战。我国多部委制定了绿色低碳发展战略规划，提出优化能源结构、提高能源效率、大力发展新能源，构建安全、清洁、高效、可持续的现代能源战略体系，太阳能、风能、生物质能等可再生能源、新型高效能量转换与储存技术、节能与新能源汽车、"互联网+"智慧能源(能源互联网)等成为国家重点支持的高新技术领域和战略发展产业。而培养大批从事新能源开发领域的基础研究与工程技术人才成为我国发展新能源产业的关键。因此，能源相关的基础科学发展受到格外重视，新能源科学与工程(技术)专业应运而生。

新能源科学与工程专业立足于国家新能源战略规划，面向新能源产业，根据能源领域发展趋势和国民经济发展需要，旨在培养太阳能、风能、地热能、生物质能等新能源领域相关工程技术的开发研究、工程设计及生产管理工作的跨学科复合型高级技术人才，以满足国家战略性新兴产业发展对新能源领域教学育人、科学研究、技术开发、工程应用、经营管理等方面的专业人才需求。新能源科学与工程是国家战略性新兴专业，涉及化学、材料科学与工程、电气工程、计算机科学与技术等学科，是典型的多学科交叉专业。

从 2010 年起，我国教育部加强对战略性新兴产业相关本科专业的布局和建设，新能源科学与工程专业位列其中。之后在教育部大力倡导新工科的背景下，目前全国已有 100 余所高等学校陆续设立了新能源科学与工程专业。不同高等学校根据各自的优势学科基础，分别在新能源材料、能源材料化学、能源动力、化学工程、动力工程及工程热物理、水利、电化学等专业领域拓展衍生建设。涉及的专业领域复杂多样，每个学校的课程设计也是各有特色和侧重方向。目前新能源科学与工程专业尚缺少可参考的教材，不利于本专业学生的教学与培养，新能源科学与工程专业教材体系建设亟待加强。

为适应新时代新能源专业以理科强化工科、理工融合的"新工科"建设需求，促进我国新能源科学与工程专业课程和教学体系的发展，南开大学新能源方向的教学科研人员在陈军院士的组织下，以国家重大需求为导向，根据当今世界新能源领域"产学研"的发展基础科学与应用前沿，编写了"新能源科学与工程教学丛书"。丛书编写队伍均是南开大学新能源科学与工程相关领域的教师，具有丰富的科研积累和一线教学经验。

这套"新能源科学与工程教学丛书"根据本专业本科生的学习需要和任课教师的专业特长设置分册，各分册特色鲜明，各有侧重点，涵盖新能源科学与工程专业的基础知识、专业知识、专业英语、实验科学、工程技术应用和管理科学等内容。目前包括《新能源科学与工程导论》《太阳能电池科学与技术》《二次电池科学与技术》《燃料电池科学与技术》《新能源管理科学与工程》《新能源实验科学与技术》《储能科学与工程》《氢能科学与技术》《新能源专业英语》共九本，将来可根据学科发展需求进一步扩充更新其他相关内容。

我们坚信，"新能源科学与工程教学丛书"的出版将为教学、科研工作者和企业相关人员提供有益的参考，并促进更多青年学生了解和加入新能源科学与工程的建设工作。在广大新能源工作者的参与和支持下，通过大家的共同努力，将加快我国新能源科学与工程事业的发展，快速推进我国"双碳"目标的实现。

中国工程院院士、中国矿业大学（北京）教授

2021 年 8 月

前　言

太阳能电池可以直接将太阳能转化为清洁、可持续的电能，作为可再生能源技术具有广泛的应用潜力，其应用领域已扩大至家庭和工业用电、交通工具动力、航天科学等。太阳能电池的研究推动了能源技术的创新，通过提高转换效率、寿命和降低成本，可以更为有效地利用太阳能资源，促进可再生能源的发展，减少对有限能源的依赖。因此，太阳能电池的研究具有重要的科学意义和应用价值，其发展有望在缓解能源危机、改善生态环境等方面起到作用。

本书聚焦太阳能电池光伏器件，介绍人们目前制备的各类光伏器件及其物理原理与应用，同时阐述半导体器件结构与半导体材料的本征物理性质和器件性能间的构效关系。本书共7章：第1章概述了能源经济问题和太阳能与光伏发电；第2章对半导体物理基础进行简要介绍；第3章介绍太阳能电池的工作原理；第4章介绍传统硅基太阳能电池；第5章介绍新型薄膜太阳能电池；第6章介绍太阳能电池效率提升的主要途径；第7章总结太阳能电池主要应用场景及器件检测手段。本书还配套了视频等数字化资源，读者可扫描书中二维码学习。

本书由袁明鉴、姜源植构思、编写、修改和定稿。在本书编写过程中，编者课题团队的研究生参与了部分章节的资料收集和整理工作，特别感谢孙长久、陈荃霖、冯艳兴、李赛赛、韦科好、王迪、丰宇、丁紫津、耿聪、王赛珂和王雨等在本书撰写、修改、校稿过程中给予的大力支持与帮助。

国家自然科学基金委员会、天津市政府、南开大学对本书的出版给予了大力支持和帮助，编者在此表示诚挚的谢意。在本书编写过程中参考了大量国内外资料，编者虽尽量备注，但仍难以全面收集和一一注明，在此对相关作者表示衷心的感谢！

由于太阳能电池领域不断发展，新概念、新知识、新理论不断涌现，加之编者经验不足、水平有限，书中不足之处在所难免，恳请广大读者批评指正。

编著者

2024 年 4 月

目　　录

第1章 绪 论

1.1 能源经济问题

1.1.1 能源的定义与分类

能源作为驱动世界的核心力量，以各种形式(如热量、电能、光能和机械能等)为人们的生活提供源源不断的动力。依据不同的分类原则，能源被赋予多元化的面貌。

一种常见的能源分类方式是根据是否可再生，将能源划分为可再生能源和不可再生能源。可再生能源，如太阳能、风能、水能、生物质能、海洋能和地热能，是可以在人类历史时间尺度上自我恢复的能源，这些能源不仅具有可持续性与环保性的鲜明特点，而且能在持续为人类所利用的同时不断自我更新，从而极大地减少了对环境的不可逆损害。与之相对，不可再生能源，如化石燃料与核能等，它们在人类历史时间尺度上无法自我恢复。这些能源蕴藏在有限的地质资源中，其开采和使用过程会对环境产生深远的影响。随着时间的推移，这些资源逐渐枯竭，因此人们需要谨慎使用，并积极寻找替代方案。

从能源的形成条件来看，人们又能将其划分为一次能源与二次能源。一次能源是在自然界中直接存在、可以直接利用的能源形式，如化石燃料、太阳能、风能、水能、地热能和核能等。它们能够直接转化为其他形式的能量，满足人类日益增长的能源需求。二次能源是通过对一次能源进行转化或加工制造而产生的。例如，电能是通过水能、核能等一次能源转化而来的，在人们的日常生活中扮演着重要的角色。

合理利用和开发能源已经成为全球可持续发展的关键所在。为此，需要大力发展和推广可再生能源，提高能源利用效率，同时积极探索替代非可再生能源的新技术。这些举措不仅关乎未来能源的安全，更是减缓对环境的不可逆破坏、实现人与自然和谐共生的重要途径。

1.1.2 能源的重要性和作用

能源作为人类社会经济发展的核心驱动力与现代文明的坚实支柱，是人类生存与发展的基石。能源的开发与利用状况是衡量一个时代、一个国家经济发展与科技进步的重要标志，它与人们的生活品质紧密相连、息息相关。能源犹如城市的血脉，为照明、交通、餐饮、采暖、降温等城市的各项功能提供源源不断的动力。

自近代以来，能源的重要性日益凸显。那些拥有丰富能源资源并在能源技术创新方面领先的国家和地区，往往在经济增长方面表现出色。在当今世界，能源问题已成为各国人民生活和可持续发展的核心议题，甚至涉及国家安全。随着城市现代化程度的提升，人们对能源的需求也日益增长。因此，推动能源生产与消费的革命性变革，不仅是保障我国能源安全的必由之路，更是实现人与自然和谐共生的关键。

1.1.3 我国的能源消费结构转型

截至 2023 年第一季度，我国的能源消费结构正在发生显著的转变。全国可再生能源装机容量达到 12.58 亿 kW，相较于常规水力发电的 3.68 亿 kW、抽水蓄能的 4699 万 kW、风力发电的 3.76 亿 kW 和光伏发电的 4.25 亿 kW，生物质发电装机容量也达到了 4195 万 kW。这些数据清晰地表明我国在能源利用方面正朝着清洁和可再生能源的方向转变。

同时，来自《中国能源发展报告 2023》和《中国天然气发展报告 2023》的数据显示，2022 年全国能源消费总量达到 54.1 亿 t 标准煤，较上一年增长了 2.9%。其中，煤炭消费量增长了 4.3%，原油消费量下降了 3.1%，而天然气消费量下降了 1.2%。尽管煤炭消费量仍在增长，但值得注意的是，清洁能源消费量占能源消费总量的比例从 2013 年的 15.5% 提升到 2023 年的 25.9%，增长超过 10%。这些数据显示我国能源消费结构正在朝着更加清洁、可持续的方向发展。随着清洁能源在能源消费中的不断增加，未来的能源格局将更加环保、可持续，有助于降低对环境的不良影响。这一转变也为我国在全球能源转型中发挥积极作用，建设更加清洁、绿色的社会做出了重要贡献。

1.1.4 不可再生能源

1. 不可再生能源的定义和意义

不可再生能源，如煤炭、石油、天然气等，是指在相当长时间内无法再生的自然资源。这些资源是人类社会发展的关键物质基础，为工业生产、科技发展等提供了必要的能源和原材料。然而，由于其不可再生性质，过度开采可能导致资源枯竭，严重威胁到可持续发展。因此，合理利用和保护不可再生资源已成为全球关注的焦点。

不可再生能源的基本特征主要表现在其不可再生性和补充速度缓慢。这意味着在自然环境下，它们无法迅速再生，补充速度非常缓慢；同时，一旦开采，资源存量就相应减少。当前的开采量将直接影响未来的可开采量。这种资源的重要性在于其为人类社会提供了必需的能源和原材料，但随之而来的是对资源合理开发的迫切需求，以及对环境影响的审慎考虑。

2. 不可再生能源的局限性和挑战

不可再生能源具有显著的优势，也存在明显的局限性和挑战。最突出的问题是其有限性，因为这些资源的形成需要数百万年的自然过程，无法在短时间内复制。此外，开采和使用不可再生资源也导致了环境污染。例如，煤炭燃烧产生的一氧化碳、二氧化碳等气体对人类健康和生态环境构成威胁。大规模的土地开发和生态系统破坏也对生物多样性构成威胁。

3. 不可再生能源的替代方案和可持续利用策略

不可再生能源的替代方案和可持续利用策略是解决能源可持续性和环境保护问题的关键。首先，可再生能源被视为最重要的替代方案之一。太阳能、风能、水能等可再生能源具有永续性，其环境影响较小，可以有效减少对不可再生能源的依赖，推动能源结构向清洁、低碳方向转型。其次，提高能源利用效率也是可持续利用的关键策略之一。通过采用先进的能源技术和设备，如高效燃烧技术、节能设备等，可以降低能源消耗和排放，实现能源利用的最大化。此外，发展能源储存和转换技术也是重要的方向。储能技术可以解决可再生能源波动性和间歇性的问题，提高能源利用的稳定性和可靠性。同时，发展新能源转换技术，如氢能、生物能等，可以拓展能源来源，减少对传统不可再生能源的依赖。另外，加强对能源资源的管理和监管也是实现可持续利用的关键。建立健全的能源政策和法规体系，加强资源调控和节约利用，防止资源过度开采和浪费，是保障能源可持续利用的重要措施之一。

1.1.5　可再生能源

1. 可再生能源概述

太阳能、风能、水能等统称为可再生能源，这是因为它们来源于自然界中不断更新和再生的能源，如图 1.1 所示。相较于化石燃料，这些能源的优势在于其采集和利用过程中既不排放污染物，也不释放温室气体，因此被誉为天然的绿色能源。

(a) 太阳能发电装置　　　　(b) 风力发电装置　　　　(c) 水力发电装置

图 1.1　可再生能源的运用

太阳能发电是以太阳为能源进行发电的方式。随着科技的进步，太阳能电池的效率不断提高，使得太阳能发电成本逐渐降低。国家发展和改革委员会、国家能源局等发布的《关于印发"十四五"可再生能源发展规划的通知》显示，我国在"十四五"期间将积极推动光伏发电与农业、渔业、建筑等领域的深度融合。对于风能的利用则是通过风力发电机将风的动能转化为电能的过程。同样地，风能发电的成本也在逐年下降。国家能源局的数据显示，2020 年我国的风力发电装机容量已超过 2 亿 kW。水能主要是通过水轮机等方式将水的势能或动能转化为电能。目前，我国水力发电装机容量持续增长，截至 2022 年，我国已建、在建常规水力发电装机容量约 3.9 亿 kW。

推动可再生能源的发展需要政府、企业、科研机构和社会各界的共同努力。目前各国政府均出台了相关政策，鼓励和支持可再生能源的发展，包括提供税收优惠、补贴、贷款支持、建设示范项目和产业园区等，降低可再生能源项目的投资成本和风险。同时，通过制定相关法规，规定可再生能源的占比和使用范围，强制推动其在各个领域的应用。在科技领域，加大科技投入对推动可再生能源技术的创新和研发也具有重要意义。通过研发新技术、新材料和新设备，提高可再生能源的转换效率和使用性能，降低成本，使其更具市场竞争力。此外,加强与国际社会的合作与交流,引进国外先进的技术和经验,也将推动我国可再生能源的发展。积极参与国际可再生能源合作项目,推动全球能源结构的转型和升级。

2. 可再生能源在我国能源中的发展现状

我国在可再生能源的发展方面取得了显著的成就。2022 年数据显示,我国可再生能源发电量相当于减少国内约 22.6 亿 t 二氧化碳排放,同时出口的风力发电、光伏发电产品为其他国家减排约 5.73 亿 t 二氧化碳,合计减排 28.33 亿 t,约占全球同期可再生能源折算碳减排量的 41%。此外,我国将发展非化石能源作为能源发展的重点,以低碳能源代替高碳能源,可再生能源代替化石能源,推动可再生能源的快速发展。2020 年,我国可再生能源开发利用规模达到 6.8 亿 t 标准煤,相当于替代近 10 亿 t 煤炭,从而减少了约 17.9 亿 t 二氧化碳、86.4 亿 t 二氧化硫和 79.8 亿 t 氮氧化物的排放量。在"十四五"期间,我国设定了可再生能源总量目标和发电目标。到 2025 年,可再生能源消费总量预计将达到 10 亿 t 标准煤左右,其中可再生能源在一次能源消费增量中占比超过 50%,同时可再生能源的年发电量约为 3.3 万亿 $kW \cdot h$。

这些数据充分展示了我国在推动可再生能源发展方面的坚定决心和显著成效。未来将继续努力推进可再生能源的发展,为实现绿色低碳发展目标做出更大贡献。

3. 可再生能源的应用问题和挑战

我国可再生能源发展在取得显著成就的同时,也面临一些问题和挑战。由于波动性风、光、电比重的提高,如何应对这些问题和挑战,关系到我国能源系统低碳转型能否最终实现。虽然可再生能源技术在中国市场的广泛应用促进了全世界范围可再生能源成本的下降,加速了全球能源转型进程,但依然需要进一步加强能源基础设施互联互通,为能源资源互补协作和互惠贸易创造条件。因此,要建成清洁低碳、安全高效的现代能源体系,必须解决建设现代能源体系、增强能源自主创新能力、推进能源低碳转型等关键问题和挑战。

具体来说,我国可再生能源发展的问题和挑战主要包括以下几个方面:

(1) 技术创新不足:虽然我国在可再生能源技术方面取得了一定的进步,但与国际先进水平相比仍存在一定差距。例如,风力发电、光伏发电等新能源发电的成本仍然较高,需要进一步提高技术水平,降低成本。

(2) 资金投入不足:可再生能源的发展需要大量的资金支持。然而,由于各种原因,我国在可再生能源领域的投资相对较少。

(3) 网络接入困难:由于可再生能源的特殊性质,如风能、太阳能等受天气等自然因素影响较大,因此其发电量具有一定的波动性。这就需要建立完善的电网接入机制以保证电力供应的稳定性。

(4) 市场环境不完善:虽然我国已经建立了可再生能源市场交易机制,但在实际操作中仍然存在一些问题,如交易规则不明确、市场监管不到位等。

(5) 社会认识不足:部分公众对可再生能源的认识还不够深入,对其重要性和发展前景缺乏足够的了解。

为了应对这些问题和挑战，需要从多个方面入手：一是加大技术研发投入，提高我国可再生能源技术的自主创新能力；二是增加资金投入，鼓励更多的企业参与可再生能源的开发和利用；三是完善相关政策和法规，建立健全的市场环境；四是加强公众宣传和教育，提高全社会对可再生能源的认识和支持度。

1.1.6 能源转型与可持续发展

能源转型与可持续发展密切相关，是实现可持续发展目标的重要组成部分。能源转型是指从依赖传统的、不可再生的、污染严重的能源(如煤炭、石油等)向更加清洁、可再生和高效的能源(如风能、太阳能等)转变的过程。这种转变是为了减少对有限资源的依赖，降低对环境的影响，促进经济社会的可持续发展。

我国在 2021 年政府工作报告中强调了推动发展方式绿色转型的重要性，以及推进能源清洁高效利用和技术研发，加快建设新型能源体系的必要性。报告提出，通过清洁高效的煤炭与可再生能源组合，实现多能互补，能够更好地加快新型能源系统建设，共同保障能源安全。我国坚持以"清洁低碳"作为能源发展的主导方向，大力推进能源的"绿色"生产与消耗，大幅度降低二氧化碳与污染物排放量，加速我国能源的绿色低碳转型。

在能源转型过程中，太阳能、风能、水能等可再生能源具有永续性和较小的环境影响，能够有效减少对传统不可再生能源的依赖，推动能源结构向清洁、低碳方向转型，实现能源的可持续利用。同时，能源转型也需要政策支持和技术创新的推动。政府在能源政策和法规方面需要明确推动可再生能源的发展，制定支持清洁能源发展的政策措施，提高可再生能源的竞争力和市场份额。同时，还需要加大对新能源技术的研发投入，提高技术水平，降低能源生产成本，推动能源转型向更加清洁、高效的方向发展。

总的来说，能源转型与可持续发展密切关联，是实现经济、社会和环境协调发展的重要举措，需要政府、企业和社会各界共同努力，才能实现能源的可持续利用和可持续发展的目标。

1.2 太阳能与光伏发电

太阳能和光伏发电是当今全球能源转型的重要领域。随着人们对环境保护意识的不断提升，越来越多的国家和企业开始关注可再生能源的开发和应用。太阳能作为一种清洁、可再生的能源，具有广泛的应用前景。光伏发电技术通过将太阳能转化为电能，为人们的生活和工业生产提供了一种绿色、可持续的能源解决方案。我国将大力发展可再生能源，提高非化石能源在一次能源消费中的比重，光伏发电作为非化石能源的重要组成部分，将在实现碳达峰目标的过程中发挥关键作用。我国光伏产业经历了 20 多年跨越式的发展，得益于我国政府对其大力的支持和推广。2021 年，工业和信息化部等五部委联合印发了《智能光伏产业创新发展行动计划(2021—2025 年)》，旨在推动我国光伏产业的智能化发展，提高产业技术创新能力，并促进光伏产业与半导体技术、新能源需求的深度融合。我国政府在推动智能光伏产业发展、实现绿色低碳经济转型方面表现出坚定的决心。

1.2.1　太阳能

太阳能又称太阳能源或阳光能源，是指从太阳辐射中获取的能量。这种能量是无穷无尽的，因为它来自一个几乎永恒的能源——太阳。

自人类诞生以来，就开始不断利用太阳能。古埃及时期，人们利用镜子聚焦太阳光来点燃火把，称为"日光点火"技术。古希腊人在公元前 2000 年左右发明了一种"太阳能炉"装置，它可以利用太阳光加热空气，从而产生热能。在中国，人们使用铜制或铁制镜子聚集太阳光，点燃火把。古印度人则采用一种名为"太阳灶"的装置来烹饪食物，这种装置由一个凹面镜和一个支架组成，能将太阳光聚焦到一个点上，从而产生高温。19世纪，人们开始研究如何将太阳能转化为电能。最早的太阳能电池由法国物理学家贝克勒尔(Becquerel)于 1839 年发明。20 世纪，随着科技的进步，太阳能广泛应用于发电、热水供应和空调等领域，将太阳能转化为其他形式的能量。例如，将太阳能电池板安装在屋顶上，用于收集太阳能并将其转化为电能。

太阳是一个由氢气通过核聚变反应产生能量的巨大恒星，这个过程已经持续了约 46 亿年，预计还将持续约 50 亿年。太阳在 1.5 天内提供 1.7×10^{22} J 的能量，这相当于地球上 3 万亿桶石油资源所能提供的全部能量。人类在一年中使用的总能量为 4.6×10^{20} J，这些能量可以由太阳在 1 h 内提供。因此，来自太阳的能量完全能够单独满足人类所有的需求。可以说太阳能是一种可再生能源，它不会枯竭。

太阳能也是一种清洁能源，它的使用不会对环境造成污染。目前全球 80%～85%的能源需求依赖于化石燃料，但是这种能源存在明显的问题：储量有限、排放二氧化碳对环境不友好。化石燃料的燃烧是导致全球变暖、温室效应、气候变化和臭氧层消耗的主要原因。国务院提出，要在保障能源安全的前提下，大力实施可再生能源替代，加快构建清洁低碳安全高效的能源体系。因此，必须为清洁和可持续发展的未来寻找替代能源。在这方面，太阳能提供了所有可再生能源中最好的解决方案，因为它具有规模巨大、适用广泛、多功能性和环保性的特点。

1.2.2　光伏发电

光伏发电是利用太阳能电池将太阳能直接转化为电能的过程。太阳能电池是一种由半导体材料制成的光电转换器件，当太阳光照射到太阳能电池上时，光子与半导体中的电子相互作用，使电子从价带跃迁到导带，形成电子-空穴对，从而产生电流。光伏发电具有清洁、安全、可再生等优点，是目前最具发展潜力的可再生能源技术之一。

光伏发电技术按照规模和职能划分，可以分为两大类：集中式和分布式。集中式光伏电站是将光伏阵列安装于山地、水面、荒漠等较为宽阔的地域，经阳光照射后光伏阵列可产生直流电，逆变器再将直流电转变成交流电后，由升压站接入电网。集中式光伏电站规模普遍较大，一般超过 10 MW，目前逐渐增多的特大型光伏电站更是达到 100 MW

以上。分布式光伏电站则允许电力既可以供给电网,又可以自行使用,其占地面积小,成本较低。

光伏发电系统主要由太阳能电池板、控制器、蓄电池和逆变器等部分组成。太阳能电池板是光伏发电系统的核心部分,它将太阳能转化为电能;控制器用于控制太阳能电池板的输出电压和电流,保护电池板和蓄电池;蓄电池用于储存太阳能电池板产生的电能,以便在没有太阳光的情况下使用;逆变器则将直流电转换为交流电,以便于电力的输送和使用。从系统应用的角度,光伏发电系统可以分为独立光伏发电系统、并网光伏发电系统及分布式光伏发电系统。独立光伏发电也称离网光伏发电,它不依赖电网,直接将太阳辐射能转换成直流电,经电缆、电气控制设备等调整为可被利用的电能。并网光伏发电是指将太阳能电池组件产生的直流电通过并网逆变器转换为交流电,与电网相连,共同承担供电任务。分布式光伏发电则是在用户现场或靠近用电现场配置较小的光伏发电装置,以满足特定用户的需求。

1.2.3　我国光伏产业的现状

我国的光伏产业从无到有、从有到强,经历了 20 余年的跨越式发展,已经建立了完整的产业链和配套环境。

早在 20 世纪 70 年代,我国就开始研究和开发太阳能光伏技术,但真正的产业化发展要追溯到 21 世纪初的 2005 年,当时我国的光伏产业规模还非常小。随着我国政府对可再生能源的大力支持和推广,以及光伏技术的不断进步,我国的光伏产业得到了快速发展。中国光伏行业协会数据显示,2019 年我国光伏发电装机容量达到 204.3 GW,约占全球总装机容量的 30%。根据国家能源局的数据,2021 年我国光伏发电新增装机容量达到 5300 万 kW,同比增长约 10%;累计装机容量达到 306 GW,同比增长 20.94%;全年光伏发电量达到 3259 亿 kW·h,同比增长 25.1%,占全年总发电量的 4%。这些数据充分展示了我国光伏产业的快速发展。进入 2022 年,我国光伏产业继续发展。据统计,到 2022 年底,我国的光伏发电累计装机容量已经达到 392.6 GW,如图 1.2 所示,光伏行业

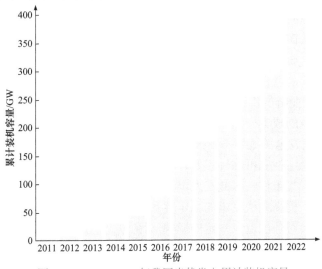

图 1.2　2011～2022 年我国光伏发电累计装机容量

的总产值更是突破了 1.4 万亿元，证明了我国光伏产业的规模和实力。如今，光伏产业已经成为我国重要的战略性新兴产业，可与国际竞争并达到国际领先水平，成为全球最大的光伏市场，推动全球能源变革。在生产建设上，我国光伏发电产业实现了由"跟跑""并跑"向"领跑"的巨大转变。

我国政府对光伏产业给予了极大的政策支持，旨在推动其健康发展并抢抓新能源发展的重大机遇。例如，我国政府推出了"光伏扶贫"政策，通过在贫困地区建设光伏发电项目，帮助贫困人口脱贫。我国政府还推出了"光伏领跑者"计划，鼓励企业提高光伏发电的技术水平和经济效益。我国还加大了对产业智能制造和数字化升级的支持力度，提升产品全周期智能化、信息化水平。此外，为了推动关键基础材料、设备、零部件等技术升级，政府推进了高效太阳能电池、先进风电设备等关键技术突破，如发布的《智能光伏产业创新发展行动计划(2021—2025 年)》。而针对能源电子产业的发展，工业和信息化部等六部门也发布了相关的指导意见。这些政策不仅鼓励扶持光伏行业的发展，也为相关企业提供了良好的发展环境和方向。

我国的光伏企业在技术研发方面取得了显著的成果，这些成果体现在产业规模、技术创新和研发合作等多个方面。首先，从产业规模来看，我国光伏制造企业位居全球前列。2017 年，中国大陆进入全球产量前十的光伏制造企业数量为：多晶硅 6 家、硅片 10 家、电池片 8 家、组件 8 家，且产量位居世界第一的企业均在中国。到 2015 年底，在光伏制造四大核心环节(多晶硅、硅片、电池片和组件)中，国内企业的产量均位居全球第一，占全球总产量的 1/4 以上。其次，从技术创新来看，2014～2017 年，天合光能股份有限公司、晶科能源股份有限公司、隆基绿能科技股份有限公司等企业研发的硅太阳能电池已连续 9 次刷新世界纪录。再次，中国光伏企业主要生产环节设备已经基本实现全面国产化。2022 年，我国光伏规划扩产项目超过 480 个，其中不乏投资额更高、技术更新的 N 型 TOPCon 太阳能电池或组件项目。最后，从研发合作来看，我国的产业化技术水平始终引领全球，多家行业领先企业均同光伏领域的世界著名高校和研究院所开展合作研发。我国光伏企业在技术研发方面取得的成果不仅体现了我国在全球光伏产业的领先地位，也为我国新能源的发展做出了重要贡献。

然而，我国光伏产业的发展也面临一些挑战。首先，供需错配和成本问题是当前光伏产业需要解决的重要问题。由于市场需求和产能之间的不平衡，可能导致供应链价格波动，进而影响产业的稳定发展。同时，虽然近年来我国光伏电站的投资成本总体上呈下降趋势，但由于产业链的价格波动，系统成本及组件价格偶尔会出现上涨。未来，需要进一步降低光伏发电的成本，提高其竞争力。其次，光伏高比例接入带来的消纳难题也不容忽视。随着光伏发电的比例不断提高，如何有效消纳这些电力成为亟待解决的问题。再次，光伏发电的稳定性和可靠性以及环境影响也是阻碍光伏产业发展的重要因素。由于光伏发电依赖于天气条件，因此其发电量可能会受到天气的影响而波动。为了解决这些问题，需要进一步提高光伏发电的稳定性和可靠性。虽然光伏产业是一种清洁能源，但其制造过程可能会对环境造成一定的影响。因此，需要在发展光伏产业的同时注重环境保护，实现绿色发展。最后，严峻的国际形势和贸易壁垒也是我国光伏产业需要面对的挑战。在全球化背景下，如何应对外部环境的变化，保护我国的产业利益，是需要思考和解决的问题。

　　总的来说，我国的光伏产业经历了 20 多年的跨越式发展，已经建立了完整的产业链和配套环境，并取得了显著成就。政府的支持和政策的引导推动了我国光伏产业的健康发展，技术创新和研发合作也取得了重要突破。未来，我们应继续加强光伏发电的稳定性和可靠性研究，注重环境保护，实现绿色发展，同时要灵活应对国际形势的变化，保护我国的产业利益。通过持续努力，相信我国的光伏产业将继续保持快速发展，并在全球能源变革中发挥重要作用。

思　考　题

1. 可再生能源与不可再生能源的特点是什么？
2. 列举几种常见的可再生能源与不可再生能源。
3. 在全球能源转型的进程中，太阳能如何成为关键的可再生能源来源？分析其相对于其他可再生能源的优势和局限性。
4. 太阳能技术的不断进步和成本的降低将对能源供应结构产生怎样的影响？讨论其对传统能源行业的挑战和机遇。
5. 分析太阳能的大规模应用在减缓气候变化和保护环境方面的作用。
6. 目前我国光伏产业在全球市场上的地位如何？分析我国光伏产业在国际竞争中的优势和挑战。
7. 我国光伏产业的产能和产量规模如何？探讨其是否能够满足国内市场需求，以及在国际市场上的出口情况。
8. 我国光伏产业在可持续发展方面面临哪些挑战和机遇？分析如何平衡产业发展与环境保护的关系，推动光伏产业绿色、低碳发展。

第 2 章　半导体物理基础

2.1　概　　述

随着高新技术的迅猛发展，以半导体技术为核心的电子信息科技产业广泛应用于人们的生产生活中。从显示设备到通信工具，从发光二极管(light emitting diode，LED)到传感器，从晶体管到集成电路等，都离不开半导体。1986 年，我国在"国家高技术研究发展计划"(863 计划)中确定的七个高科技领域几乎都涉及半导体技术或以半导体技术作为重要支撑的新型技术。1991 年，国务院颁发的《国家高新技术产业开发区高新技术企业认定条件和办法》中提出的十大高新技术，也都与半导体技术有着密切联系。大量研究人员认为，半导体技术对 20 世纪社会和科技进步的推动作用甚至比肩蒸汽机引领的第一次工业革命。美国《大西洋月刊》也将半导体材料与技术列为仅次于印刷机、电力、盘尼西林的世界第四大重要发明。因此，半导体的重要性不言而喻。目前，半导体在照明、显示、能源和集成电路等领域的应用构成了多种多样的泛半导体产业。其中，以发光二极管半导体照明、平板显示和太阳能电池的研究最具有代表性。

2.1.1　半导体的定义

半导体是一种导电性能介于导体和绝缘体之间的材料。在绝对零度(0 K)下，半导体没有任何导电能力，但随着温度升高，其导电性总体上升。这种材料对光照等外部条件以及材料的纯度和结构完整性等内部条件非常敏感，这些条件会影响其电阻率。半导体材料的电阻率具有广泛的变化范围和易变性，为其在各种领域的应用提供了良好的基础。掺入不同种类、浓度、比例的有效杂质，或者改变温度、光照强度、磁场等外部条件，都会在不同程度上改变半导体的导电性。

2.1.2　半导体技术的发展历程

半导体领域的研究和发展十分迅速。自发现半导体的基本物理性质至今不过近 200年的时间，半导体技术的应用也不足 100 年的历史，但目前由半导体技术应用延伸的泛半导体产业的发展势头十分迅猛，半导体材料与技术在诸多领域已经实现了规模性产业化。

1. 半导体重要物理特性的早期发现

与科学史上许多重大发现一样，半导体现象的发现起源于偶然的实验过程。如图 2.1所示，1833 年，英国科学家法拉第(Faraday)发现硫化银(Ag_2S)这种材料的电阻随温度上升而降低，这一现象说明硫化银的电阻率具有负温度系数。但是，该现象在当时并没有引起科学家的注意。在之后的研究中，人们才发现，这是半导体的**第一个物理特性——电阻率具有负温度系数**。

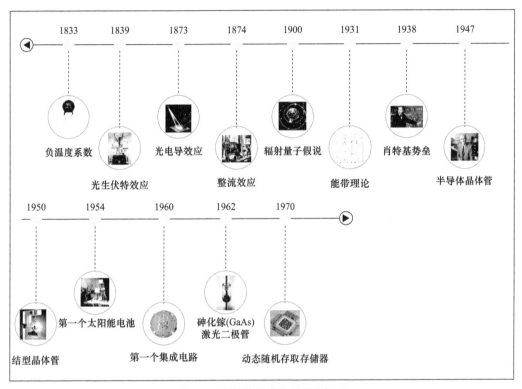

图 2.1　半导体技术发展历程概要

1839 年，法国物理学家贝克勒尔意外地发现，将两块金属板同时浸入溶液中，当两块金属板受到阳光照射时，由金属板与溶液组成的电路的伏特表发生了微弱的变化。这一现象说明光照可以使金属板与溶液所组成的液体蓄电池产生额外的伏特电势。1883 年，科学家再次在半导体硒和金属接触处发现了类似的固体光伏效应。因此，这种半导体在受到光照射时产生电动势的现象成为人们发现半导体的**第二个物理特性——光生伏特效应**。之后，类似能够产生光生伏特效应的器件就称为光伏器件。

1873 年，英国物理学家史密斯(Smith)在开展水下电缆相关的测试任务时，用电阻很大的半导体材料硒(Se)制作成硒棒来检测电缆。在测试过程中他意外发现：当光照强度增大时，硒棒的电导会随之增大，人们发现了半导体的**第三个物理特性——光电导效应**。

1874 年，德国物理学家布劳恩(Braun)观察到硫化铅(PbS)晶体和硫化铁(FeS₂)晶体等硫化物材料的电导会因所加电场方向的改变而改变。因此，科学家总结出了半导体的**第四个物理特性——整流效应**。该效应表明，电子具有方向性：当在半导体两端施加正向偏压时，半导体电阻较小，可导通电流；当施加反向偏压时，半导体电阻较大，基本无法导通。1874 年和 1883 年，英国物理学家舒斯特(Schuster)和弗里茨(Fritts)分别发现并验证了铜与氧化铜之间也存在类似的整流效应，使人们加强了对半导体材料性质的认知。

以上半导体特有的四大物理现象均在 19 世纪后半叶相继被发现。然而，将这些物理现象真正系统地总结为半导体特性却整整花费了半个世纪时间。直至 1947 年，这些特性在美国阿尔卡特朗讯贝尔实验室(Alcatel-Lucent Bell Labs，简称贝尔实验室)才得到了完整的阐述。

2. 半导体理论

19 世纪末，经典力学理论已发展至相当成熟的阶段。然而，在微观系统的实验中却遭遇了一系列难以解释的问题，如黑体辐射、光电效应实验及原子光谱分立等，这些问题对经典物理学形成了巨大挑战。1900 年，普朗克(Planck)在黑体辐射研究中创造性地提出了辐射量子假说，该假说为解决经典力学无法解释的难题开辟了崭新的道路。此后，量子相关理论得到快速发展，而这些量子相关理论统称为量子力学。量子力学的出现也使得半导体理论研究日益完善。

半导体能带理论开启了半导体理论研究的发展。1931 年，美籍英国物理学家威尔逊(Wilson)发表了一篇关于半导体能带理论的经典论文，并在论文中提出了本征半导体、掺杂半导体、施主杂质和受主杂质等重要概念。这些理论阐释为半导体理论的发展奠定了基础。

金属-半导体接触理论是半导体理论的另一个重要分支。1938 年，德国物理学家肖特基(Schottky)、英国物理学家莫特(Mott)和苏联的达维多夫(Давыдов)在能带理论基础上指出，当金属和半导体接触时，其接触界面会形成势垒，称为肖特基势垒(Schottky barrier)。在此基础上，肖特基和美籍德国物理学家贝蒂(Bethe)分别提出了扩散理论和热电子发射理论，对金属-半导体接触的整流特性进行了较为完整的定性描述，为金属-半导体接触理论奠定了基础。

场效应理论的发现与验证构成了半导体材料应用的重要基础。1939～1945 年，肖克莱(Shockley)接连提出了几种场效应晶体管方案。然而，相关实验并未取得实质性成功。1947 年，在贝尔实验室工作的布拉顿(Brattain)的一次实验终于证实了场效应的存在；一个月后，巴丁(Bardeen)和布拉顿又成功研制出一款双点接触式晶体管。1948 年 1 月，肖克莱在贝尔实验室内部刊物上发表了题为《半导体中的 PN 结和 PN 结型晶体管的理论》的论文，并与替尔(Teal)等于 1950 年共同成功利用晶体锗(Ge)制成了结型晶体管。

上述经典理论将在后续章节进行详细介绍。

3. 半导体材料的应用

在半导体理论研究的发展过程中，人们基于早期发现的半导体物理效应的关键知识，开始对半导体原始材料及相关器件展开研究。最早将半导体材料的物理性质实际应用于人们日常生活中的是美国电气工程师鲍斯(Bose)。他在 1904 年基于硅(Si)和硫化铅(PbS)材料成功制造出点接触整流器，并获得了专利权。此后，硒(Se)整流器、氧化亚铜(Cu_2O)点接触整流二极管、具有阻挡层的氧化亚铜光电池等半导体材料应用纷纷问世。然而，由于当时的材料提纯和晶体生长技术水平有限，在非常长的一段时间内，半导体原始材料及相关器件的研究存在一致性和重复性较差的问题。雪上加霜的是，具有更优越性能且稳定的真空电子管相继研发成功，这加剧了人们对半导体材料及相关器件实用性的怀疑和不信任，致使半导体材料与理论的发展和应用在这一阶段进入低谷时期。

这一问题在随后迎来转机：1947 年 12 月，第一个半导体晶体管诞生。这一半导体领域里程碑式的发明标志着新时代的来临，是 20 世纪最重要的发明之一。晶体管具有真空三极管的电流放大、振荡和开关等几乎所有功能，并兼具低功耗、小体积等优势，迅速引起了科技界和商业领域的高度关注。1952 年，晶体管凭借其小巧的特点首次应用于民用便携式助听器，开启了晶体管商业化应用进程。1956 年，肖克莱及其主要合作者因发明晶体管荣获诺贝尔物理学奖。由此，全球掀起了一场晶体管替代电子管的研究热潮。在随后短短十年左右的时间里，晶体管甚至在众多领域取代了传统电子管。以 PN 结型二极管、肖特基势垒型和 PN 结场效应型晶体管为代表的一类半导体器件也如雨后春笋般涌现，它们均具有体积小、功耗低、功能全面等优势。

纵观晶体管的发展历程，大致经历了真空三极管、点接触晶体管、双极型与单极型晶体管、硅晶体管、集成电路、场效应晶体管与金属(metal)-氧化物(oxide)-半导体(semiconductor)场效晶体管(MOS 管)、微处理器(CPU)等阶段。值得一提的是，2016 年，美国劳伦斯伯克利国家实验室(Lawrence Berkeley National Laboratory)成功将当时最先进的晶体管制程从 14 nm 缩减至 1 nm，这一突破性成果打破了当时的物理极限，是计算技术界的重大突破。

平面工艺作为半导体材料的另一项里程碑式发明，奠定了微电子技术的基础，也揭开了信息时代飞速发展的大幕。平面工艺是指采用氧化、光刻、扩散、离子注入等一系列严密而系统的工艺流程，实现在硅半导体芯片上制造晶体管和集成电路，并确保器件和电路在芯片表面附近保持基本平坦。1959 年，美国仙童半导体公司(Fairchild Semiconductor)和英特尔公司创始人诺伊斯(Noyce)申请了关于硅集成电路的第一个专利。1960 年，仙童半导体公司发明了世界上第一个集成电路。1965 年，集成电路的共同发明者摩尔(Moore)在其观察评论报告《给集成电路植入更多元器件》中预测了未来十年半导体工业的发展，指出：在价格不变的情况下，集成电路的集成度和存储容量将周期性增长——平均每隔18～24 个月翻一番，性能也将相应提升。1970 年，仙童半导体公司制造出了 1 kbits 的动态随机存取存储器(DRAM)，开创了大规模集成电路时代。半导体集成电路经历了大规模集成电路(LSI)、非常大规模集成电路(VLSI)、超大规模集成电路(ULSI)、巨大规模集成电路(GSI)等阶段。在此期间，制造的集成电路硅片面积越来越大，集成度越来越高，特征尺寸越来越小，功能越来越丰富。如今，随着微电子技术的飞速发展，人们对芯片的要求也不再局限于具有单一功能的电路，而是能整合多个电路，甚至包括物理、化学、生物等不同领域的传感器、执行器和信息处理系统，实现从信息获取、处理、存储、传输到执行的多功能电路。基于平面工艺技术的微电子技术已将半导体集成电路推向单片系统(system on chip)时代，可以认为是半导体技术的又一次革命性突破。

光电器件是在晶体管和半导体平面工艺的基础上，采用半导体光电子技术制造而成的。光电子技术主要涵盖光电能量转换技术、发光技术和光电探测技术三个方面。其中，光电能量转换技术最主要的应用之一就是太阳能电池,它利用 PN 结的光伏效应可以直接将太阳能转化为电能。在当今能源储备紧张的时代,光伏发电无疑成为各国追求的低碳环保发电途径。1954 年,贝尔实验室的查斌(Chapin)、富勒(Fuller)和皮尔森(Pearson)发明了世界上第一块基于硅扩散 PN 结技术的实用太阳能电池,其能量转换效率达到 6%;经过半个多世纪的发展,目前单结单晶硅电池的能量转换效率早已超过 20%。未来,太阳能光伏发电在全球能源结构中也将占据举足轻重的地位。

发光技术主要应用于发光二极管(LED)和半导体激光器,它们利用了半导体的电致发光特性。半导体照明具有较强的单色性和良好的节能减排性能,因此在显示领域得到了广泛应用。1962 年,ⅢA～ⅤA 族材料砷化镓(GaAs)激光二极管的问世促进了人们对ⅢA～ⅤA 族半导体材料的研究。自此,半导体光电技术快速发展,成为现代技术中不可或缺的一部分。目前,以碳化硅(SiC)、氮化镓(GaN)、氧化锌(ZnO)、金刚石等为代表的一系列宽禁带材料,因其宽禁带、高击穿电场、高热电子饱和速率和更高的抗辐射能力等,被誉为第三代半导体材料。与第一代半导体硅和第二代半导体砷化镓等材料相比,第三代半导体材料在高温、高频、抗辐射等方面具有更大的优势,也成为研究领域的热点。

4. 泛半导体产业

随着半导体技术的迅猛发展,半导体材料在各个领域的应用日益成熟。集成电路、平板显示、LED、太阳能电池、分立器件和半导体设备材料等产业均属于半导体产业。由于半导体材料的应用实践涉及复杂的制造技术,需要大量资金投入,并具有较长的产业链和高度的结构专业化,因此在考虑半导体产业链时,通常将半导体设计、半导体制造、封装测试等上游的设备、原材料等厂商纳入其中,统称为泛半导体产业链。半导体产业是一种周期性行业,其发展与国内生产总值(GDP)密切相关。伴随着人工智能、5G 通信、物联网、大数据等新一代信息技术领域的快速发展,泛半导体产业进入了新的发展周期,需求量也将不断增长。

2.1.3 半导体器件在光伏发电领域中的应用

随着现代化进程不断加速,全球能源消耗也在持续增长。特别是自 21 世纪以来,人类面临全球能源与资源危机、生态与环境危机以及气候变化危机等多重挑战。因此,以绿色经济和节能环保为导向的绿色工业革命势在必行。人们的能源需求开始转向可再生能源,构建能源互联网也成为共同追求的目标。我国积极抓住第四次绿色工业革命的机遇,致力于创新可持续发展。目前,人们采用清洁能源替代和电能替代两种策略实现能源的高效利用。用太阳能、风能、水能等清洁能源替代化石能源,可以从根本上解决能源供应面临的资源和环境约束问题,推动能源可持续发展。

太阳能电池又称光伏电池,是利用某些半导体材料在太阳光照射下产生光伏效应,将太阳辐射能直接转换为直流电能的器件。大多数太阳能电池基于 PN 结的光伏效应。

目前,较成熟的太阳能电池技术主要分为三大类:硅基太阳能电池、化合物半导体太阳能电池、有机太阳能电池(图 2.2)。下面对这几类太阳能电池进行简单介绍,并在后续章节分别对其进行详细分析与讨论。

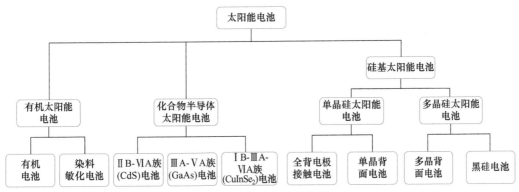

图 2.2　太阳能电池的分类

1. 硅基太阳能电池

单晶硅太阳能电池在目前市场上以技术成熟度和高效率而闻名。然而，其较高的成本使得这类电池的商业价格并不理想，进而限制了单晶硅太阳能电池的进一步发展。相较于单晶硅太阳能电池，多晶硅太阳能电池具有更低的制造成本，成为目前应用最广泛、使用量最大的商业化太阳能电池之一。然而，多晶硅太阳能电池的使用寿命相对较短，仍不能完全满足人们对太阳能电池性能的要求。非晶硅太阳能电池具有较宽的禁带宽度，因此电池可以做得更薄，但其稳定性较差、转换效率不高以及光吸收性不足等问题仍需解决。

针对硅基太阳能电池面临的诸多挑战，如何解决光致衰减问题以及如何进一步提高转换效率是研究者和行业专家的关注重点。

2. 化合物半导体太阳能电池

化合物半导体材料由于其出色的光电特性、高稳定性、易于加工制造和较低的制造成本而成为太阳能电池的理想材料。基于该类材料可构成同质结太阳能电池、异质结太阳能电池和肖特基太阳能电池等。这些电池极大地拓展了光电材料的研究范畴，并丰富了太阳能电池的种类。

适合制备该类太阳能电池的化合物半导体主要有三类：ⅡB-ⅥA 族半导体、ⅢA-ⅤA 族半导体和 ⅠB-ⅢA-ⅥA 族半导体等。

1) ⅡB-ⅥA 族化合物太阳能电池

ⅡB-ⅥA 族化合物太阳能电池是一种薄膜太阳能电池，采用ⅡB-ⅥA 族元素作为主要构成材料，如硫化镉(CdS)和硒化镉(CdSe)。与传统的硅基太阳能电池相比，ⅡB-ⅥA 族化合物太阳能电池具有更高的光吸收能力和较低的能带间隙，能够将太阳能高效地转化为电能，具有较高的光电转换效率。并且这种太阳能电池采用薄膜结构，具有灵活性和轻质化的特点，比传统的硅基太阳能电池更轻薄，便于制造和集成到各种表面和设备中，如建筑物外墙和移动电子设备等。这种薄膜结构也使其制造过程具有一定的成本优势。然而，ⅡB-ⅥA 族化合物太阳能电池也存在一些缺点。首先，其中某些材料中的元素，如镉(Cd)被认为是有毒的。在制造过程中和太阳能电池的使用寿命结束后，妥善处理和回收这些材料是非常重要的，以防止其对环境和人类健康造成潜在危害。其次，某些ⅡB-ⅥA族化合物材料会出现稳定性问题，长期使用和暴露于光照等均导致材料退化和性能下降。

2) ⅢA-ⅤA族化合物太阳能电池

ⅢA-ⅤA族化合物太阳能电池是使用ⅢA-ⅤA族元素作为主要构成材料，如砷化镓(GaAs)，其禁带宽度约为 1.42 eV。GaAs 电池具有良好的高温稳定性能，能够在高温环境下保持较高的效率。这使得它们在高温地区或高温应用中具有优势，并且能够更好地应对光照引起的温度升高。GaAs 材料的快速载流子传输特性，使得其具有快速的响应速度。此外，GaAs 电池还在光通信和雷达系统中发挥重要作用，用于接收和转换光信号为电信号。如今，在实现高倍聚光技术后，GaAs 电池已广泛应用于卫星和太阳能发电站。然而，GaAs 电池的制造成本较高，并且ⅢA-ⅤA族化合物材料通常是脆性材料，容易受到机械应力和损坏的影响。此外，基于 GaAs 的单结太阳能电池的能量转换效率仍有待提高，因为它仅能对特定光谱范围的太阳光进行吸收和转换。为解决此问题，研究者设计了多结(叠层)太阳能电池，有效提高了电池转换效率。

3) ⅠB-ⅢA-ⅥA族化合物太阳能电池

铜铟硒(CuInSe₂，CIS)和铜铟镓硒(CuInGaSe₂，CIGS)是制备ⅠB-ⅢA-ⅥA族化合物太阳能电池的典型半导体材料。直接带隙半导体材料 CIS 具有较高的吸收系数，在可见光范围内，仅需 $1.5\sim2.5$ μm 的吸收层厚度就能充分吸收太阳光，这表明该种材料非常适合用于太阳能电池的薄膜制备。然而，CIS 电池中的铜和硒元素相对不稳定，容易受到氧化和腐蚀的影响，导致电池性能下降和寿命缩短。

3. 有机太阳能电池

有机太阳能电池中通常有两种主要类型的有机材料：有机小分子和有机聚合物。有机小分子通常是通过化学合成得到的。它们具有良好的电荷传输特性和可调控的分子结构，如富勒烯衍生物(如 PCBM)、芳香烃衍生物等。有机聚合物是由重复单元组成的聚合物链。它们具有较高的可溶性和柔性，适合采用溶液加工的工艺制备。常见的有机聚合物材料包括聚噻吩(如 P3HT)、聚芴衍生物(如 PTB7)等。有机材料可以通过溶液加工的方法制备，这种制造方法相对简单且成本较低，有助于实现太阳能电池的大规模生产和商业化应用。并且，有机太阳能电池具有较好的柔性和可定制性。它们可以制成薄膜结构，适应不同的表面形状，使其在柔性电子和可穿戴设备领域具有广泛的应用前景。此外，有机太阳能电池对弱光照条件有较好的适应性，能够在室内光源下产生电能。然而，有机太阳能电池也面临一些挑战。首先，它们的光电转换效率相对较低，尚需进一步提高。其次，有机材料的稳定性较差，容易受到光照、氧化和湿度等因素的影响，这对电池的长期稳定性和寿命构成挑战。

2.2　半导体材料的晶体结构和电子状态

物质结构是物体本质属性的基本表现，它反映了物质的内在性质。半导体的固有物理特性主要源于其独特的电子状态及排列方式；同时，所有凝聚态物质的电子态和能级都与晶体内部的原子排列和组合密切相关。因此，本节主要研究半导体晶体材料结构中的电子态分布理论，并重点关注一些常见半导体材料的能带结构。

2.2.1　半导体材料典型的晶体结构

1. 金刚石结构

在日常生活中，最常见的单一元素半导体材料是位于元素周期表ⅣA族的半导体硅、锗等。它们的最外层四个价电子通过共价键相互连接，形成具有菱形结构的晶体。这种晶体结构的特点是，每个原子周围有四个相同的原子作为最近原子，从而形成了规则的正四面体结构，如图 2.3(a)所示。这四个相邻的原子位于规则四面体的四个顶点上。其中，每个中心原子与顶点原子间的共价键具有较大的电子云密度。同时，位于顶点上的每个原子也可以通过扩展的方式形成更规则的长程有序四面体结构，并重复该拓扑过程，最终形成金刚石晶体结构[图 2.3(b)]。

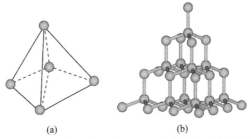

(a)　　　　　　(b)

图 2.3　正四面体结构晶格(a)和正四面体结构组成的晶体结构(b)

金刚石晶格的晶体学结构源于其立方对称性。可以将金刚石的晶格视为两个面心立方单元的组合，这些单元彼此沿着立方体的对角线偏移，偏移距离为立方体对角线长度的 1/4。每个晶格中具体的原子排列如下：8 个原子位于立方体的 8 个顶角，每个顶角上有 1 个碳原子；6 个原子位于立方体的 6 个面的中心，每个面中心有 1 个碳原子；此外，还有 4 个原子位于晶格内部，分别位于正中心和三条轴的中点位置。金刚石结构半导体晶体中的共价键并非由分离的原子电子波函数形成。根据杂化轨道理论，通过形成 sp^3 杂化轨道(s 轨道与 p 轨道的线性组合)作为共价键的基础，1 个 s 轨道和 3 个相同的 p 轨道构成 sp^3 杂化轨道，它们能够形成 109.5°的键角。这样，它们将形成彼此正交的状态波函数。通过这种 sp^3 杂化，碳原子能够形成 4 个共价键，每个碳原子与 4 个相邻的碳原子共享电子。这种共价键的形成使得金刚石具有出色的物理和化学性质，如极高的硬度和导热性。

具有金刚石结构的硅基材料，如多晶硅和单晶硅，是目前太阳能光伏发电产业中应用最为广泛的材料之一。这些材料的晶体结构与金刚石相似，具有高度有序的排列和均匀的原子间距，因此具有优异的电学和光学特性。

2. 闪锌矿结构

闪锌矿结构是由两种不同元素的原子组成的正四面体晶格结构。与具有金刚石结构

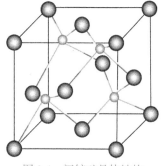

图 2.4　闪锌矿晶体结构

的单一元素半导体材料相比，其主要区别在于其中任意一个原子与最接近的原子的性质不同，即每个原子都被 4 个杂原子包围，如图 2.4 所示。由此，可以认为它是由两种不同类型的原子结合构成的面心立方晶格，它们沿着空间的对角线排列，以 1/4 个空间的对角线长度为区分。

在闪锌矿晶体结构中，晶格角顶与面心原子相同，其主要构成的物质包括ⅢA-ⅤA 族化合物和ⅡB-ⅥA 族化合物。典型的ⅢA-ⅤA 族化合物，如砷化镓(GaAs)、磷化铟(InP)、砷化锑(SbAs)等。与ⅣA 族元素半导体结构相似，在晶体形成过程中，ⅢA-ⅤA 族化合物形成的共价键也基于 sp^3 杂化轨道。然而，与ⅣA族元素半导体相比，这类半导体形成的共价键在一定程度上具有离子键特性。因此，这类半导体通常称为极性半导体。例如，砷化镓称为"半导体贵族"，因为其砷元素具有较强的负电性，从而吸引更多的成键电子分布在砷原子周围。尽管如此，这类化合物通常仍以闪锌矿结构为主，特别是在共价键占主导地位的情况下。另外，典型的ⅡB-ⅥA 族化合物，如硫化锌(ZnS)、硒化锌(ZnSe)、硫化镉(CdS)、硒化镉(CdSe)等也具有闪锌矿晶体结构。金属离子与 6 个非金属离子形成八面体配位，非金属离子则与 4 个金属离子形成四面体配位。这种结构为半导体材料提供了良好的载流子传输路径和光学特性。此外，ⅡB-ⅥA 族半导体材料中还存在纤锌矿结构的化合物，如 ZnSe 和 CdSe。

3. 纤锌矿结构

纤锌矿是闪锌矿的一个同质多象变体。通过高温加热后快速冷却，即可将闪锌矿转化为纤锌矿。纤锌矿晶体结构同样由正四面体组成，但其具有六方对称结构，而非闪锌矿的立方对称结构。图 2.5 展示了纤锌矿的晶体结构，其中两种不同原子分别以六方排列组成交替排列的双原子层堆积，形成 ABAB…的堆积方式，而不像闪锌矿晶体结构中 ABCABC…堆积顺序。纤锌矿晶体结构是一种自然界较为罕见的结构类型，其元素的电负性差异较大，形成的化学键具有较强的离子性。纤锌矿晶体结构中的元素配位方式与闪锌矿不同，导致晶体结构的性质和特点也有所差异。对于ⅡB-ⅥA 族半导体材料，闪锌矿结构是主要的晶体结构类型，而形成纤锌矿结构的可能性较小。

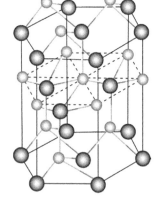

图 2.5　纤锌矿晶体结构

4. 其他类型晶体结构

除具有上述三种主要晶体结构的半导体材料外，其他一些半导体材料也具有重要意义，且其结构与上述结构并不完全相同。例如，ⅣA-ⅥA 族化合物硒化铅(PbSe)、硫化铅(PbS)和碲化铅(PbTe)等，这些化合物均为氯化钠晶体结构。虽然它们也具有立方对称结构，但与闪锌矿晶体结构具有显著区别。氯化钠晶体结构是典型的离子晶体结构，该结构可视为由两种不同原子组成的面心立方结构，如图 2.6(a)所示。最常见的具有氯化钠晶体结构的半导体材料是硫化铅，基于硫化铅制备的量子点在染料敏化太阳能电池、量子点太阳能电池、光电催化等生产生活领域具有独特的应用价值。

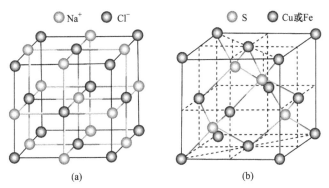

图 2.6　氯化钠(a)和黄铜矿(b)的晶体结构

此外，典型的三元化合物半导体具有黄铜矿晶体结构。虽然在黄铜矿晶体结构中，最小重复单元仍然是四面体结构，但其却不再像金刚石或闪锌矿那样具有立方对称结构。如图 2.6(b)所示，在传统意义的黄铜矿($CuFeS_2$)材料中，铜为+1 价，铁为+3 价，该三元体系可以认为是分别用铜和铁取代ⅡB-ⅥA 族化合物中的两个不同阳离子而形成的化合物；铜、铁和硫的 4 个价电子以及外层的 12 个电子可以分别形成包含 8 个电子的封闭结构。按照这种三元组合方式可以形成一系列ⅠB-ⅢA-ⅥA$_2$族三元化合物，当前颇受重视的 $CuInSe_2$ 材料即为典型的上述三元组分材料。

2.2.2　半导体材料的电子状态

1. 原子的能级和晶体的能带

凝聚态是指由大量粒子组成，并且粒子间有很强的相互作用的系统。当原子彼此相互远离时，它们之间的相互作用可以忽略不计；然而，对于半导体材料，其相邻原子相距仅为数纳米甚至亚纳米，导致它们通常呈现凝聚结晶状态。因此，在晶体中，半导体材料的电子态与本征原子内的电子态并不相同，尤其是外层电子会发生显著变化。

对于一个由 N 个原子组成的无相互作用的系统，一个原子上有多少能级，整个系统就有 N 倍的这些能级。然而，在原子彼此靠近并形成凝聚晶体的过程中，原子间的相互作用增强，外层电子的波函数在一定程度上发生重叠。因此，电子可以从一个原子跃迁至另一个原子。这种电子状态的质变本质上是一种共有化运动。在这种情况下，电子不再属于单独的一个原子，而是被整个晶体所共享。电子轨道也分裂为能量值不同但差异微小的准连续能级。

然而，电子在原子间的转移并非随意进行。如图 2.7 所示，电子只能在能量相同的量子态之间进行转移。从图中可以观察到，第一层的电子仅能转移到相邻原子的第一层，而第二层的电子同样只能转移到相邻原子的第二层，依此类推。因此，这些电子形成的共享量子态与原始单个原子的独立能级之间存在对应关系。

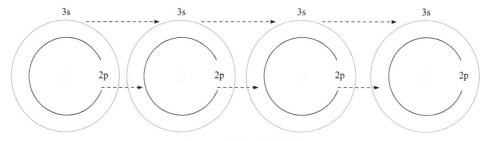

图 2.7　电子的共有化运动

如图 2.8(a)所示，每个原子的独立能级都演变为相应的近似连续的能带，并且根据原始原子能级的位置从低到高分为多个组。在能级图上，密集分布的近似连续能级看起来就像一条长带，因此称为能带(允带)。相应地，未被电子占据的能带间隙通常称为禁带。在电子能级图中，禁带宽度所代表的能量差值表示电子从一个能带跃迁至另一个能带所需的最小能量差。

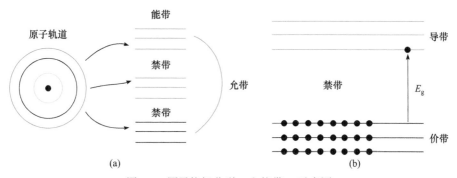

图 2.8　原子能级分裂(a)和能带(b)示意图

通常，构成半导体的原子内层电子轨道是充满的。当原子相互靠近形成紧密相邻的晶体时，与内部能级相对应的能带也会被电子填充。以单一元素半导体材料(如硅、锗等)为例，原有的价电子从内到外填充相应的能带，直至所有电子都填充至能带中，此时恰好充满的最高能量的能带称为价带。位于能量更高一级的能带正好尚未填充电子，处于空状态，称为导带[图 2.8(b)]。

2. 电子和空穴

根据上述关于原子能级和晶体能带的讨论，可以更深入地理解电子共有化运动。电子共有化运动是指：由于相邻原子的相似电子壳层发生重叠，电子不再局限于某一个原子，而是在整个晶体的相似壳层间运动，从而产生相应的共有化运动。

电子可以在半导体中进行一般的共有化运动。但是，半导体材料是否能导电，取决于能带的具体填充情况以及特定条件。此外，还需要考虑电子的运动状态。相关研究表明，当能带完全充满时，即使在施加一定电场的作用下，晶体中也不会产生相应的电流。因此，尽管能带中包含电子，但只有在未满的状态下才能导电。

在理想条件(绝对零度，无外界干扰)下，之前讨论过的单一元素半导体材料的价带是恰好填满的。然而，在某些特定条件(如温度、光照等)下，原本被束缚在共价键中的电子在外界条件的刺激下获得足够的能量，也可摆脱共价环境的束缚，进而转变为自由电子，即从价带激发到导带，从而产生自由电子-空穴对。如图 2.8(b)所示，自由电子只能进入较高的能级，因为较低的能级已经被其他电子填满。显然，最少的能量需求是进入导带。因此，在一定电场驱动下，原本不导电的晶体材料中的自由载流子便可以迁移并导电。自由电子可以在空状态的能带中任意移动，而空穴在某种程度上可视为带正电荷的可自由移动的空状态。

2.3　杂质和缺陷在半导体中的作用

在实际器件应用中，半导体材料的晶体结构内总是伴生着各种杂质和缺陷，这些复杂情况会导致半导体偏离理想状态。首先，原子所处的位置并非严格按照晶格排列而停留在对应的位点。其次，在半导体材料实际合成与制备过程中，人们很难获得绝对纯净的材料。即便是在半导体单晶晶体中，也常伴随着其他非半导体的组成元素。此外，在形成凝聚态晶体的过程中，晶体结构在一定程度上也是不完美的，通常存在各种形式的缺陷。简言之，在半导体制备过程中，某些区域的周期性原子排布可能受到破坏，从而形成各种缺陷。

人们在半导体器件的实际应用中发现，极微量的杂质或缺陷会对半导体的理化性质产生巨大影响，半导体器件的性能也会受到极大影响。例如，当一个硼原子掺入 10^5 个硅原子中时，硅晶体的电导率将增大 1000 倍。

经过大量实验研究发现，该现象是由于晶体的周期性势场因杂质或缺陷的存在而遭到一定程度的破坏，因此杂质可能在半导体中引入新的能级，即在原本是禁带的位置产生了新的允许电子占据的能级状态。这些引入的新能级状态在某种程度上往往对半导体的性质产生决定性影响，需要得到重视。

2.3.1　施主杂质和施主能级

在半导体中，如果替代原始晶格原子的杂质原子相较于原始晶格原子多出一个或多个电子，那么这些杂质原子就能够适当地释放价电子，并将外来的自由电子引入半导体中，同时其自身发生电离。这类杂质称为施主杂质。

在单一元素半导体硅材料中，通过替位式掺杂 VA 族元素，可以有效引入额外的电子。以磷(P)原子掺入硅晶格为例，如图 2.9(a)所示，磷原子的最外层有 5 个可形成化学键的电子。在晶体结构中，当磷原子取代硅原子时，其中磷原子的 4 个电子与相邻的 4 个硅原子的电子形成共价键。然而，该磷原子仍剩下一个价电子。这样，由于内层电子及共价电子的屏蔽作用，该磷原子所占据的位点仍有一个剩余正电荷，该正电荷 P^+ 可将未形成键的价电子约束在其附近。但是，这种束缚远弱于共价束缚，因此只需较小的能量，这个未成键的电子就能摆脱 P^+ 正电中心的约束，转变为具有导电能力的自由电子，并在晶格中自由移动。这个摆脱 P^+ 正电中心的电子电离过程称为施主杂质的电离过程。整个过程所需的额外能量称为施主电离能，用 ΔE_d 表示。实验测试表明，磷在硅半导体中的施主电离能为 0.04～0.05 eV，远小于硅本征的禁带宽度。

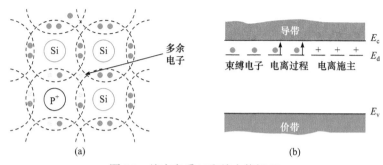

图 2.9   施主杂质(a)和施主能级(b)

施主杂质的电离过程可以用能带图解释[图 2.9(b)]。在获得较小的能量 ΔE_d 后，缺陷能级电子以自由状态转移到导带底部。由于 ΔE_d 较小，施主杂质能级通常位于禁带内，非常靠近导带底部。此外，由于杂质浓度很低且杂质原子之间的距离较大，它们之间的相互作用可以忽略不计，因此杂质供体能级是具有相同能量的孤立能级。

正是由于半导体中的杂质带来了额外的自由电子，半导体的导电性能得以显著提高。这种因施主杂质带来的电子导电特性的半导体通常称为电子型或 N 型半导体。

2.3.2   受主杂质和受主能级

与施主杂质相反，当替位原子相较于原始晶格主体原子缺少一个价电子时，空余的轨道可以在适当情况下从价带中接受一个单独的电子。这会在半导体中引入非本征的空穴态，并使半导体自身电离，这种杂质称为受主杂质。

仍以硅半导体为例，当少量硼(B)原子掺入硅晶格中作为替位原子时，硼原子的最外层只有三个价电子[图 2.10(a)]。因此，在与四个相邻硅原子形成共价键时，硼原子仍缺少一个价电子。为了弥补这个缺口，需要从其他硅原子处获取一个价电子。这相当于在材料的价带中产生了一个新的空穴。随着硼原子接受额外的电子，形成了不可移动的电负中心 B⁻，新生成的空穴便围绕 B⁻电负中心运动。与磷掺杂类似，B⁻电负中心对空穴的束缚能力较弱，只需较小的能量 ΔE_a，空穴便能逃离并在晶格中自由移动，形成导电空穴。这个过程也是电离过程，称为受主杂质的电离。

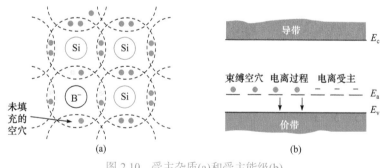

图 2.10   受主杂质(a)和受主能级(b)

受主杂质的电离过程实际上与施主杂质相似，也可以用能带表示[图 2.10(b)]。当价带中的电子获得较小的能量 ΔE_a 后，原本处于束缚态的空穴便跃迁至缺陷能级，成为自由导电空穴。空穴带正电，因此在能带图中，靠近顶部的空穴能级具有较高的能量。这也解释了为什么受主产生的缺陷能级通常位于禁带内，靠近价带顶部。实际的电离过程中，受主杂质电离涉及电子的跃迁：价带中的电子获得能量，跃迁至受主缺陷能级，从而在价带中留下一个可导电的自由移动空穴。

总之，对于纯净的半导体，在掺杂引入少量受主杂质后，产生了可自由移动的空穴；半导体材料的导电能力也可通过这种方法得到一定程度的增强。这种半导体通常称为空穴型或 P 型半导体。

2.3.3　杂质的补偿作用

如果半导体中同时存在施主和受主两种杂质，那么半导体到底是呈现电子型还是空穴型，则取决于施主杂质和受主杂质的浓度关系，如图 2.11 所示，这种情况称为杂质补偿作用，意味着施主和受主杂质之间存在部分相互抵消。众所周知，禁带中施主能级的能量通常高于受主能级，且更容易产生给电子的电离。因此，施主杂质中的多余电子在电离后会优先填充受主能级，这个过程称为施主向受主的补偿。假设施主和受主能级都能完全电离，并分别用 N_a 和 N_d 表示它们的浓度，讨论杂质补偿作用主要存在的两种情况。

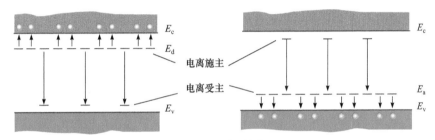

图 2.11　杂质补偿作用

(1) 当 $N_d \gg N_a$ 时，施主能级上的部分电子在填充满受主能级后，剩余未填充受主能级的电子全部跃迁至导带中，成为可以导电的自由电子。此时，电子浓度为

$$n = N_d - N_a \approx N_d \tag{2.1}$$

半导体呈现出 N 型特性。

(2) 当 $N_a \gg N_d$ 时，施主能级上的全部电子在转移填充到受主能级后，受主能级仍未被完全填充。因此，未被填充的受主能级仍能产生电离，从而在价带中产生一些新的自由移动空穴以导电。此时，空穴在半导体材料中的浓度为

$$p = N_a - N_d \approx N_a \tag{2.2}$$

半导体呈现出 P 型特性。

根据杂质补偿作用原理，人们可以改变半导体材料某一局部区域中的导电类型，实现不同功能的器件。然而，如果控制不当，当出现 $N_d \approx N_a$ 的情况时，施主中的电子刚好能填充受主中的能级。这样，半导体呈现出接近本征半导体特性的状态，既没有多余电子也没有多余空穴，这是一种杂质高度补偿的现象。具有这种特性的材料容易被误认为是纯净的半导体，但由于杂质含量较高，其实际性能很差，通常不适合制作半导体器件。

2.3.4　深能级杂质

在上述讨论中，主要以ⅢA、ⅤA族元素掺杂的半导体为例，这些替位原子与晶格主原子的价电子数仅相差一个；同时，由于这些杂质只能电离一次且电离能较小，因此称为浅能级杂质(浅施主或受主)。

如果在半导体中掺入非ⅢA、ⅤA族的其他元素是否还会有类似的现象，下面进行详细讨论。理论计算和实验研究表明，其他元素在半导体中也能在禁带能级中产生缺陷能级。这些杂原子在接受或释放一个电子后，还能再次接受或释放第二个甚至第三个电子。这类杂质称为多重电离杂质，与只能电离一次的浅能级杂质有很大区别，主要有以下几类。

1. 价电子差异较大的杂质

在ⅠB族元素取代四配位主体原子后，通常有两种方式稳定于晶体中。一种是释放唯一的电子成为正离子；另一种是按顺序依次接受 1、2、3 个电子，分别形成一重、二重、三重电离的负离子。因此，由铜、银、金等原子掺杂的锗半导体中一般有三个受主能级，特别是金掺杂还能产生一个施主能级(图 2.12)。然而，与ⅢA、ⅤA族杂质不同，这些杂原子在起施主作用时，其电离能非常大，甚至可能超过禁带宽度。因此，这种施主缺陷能级通常靠近价带顶或隐藏于价带中。当这些杂原子电离时，这些杂质起受主作用，其对应的三种受主态能级各不相同，分别用 E_{A1}、E_{A2}、E_{A3} 表示。由于相互之间的库仑排斥力很强，这三个能级接受电子所需的能量依次增大，其中 E_{A3} 甚至会深入至导带底以上，只有 E_{A1} 可能靠近价带顶。但是，由于其电离能仍比一价杂原子大得多，因此 E_{A1} 能级也比一价杂原子的受主能级深得多。由此可见，价电子数相差较多的杂原子引入的缺陷多为深能级缺陷。

图 2.12　金在锗中的能级

除掺杂ⅠB族元素外，同样地，ⅡB、ⅥB族元素的掺杂也会引入两个深施主能级和两个深受主能级。然而，在实际实验中，通常只能观察到ⅡB族元素掺杂所产生的两个深施主能级，而深受主能级往往较难被观察到。与ⅠB族元素不同，ⅡB族元素中的两个价电子更易形成共价键，使电子更加难以脱离。因此，其更倾向于接受两个电子形成四配位的共价结构。在ⅥA族元素掺杂过程中，多余的两个价电子可以逐个释放。值得注意的是，同层电子之间的相互屏蔽作用远小于内层电子。因此，每个电子受到的束缚力实际上大于一个正电荷。所以，一个电子所需的能量远大于VA族杂质原子，这导致其缺陷能级也是深能级。依此类推，电离第二个电子所需的能量将更大。

总之，在化合物半导体中，若主体原子的价电子与杂质原子的价电子数之差超过一个，通常被认为将产生深能级缺陷。然而，也要考虑到，为了形成晶体内的稳定掺杂，杂质原子与主体原子之间的电负性不能相差过大。因此，并非所有原子都能随意替代晶格中的原子。

2. 两性杂质

通常，在同一种材料中，能同时充当施主和受主的杂质原子称为两性杂质，主要有两种类型。

第一种类型是同位异性，在这种情况下，施主和受主原子在晶格中占据相同的位点。这些杂质原子既可以电离出电子充当施主杂质，也可以接受电子充当受主杂质。然而，在这种情况下，施主能级位于受主能级之下。这是因为只有中性原子和带负电荷的负离子才能起受主作用，而正离子接受电子仅被认为是施主电离的逆过程。因此，同位异性类型的两性杂质的施主和受主能级都是深能级。

第二种类型是异位异性，即杂质原子在晶格中占据不同位点时，其作用不同。例如，在化合物半导体中，硅原子替代ⅢA族元素时起施主作用，而替代VA族元素时则起受主作用。这种情况下产生的缺陷通常为浅能级缺陷。

3. 等电子杂质

在半导体晶格中，当杂质原子与主体元素的价电子数量相同时，这种杂质称为等电子杂质。这类杂质替代晶格中的原子时，整体仍保持电中性。然而，由于电负性和原子半径的差异，杂质仍有可能俘获电子或空穴，形成带电中心。这种带电中心通常称为等电子阱。如果杂质原子的电负性大于晶格中的主体原子，电子会被俘获，形成负电中心；如果电负性小于主体原子，则空穴会被俘获，形成正电中心。例如，在磷化镓(GaP)晶体中，氮原子掺杂所引起的缺陷能级非常接近导带底，仅低于导带底 0.008 eV。尽管缺陷能级接近导带底，但由于它是电子陷阱而非施主能级，因此认为是深能级缺陷。

需要注意的是，上述讨论的缺陷能级主要针对替位杂质。对于间隙杂质，由于它们不与主体原子形成键，其在晶体中的作用主要取决于它们的带电状态。这部分内容将继续在下一节进行讨论。

2.3.5　缺陷及其能级

在半导体材料中，除杂质外，晶格缺陷也可能引起载流子(电子和空穴)的变化，因为晶格缺陷会改变晶体结构中的共价键环境。下面讨论不同类型的晶格缺陷对半导体能带结构的影响规律。

1. 点缺陷

在特定温度下，晶格中有序排列的原子不仅在平衡位置附近产生一定幅度的振动，而且部分原子可能从外界获取足够的能量来克服周围化学键的作用力，进入晶格间隙中，同时在原子原来的位置形成空位。

如果间隙和空位成对出现在晶体中，这种成对的缺陷称为弗仑克尔缺陷(Frenkel defect)。然而，如果晶体中仅形成由于原子获取能量而逸出的空位，没有与之相对应的间隙，这种缺陷称为肖特基缺陷(Schottky defect)(图 2.13)。这两种类型的缺陷在很大程度上受温度影响，因此也称为热缺陷；一般来说，它们总是同时存在。然而，要形成间隙型缺陷，原子必须具有极大的能量才能离开原位并挤入间隙。此外，它们的迁移激活能非常小。因此，在半导体材料中，最常见的点缺陷是空位缺陷。

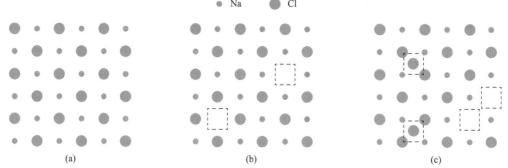

图 2.13   完美的氯化钠晶体结构(a)以及氯化钠晶格中的肖特基缺陷(b)和弗仑克尔缺陷(c)

以单一元素半导体材料的点缺陷为例。在元素半导体中，空位周围有 4 个邻近主体原子，每个空位周围的原子都存在一个未成键的电子，导致这些原子无法形成饱和的共价键。这些不饱和键更倾向于接受单独的电子，这也解释了为什么这种空位通常表现为受主性质。对于那些具有较强离子性的晶体半导体材料，如ⅡB-ⅥA 族化合物半导体和氧化物半导体，空位的施主、受主作用则更为显著。

2. 位错缺陷

位错是半导体中的另一种常见缺陷，对半导体材料的电学特性和器件的最终性能均有显著影响。最简单的位错类型是棱位错(刃型位错)，如图 2.14 所示，它相当于半片原

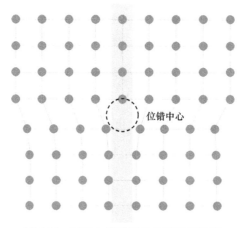

位错中心

图 2.14   刃型位错附近的原子排列情况

子层的嵌入。位错处的原子周围仅剩下三个原子能够形成共价键，还有一个未配对的电子，形成不饱和的共价键，称为悬挂键。这个不饱和悬挂键的行为相当复杂，既可以释放未配对的单独电子使原子成为施主位点，也可以俘获一个电子使原子变成负电中心，作为受主位点。

此外，位错周围的晶格也会发生畸变。位错对半导体的影响不仅限于施主和受主作用，位错引起的晶格畸变还会导致半导体的局部能带发生变化。晶体的禁带宽度会随着原子在平衡位置的间距变化而改变。因此，位错下方的晶格受到拉应力，原子间距离变大，导致导带和价带之间的禁带宽度变窄；而位错上方的晶格受到压应力，原子间距离缩小，禁带宽度变宽。

2.4　平衡载流子

在半导体材料中，导电主要依赖于自由移动的电子和空穴，可以统称其为自由载流子。半导体的导电能力与单位体积内载流子的数量以及在单位电场下的运动能力(迁移率)密切相关；同时，载流子浓度和迁移率受到特定分布规律的影响。因此，本节主要讨论如何运用统计学方法，理解半导体中载流子浓度随温度的变化规律；以及在外部影响下，载流子从破坏的平衡状态重新分布并恢复到平衡状态的过程。

2.4.1　状态密度

上文已经提及，在半导体材料中，能带是由许多独立能级组成的。在同一个能带中，相邻能级之间的能量间隔非常小，约为 10^{-22} eV 量级。因此，可以将处于能带中的独立能级看作是近似连续的。类似地，也可以将能带划分为具有非常小能量间隔的许多小能级来进行近似处理。

假设能带可以分割成无限小的能量区间 $E \sim (E + \mathrm{d}E)$，每个小能量区间内有 $\mathrm{d}Z$ 个量子态。在这种情况下，状态密度 $g(E)$ 可以表示如下：

$$g(E) = \frac{\mathrm{d}Z}{\mathrm{d}E} \tag{2.3}$$

简言之，状态密度 $g(E)$ 表示在能量 E 附近的位置，每单位无限小能量间隔内的量子态数量。一旦了解了 $g(E)$ 的分布，就可以计算出量子态按照能量高低分布的具体情况。

根据量子统计学理论，导带底部附近的能量 $E(k)$ 与相应的允许能量状态(用波矢 k 表示)之间的关系可以写为

$$E(k) = E_{\mathrm{c}} + \frac{\hbar^2 k^2}{2m_{\mathrm{n}}^*} \tag{2.4}$$

式中，m_{n}^* 为位置在导带底的电子有效质量。

在 k 空间中总的状态数为 $\frac{2V}{8\pi^3}$，因此在 $E \sim (E + \mathrm{d}E)$ 球壳之间的状态数可以表示为

$$dZ = \frac{2V}{8\pi^3} \times 4\pi k^2 dk \tag{2.5}$$

根据式(2.4)和式(2.5)，可以计算出导带底的单位能量间隔状态数(状态密度)：

$$g_c(E) = \frac{dZ}{dE} = \frac{V}{2\pi^2} \frac{(2m_n^*)^{\frac{3}{2}}}{\hbar^3} (E - E_c)^{\frac{1}{2}} \tag{2.6}$$

由于一般认为状态密度是单位体积单位能量间隔的量子态数目，因此式(2.6)中的 V 通常等于 1。通过式(2.6)计算得到的状态数分布如图 2.15 所示，由图可知，状态数随电子能量按照抛物线关系增大。

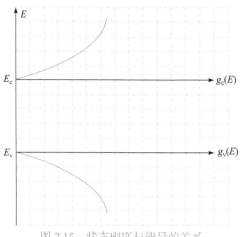

图 2.15　状态密度与能量的关系

2.4.2　费米能级和电子的统计分布

在之前的讨论中提到半导体中的载流子数量非常多，可以是导带中的电子，也可以是价带中的空穴。以硅为例，硅中的电子数约为每平方厘米 4×10^{22} 个。在一定温度下，半导体晶体中的电子不断进行无规律的热运动。在这个过程中，能量较低的电子可以通过吸收能量跃迁到更高的能量状态，而多余的能量将被释放；能量较高的电子也可以通过释放能量回到较低的能级。

换句话说，价带中的电子在受到一定外界激励等条件的作用下，可以激发到导带中，变成自由移动的导电电子。价带中也会留下一个可以自由移动的导电空穴。类似地，导带中的自由移动电子也可以通过释放能量的方式跃迁回价带填充空穴。虽然某个电子的状态在不同时间会发生变化，但在一定温度下的热平衡状态中，整个半导体中电子在不同能级状态上的统计分布概率是一定的，这种分布通常与温度密切相关。

根据量子统计学理论，一个能量为 E 的某个量子态被占据的概率 $f(E)$ 可以用下列公式描述：

$$f(E) = \frac{1}{1 + \exp\left(\dfrac{E - E_f}{kT}\right)} \tag{2.7}$$

式中，$f(E)$ 为电子的费米分布函数，这是用来描述热平衡状态下电子在允许的量子态上分布状态的统计分布函数；k 为玻尔兹曼常量；T 为热力学温度；E_f 为费米能级或费米能量。

被电子占据的概率为 $f(E)$，不被电子占据的概率则为 $1 - f(E)$。因此，在温度不变的情况下，不难看出电子占据费米能级以上和空穴占据费米能级以下的概率都随着能级差（$|E - E_f|$）的增大而减小。显然，E_f 是一个非常重要的参数，如果了解了费米能级，就能知道半导体的电子统计分布，并且可以初步判断半导体的导电特性类型以及其中的杂质含量多少。

如果将半导体中所有大量进行热运动的电子看作一个整体的热力学系统，那么费米能级所在的位置即为系统的化学势。具体地，可以用下列公式表示：

$$E_f = \mu = \left(\frac{\partial F}{\partial N} \right)_T \tag{2.8}$$

在没有外力作用且处于热平衡状态下，整个系统每增加一个电子所引起的系统自由能的变化就等于系统的化学势的变化，即费米能级的变化。处于热平衡状态下的半导体具有统一的化学势，因此平衡状态下的半导体具有统一的费米能级。

图 2.16 中的曲线是 $T = 0\,\text{K}$ 时 $f(E)$ 与 E 的关系曲线，可以根据这些曲线来讨论 $f(E)$ 的分布特性。

当 $T = 0\,\text{K}$ 时

　　若 $E < E_f$，则 $f(E) = 1$

　　若 $E > E_f$，则 $f(E) = 0$

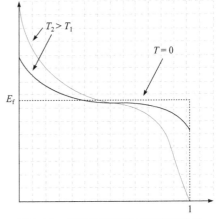

图 2.16　费米分布函数与温度的关系

在这种情况下，能量位置在 E_f 以下的量子态刚好处于被电子完全填满的状态，而 E_f 以上的量子态恰好相反，全部为空。

随着温度升高，当 $T > 0\,\text{K}$ 时

　　若 $E < E_f$，则 $f(E) > 1/2$

　　若 $E = E_f$，则 $f(E) = 1/2$

　　若 $E > E_f$，则 $f(E) < 1/2$

实际上，在温度不高的情况下，E_f 能级以上的量子态被电子占据的概率都很小，实际能够自由移动的导电电子数目并不多，而 E_f 以下的能级基本上全部被电子填满，也不能导电。

从图 2.16 中可以看出，随着温度升高，电子在费米能级以上的能级占据量子态的概率逐渐增大，但不超过 50%。可以说高温会激发更多的电子从价带进入导带。同时，在任何温度下，电子占据费米能级的概率总是 50%。因此，费米能级所处的位置可以用来衡量某个系统中所有允许能够被电子占据的能级填充难易程度的界限。

　　然而，在实际的半导体中，费米能级的位置往往位于禁带的中间位置，这个位置并非实际存在的可以被电子占据的能量状态的能级。费米能级的高低受施主、受主杂质浓度等因素的影响。通过费米能级的位置，可以对半导体的导电特性、杂质浓度等进行初步判断。通过研究费米能级的变化，能够更好地了解半导体材料在不同条件下的性能表现，为优化和改进半导体材料提供理论依据。

2.4.3　费米能级和玻尔兹曼分布

　　在式(2.7)中，当 $E - E_f \gg kT$ 时，因为 $\exp\left(\dfrac{E - E_f}{kT}\right) \gg 1$，所以费米分布函数可以转化为

$$f_B(E) = \exp\left(-\frac{E - E_f}{kT}\right) = \exp\left(\frac{E_f}{kT}\right)\exp\left(-\frac{E}{kT}\right) \tag{2.9}$$

令 $A = \exp\left(\dfrac{E_f}{kT}\right)$，则

$$f_B(E) = A\exp\left(-\frac{E}{kT}\right) \tag{2.10}$$

此时费米分布与玻尔兹曼分布完全相同，可以用玻尔兹曼分布近似代替费米分布的统计结果。这是因为，除了 E_f 附近很小的几个量子态外，在 $E \gg E_f$ 处，量子态被电子占据的概率很小；而在这种条件下，泡利限制已经没有实质性意义，所以玻尔兹曼分布统计可以大致上替代费米分布结果。

　　对于大多数半导体材料，费米能级处于禁带中间，且其到导带底或价带顶的距离都远大于 kT，即 $E - E_f \gg kT$；同时，随着 $E - E_f$ 的增大，$f(E)$ 也会快速减小。当到了导带中时，电子占据概率 $f(E) \ll 1$，并且导带底离 E_f 最近。因此，导带中的激发电子绝大多数都分布在导带底附近的位置。同理，价带中的空穴大多分布在价带顶附近。一般来说，对于那些服从玻尔兹曼统计分布的半导体，人们通常称其为非简并系统(不考虑泡利不相容原理)，对于那些只能用费米分布计算的半导体，人们称其为简并系统。

2.4.4　非简并半导体中的载流子浓度

　　现在讨论计算半导体中的载流子浓度问题。与计算态密度时一样，将导带分为无限多个小的能量间隔，在导带中 $E \sim (E + dE)$ 之间的能级中所占有的电子数 dN 可以表示为

$$dN = f_B(E)g_c(E)dE \tag{2.11}$$

将所有能量区间中的电子数累计相加(从导带底开始对电子的数量进行积分)，就得到导带中电子数的总和。将此数除以半导体的体积，就得到电子在半导体中的浓度。

　　将式(2.11)变形并对 dE 积分后可以得到总电子数 n_0：

$$n_0 = \frac{1}{2\pi^2}\frac{(2m_n^*)^{\frac{3}{2}}}{\hbar^3}kT^{\frac{3}{2}}\exp\left(-\frac{E_c - E_f}{kT}\right)\int_0^{x'} x^{\frac{1}{2}}e^{-x}dx \tag{2.12}$$

式中，$x = \dfrac{E_c - E_f}{kT}$，$x' = \dfrac{E'_c - E_c}{kT}$，其中 E_c 和 E'_c 分别为导带底和导带顶的能量，而对于积分范围来说，因为电子主要集中在导带底，所以从导带底积分到导带顶的面积不影响最终电子数量的结果。因此，积分的导带总电子数 n_0 为

$$n_0 = N_c \exp\left(-\frac{E_c - E_f}{kT}\right) \tag{2.13}$$

式中，N_c 为导带的有效状态密度，即

$$N_c = 2\frac{(2\pi m_n^* kT)^{\frac{3}{2}}}{\hbar^3} \tag{2.14}$$

同样地，可以计算价带中的空穴数量 p_0：

$$p_0 = N_v \exp\left(-\frac{E_v - E_f}{kT}\right) \tag{2.15}$$

从式(2.13)和式(2.15)可以看到，费米能级和温度的变化会导致半导体中载流子浓度分布的不同，进而影响半导体的导电特性。然而，从公式中也可以发现，将电子和空穴的数量相乘得到的载流子浓度乘积是与费米能级无关的量，即

$$n_0 p_0 = 4\frac{k_0^3}{2\pi\hbar^2}(m_n^* m_p^*)^{\frac{3}{2}} T^3 \frac{(2m_n^*)^{\frac{3}{2}}}{\hbar^3}\exp\left(-\frac{E_g}{kT}\right) \tag{2.16}$$

对于给定的半导体，乘积 $n_0 p_0$ 在一定温度下是一个定值，且其与半导体杂质的类型和掺杂浓度无关；但是，对于不同的半导体，在某个给定的温度下，禁带宽度 (E_g) 和有效质量会对乘积 $n_0 p_0$ 的大小产生显著的影响。

这些理论分析对于理解半导体中载流子浓度的变化及其对半导体导电特性的影响非常有意义，有助于优化半导体材料的性能，以满足各种应用场景的需求。

2.4.5　本征半导体的载流子浓度

本征半导体就是不含杂质的半导体，在禁带中不存在任何能级。当 $T = 0\,\text{K}$ 时，没有可以导电的载流子。当温度升高，即 $T > 0\,\text{K}$ 时，就有电子从价带激发到导带，同时在价带的相应位置留下相等数量的空穴，即

$$n_0 = p_0 \tag{2.17}$$

将式(2.13)和式(2.15)代入式(2.17)，可以求得本征半导体的费米能级 E_f，并用 E_i 表示：

$$N_c \exp\left(-\frac{E_c - E_f}{kT}\right) = N_v \exp\left(-\frac{E_v - E_f}{kT}\right) \tag{2.18}$$

取对数后，解得

$$E_i = E_f = \frac{E_c + E_v}{2} + \frac{kT}{2}\ln\frac{N_v}{N_c} = \frac{E_c + E_v}{2} + \frac{3kT}{4}\ln\frac{m_p^*}{m_n^*} \tag{2.19}$$

结果表明，如果半导体材料的空穴和电子的有效质量相等，那么本征的费米能级位置恰好位于禁带的正中间。实际情况中，两者的有效质量不相等，因此费米能级也会有相应的偏移。

随后将式(2.19)代入式(2.13)和式(2.15)可以得到

$$n_i = n_0 = p_0 = (N_v N_c)^{\frac{1}{2}} \exp\left(-\frac{E_g}{2kT}\right) \tag{2.20}$$

这表明，在一定的温度条件下，禁带宽度越宽的本征半导体，其本征载流子浓度 n_i 越小。

对于非简并半导体，其载流子浓度显然可以表示为

$$n_0 p_0 = n_i^2 \tag{2.21}$$

这与之前讨论的非简并半导体一致，即在某一温度下，任意本征非简并半导体的载流子浓度乘积是定值。这表明，杂质浓度和类型对本征半导体的载流子浓度乘积没有影响，也适用于非简并的掺杂半导体。

总之，本征半导体的性质和载流子浓度分布与温度、禁带宽度等因素密切相关。对于非简并半导体，其载流子浓度乘积在一定温度下是定值，这一结论适用于本征半导体和非简并掺杂半导体。

2.4.6 杂质半导体中的载流子浓度

在半导体材料制备成器件的实际过程中，往往会在半导体材料中引入一定数量的杂质以满足某些场景的特定使用要求。这时，载流子的浓度就需要依靠杂质的浓度进行调控。对于半导体材料的电学输运特性，杂质能级上的空穴或电子虽然是固定的，不能自由移动，没有直接参与载流子的运动，但是其中的电子或空穴很容易产生电离，在使用条件下影响自由载流子在整个半导体中价带或导带的分布情况。

因此，为了考察载流子在杂质半导体中的分布情况，需要弄清楚杂质的电离情况。但是处于这种情况下的半导体，费米分布其实已经不再合适了。因为对于处于能带中的能级，每个能级上可以容纳两个自旋相反状态的电子，但是对于处于施主杂质上的能级，其只能容纳一个任意自旋电子或不接受电子。处在禁带中间的施主能级不能同时被两个自旋不同的电子填充，因此费米分布不再适用于当前情况。

量子统计学方法已经证明，电子占据一个施主能级的概率为

$$f_D(E) = \frac{1}{1 + \dfrac{1}{g_D} \exp\left(\dfrac{E_D - E_f}{kT}\right)} \tag{2.22}$$

类似地，空穴占据某个受主能级的概率为

$$f_A(E) = \frac{1}{1 + \dfrac{1}{g_A} \exp\left(\dfrac{E_f - E_A}{kT}\right)} \tag{2.23}$$

式中，g_D 为施主能级的基态简并度；g_A 为受主能级的基态简并度，通常称为简并因子。

对于硅、锗、砷化镓等材料，$g_D = 2$，$g_A = 4$。

根据式(2.22)可以求出施主杂质电离的浓度：

$$n_D^+ = \frac{N_D}{1 + g_D \exp\left(-\dfrac{E_D - E_f}{kT}\right)} \tag{2.24}$$

式中，N_D 为施主杂质的总浓度。类似地，受主杂质电离的浓度可以表示为

$$p_A^- = \frac{N_A}{1 + g_A \exp\left(\dfrac{E_A - E_f}{kT}\right)} \tag{2.25}$$

由此可以看出，半导体中杂质引入的载流子浓度与杂质能级的位置和费米能级的能量差值密切相关。当费米能级 E_f 位于施主能级 E_D 之上较远时，施主能级基本不会发生电离；此时，杂质施主对半导体载流子浓度没有显著贡献。然而，当费米能级 E_f 与施主能级 E_D 处于相同高度时，约有 1/3 的施主杂质会发生电离过程，此时 $n_D^+ = N_D / 3$。然而，当费米能级 E_f 远低于施主能级 E_D 时，几乎所有施主杂质都能电离产生自由移动的电子。受主杂质也会出现类似的现象，这里不再详细讨论。

此外，杂质的电离程度还受温度影响。以 N 型半导体为例，在低温弱电离区，只有部分施主杂质电离并释放电子进入导带。在这种情况下，从价带激发到导带的本征电子数量较少，因此 p_0 可以忽略不计，此时 $n_0 = n_D^+$。然而，随着温度升高，弱电离的近似条件 $\exp\left(-\dfrac{E_D - E_f}{kT}\right) \gg 1$ 不再成立，施主杂质的电离程度可达到约 1/3 的水平，进入中度电离温区。当温度进一步升高，杂质的电离程度更加接近于 1，进入杂质强电离温区，此时 $\exp\left(-\dfrac{E_D - E_f}{kT}\right) \ll 1$。

2.5　非平衡载流子

在前面的讨论中关注了半导体在平衡状态下的载流子分布。然而，热平衡状态是相对的。当外界对半导体施加刺激(如对半导体做功)时，半导体的平衡状态被打破，导致其中的电子偏离原来的热平衡状态，这种情况称为非平衡状态。本节将重点探讨非平衡状态下额外载流子的产生、复合以及它们在半导体中的运动状态。

2.5.1　非平衡载流子的注入与复合

1. 载流子的注入

在半导体物理中，导带中新出现的电子以及价带中新出现的空穴的过程可以看作是载流子的产生，导带中电子和价带中空穴消失不见的过程称为复合。当有新的载流子产生时，则

$$n = n_0 + \Delta n \tag{2.26}$$

$$p = p_0 + \Delta p \tag{2.27}$$

式中，Δn 和 Δp 分别为额外产生的电子和空穴，其值可正可负。

常见的载流子注入方式有光注入和电注入。以光注入为例，如图 2.17 所示，在光

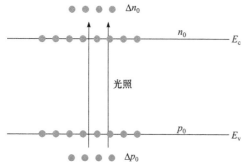

图 2.17　光注入引起的附加光电导

子能量足够的情况下，半导体价带中的电子可以激发到导带中，同时在价带中留下一个空穴，形成空穴-电子对，即 $\Delta n = \Delta p$。然而，被激发的电子也可能不进入导带，而是被杂质俘获并形成非自由电子。在这种情况下，$\Delta n \neq \Delta p$。除非特别说明，本书中通常讨论的是 $\Delta n = \Delta p$ 的情况。除光注入外，还有其他外界应激注入方式，如电注入。当半导体受到大电场驱动时，晶格原子可能发生电离，产生大量额外载流子。这种外界应激产生额外电子的方式称为电注入，如 PN 结的正向工作以及金属探针与半导体接触时的接触注入。

在一般情况下，受外界条件刺激注入的额外载流子浓度远小于原有载流子浓度，这种情况称为小注入。然而，即使在小注入条件下，额外载流子密度也可能比平衡时的少子密度大得多。例如，在室温下，平衡状态下 N 型硅半导体的 n_0 和 p_0 分别为 10^{15} cm^{-3} 和 10^5 cm^{-3}。当注入的额外载流子浓度 $\Delta n = \Delta p = 10^{10}$ cm^{-3} 时，电子的注入量仅为平衡时的 $1/10^5$，而空穴的注入浓度为原来的 10^5 倍。这表明在小注入条件下，额外载流子的注入主要影响少子的浓度和作用。与小注入相对应的是大注入，通常当注入量远大于多子浓度，即 $\Delta n = \Delta p \gg n_0(p_0)$ 时，称为大注入。

2. 载流子的复合

当施加在半导体上的外部作用移除后，半导体中的载流子浓度逐渐从非平衡状态恢复到平衡状态。以光注入为例，在如图 2.18 所示的实验中，当半导体器件受到光照时，产生额外的载流子，从而导致器件的电阻降低和电压表发生 ΔV 变化。当光照消失后，ΔV 在极短的时间内(甚至小于纳秒级)恢复到零。这说明当外部作用力消失后，非平衡载流子逐渐发生复合，这个过程通常称为弛豫。

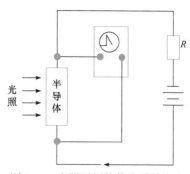

图 2.18　光照下额外载流子的注入

与载流子产生过程类似，复合过程也可以通过不同途径进行(图 2.19)。

导带中的电子可以与价带中的空穴直接复合，并将多余的能量以光子的形式发射出去；电子和空穴可以通过缺陷状态的复合中心进行复合，在这个过程中，多余的能量传递给晶格振动，并以热量的形式耗散；电子和空穴复合时，可以将能量传递给附近的载

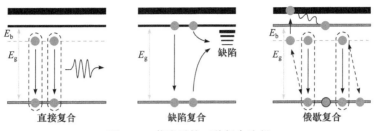

图 2.19　载流子的三种复合途径

流子，激发附近的电子或空穴产生一个具有高能量的新载流子，这种现象称为俄歇复合。

2.5.2　非平衡载流子的寿命

在光注入实验中讨论了电流随光照变化的现象。其中，电流的变化可以看作是载流子浓度的变化，这是由于电导率公式可表达为

$$\sigma = nq\mu \tag{2.28}$$

实验结果表明，光照停止后，ΔV 随时间呈指数减小，这说明非平衡载流子的消失存在弛豫过程，并非在外部作用消失后立即消失。非平衡载流子的平均寿命(用 τ 表示)可以通过拟合载流子衰减曲线获得。在稳定情况下，额外载流子浓度可表示为 Δp (图 2.20)。

当外界作用撤销后，载流子减少量为 $-\dfrac{\mathrm{d}\Delta p(t)}{\mathrm{d}t}$，其中额外载流子的减少是由复合引起的。因此，额外载流子的复合速率可以表示为

$$\frac{\mathrm{d}\Delta p(t)}{\mathrm{d}t} = -\frac{\Delta p(t)}{\tau} \tag{2.29}$$

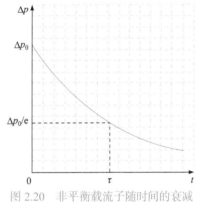

图 2.20　非平衡载流子随时间的衰减

在小注入情况下，载流子的寿命是一定值，与额外载流子密度无关。此时，$\dfrac{1}{\tau}$ 就是额外载流子复合的概率。在这种情况下，式(2.29)的通解可以表示为

$$\Delta p(t) = Ce^{-\frac{t}{\tau}} \tag{2.30}$$

当 $t = 0$ 时，常数 $C = \Delta p(0)$。因此，载流子随时间的变化规律可以表示为

$$\Delta p(t) = \Delta p(0)e^{-\frac{t}{\tau}} \tag{2.31}$$

载流子的寿命可以通过多种实验方法测量，这些测试方法主要包括额外载流子的注入和检测两个方面。上述用示波器测量直流光电导衰减的方法就是其中之一。此外，还有光磁电法、扩散长度法、漂移法等多种方法用于测量和评估半导体材料中非平衡载流子的寿命。

2.5.3   准费米能级

当半导体整体都处于无外界干扰的热平衡状态时，整个材料中存在唯一且统一的费米能级位置，价带、导带和缺陷能级的位置也由其决定。此时，在非简并状态下，有

$$n_0\,p_0 = n_i^2 \tag{2.32}$$

然而，当存在外界作用并且打破这一平衡后，式(2.32)不再适用；换言之，非平衡状态下的半导体材料不存在统一的费米能级。

实际上，半导体的热平衡与其中电子的热跃迁有直接关系：在同一能带内部，电子跃迁具有很高的频率，达到热平衡状态所需的时间极短。但是，电子在两个能带之间的跃迁频率低得多，这是因为中间还有禁带的阻碍。

下面详细讨论这一过程。当半导体受到外界作用时，在很短的时间内，可以将导带底部附近的电子和价带顶部附近的空穴视为两个相对独立的子系统。对于每个独立系统，它们的电子近似处于平衡状态，尽管从价带和导带的整体来看仍处于非平衡状态。因此，对于准独立的价带和导带这两个子系统，费米能级和统计分布函数仍然可用于描述它们的状态分布。由此，可以引入导带费米能级和价带费米能级的概念(通常称为准费米能级)。对于整个系统，其非平衡状态表现为两个准费米能级完全不重合。价带的准费米能级通常称为空穴准费米能级，用符号 E_{fv} 表示；类似地，导带的准费米能级称为电子准费米能级，用符号 E_{fn} 表示。

当两个独立系统处于准平衡状态时，载流子浓度可以表示为

$$n = N_c \exp\left(-\frac{E_c - E_{fn}}{kT}\right),\quad p = N_v \exp\left(-\frac{E_{fv} - E_v}{kT}\right) \tag{2.33}$$

从式(2.33)能明显观察到，无论是电子还是空穴，在非平衡的过程中注入的载流子越多，其准费米能级与原来费米能级的位置偏差距离越大，但偏离程度有所不同。以 N 型半导体为例，小注入条件下，多子(电子)浓度变化很小($\Delta n \ll n_0$)，因此基本靠近原来 E_f 的能级位置，只是比原来稍微偏向于导带底有一个很小的移动。而少子(空穴)的浓度显著增加($\Delta p \gg p_0$)，此时 E_{fv} 远远偏离原来费米能级的位置，朝向价带顶有一个较大的移动，从而靠近导带顶。

2.5.4   额外载流子的运动

微观粒子，如原子、分子和电子，在不同的物质状态中都会进行无规律的自由运动。当这些微观粒子的分布不均匀时，根据统计分布规律，高浓度区域的粒子倾向于向低浓度区域发生扩散运动。这种扩散运动对于粒子来说是有规律的，其与粒子的浓度密切相关。

在特定条件下，如果 N 型半导体材料内部的掺杂均匀，那么在平衡状态下，半导体内部的载流子分布也是均匀的。然而，当一束光照射到半导体表面时，受到光线穿透深

度的限制，表面产生的额外载流子浓度远大于内部，形成从表面指向内部的浓度梯度。如图 2.21 所示，浓度梯度方向与 x 轴平行。此时，多子(电子)的浓度变化较小，但少子(空穴)浓度 $\dfrac{\mathrm{d}\Delta p(x)}{\mathrm{d}x}$ 叠加在 p_0 上会改变少子的分布情况。这样，在 N 型半导体中就产生了空穴的扩散电流。

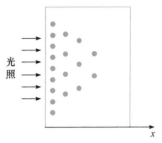

图 2.21　非平衡载流子的扩散

如果只考虑一维情况，即载流子浓度只在 x 方向上发生变化，记作 $\Delta p(x)$，则有

$$\text{浓度梯度} = \frac{\mathrm{d}\Delta p(x)}{\mathrm{d}x} \tag{2.34}$$

若将单位时间内通过材料单位面积(与通过方向垂直的面)的粒子数定义为扩散密度，借助实验可知，扩散密度(记为 S)与浓度梯度成正比。因此，N 型半导体中空穴的扩散密度 S_p 可以表示为

$$S_p = -D_p \frac{\mathrm{d}\Delta p(x)}{\mathrm{d}x} \tag{2.35}$$

式中，D_p 为空穴扩散系数，表示载流子扩散能力的大小。当样品受到恒定光强的光照时，在样品表面产生的额外注入的空穴不断向内部扩散。同时，由于复合作用，额外注入的空穴也在不断消失。最终，半导体不同深度(x)处的空穴浓度将保持恒定，不再随时间变化，形成一种稳定的分布，称为稳定扩散。

在半导体材料中，除上述扩散作用外，在外加电场的驱动作用下，载流子也会做漂移运动。在之前讨论的半导体输运性能时，载流子的漂移就是其中很重要的一部分。当外加电场强度大小为 ε 时，半导体中全部电子和全部空穴的漂移电流密度可表示为

$$(J_n)_{漂} = q(n_0 + \Delta n)\mu_n\varepsilon, \quad (J_p)_{漂} = q(p_0 + \Delta p)\mu_p\varepsilon \tag{2.36}$$

其中

$$p = p_0 + \Delta p, \quad n = n_0 + \Delta n \tag{2.37}$$

对于少数载流子空穴，扩散电流加漂移电流的总和就是半导体的总电流：

$$J_p = (J_p)_{漂} + (J_p)_{扩} = qp\mu_p\varepsilon - qD_p\frac{\mathrm{d}\Delta p(x)}{\mathrm{d}x} \tag{2.38}$$

同样，对于 N 型半导体，当注入量较大时，电子也会产生浓度梯度：

$$J_n = (J_n)_{漂} + (J_n)_{扩} = qn\mu_n\varepsilon - qD_n\frac{\mathrm{d}\Delta n}{\mathrm{d}x} \tag{2.39}$$

在上述公式中，迁移率和扩散系数都描述了载流子在外力驱动下的运动能力。虽然表面上这两个参数反映了不同条件下的载流子特性，但它们之间并非相互独立，而是具有内在联系。这就是爱因斯坦关系，它揭示了半导体中漂移和扩散之间的关系。

2.5.5　载流子的漂移运动

在外加电场下，如果半导体的导带和价带中存在空的能态，电子和空穴将在电场力

的作用下进行定向运动，这种运动称为漂移运动。同时，由于漂移运动产生的电荷而形成的电流称为漂移电流。

外加电场会给电子或空穴一个恒定的加速度。然而，实际上电子和空穴的运动速度并不会以这个加速度持续增长。这是因为载流子在运动过程中与电离杂质原子或晶格热振动原子发生碰撞，导致能量损失。碰撞后，载流子再次进行加速运动，直至下一次碰撞。这样的过程不断重复。将这样反复加速和散射的运动过程简化为以平均速度匀速运动的过程。这个平均速度与电场强度成正比，即

$$\overline{v}_d = \mu \varepsilon \qquad (2.40)$$

式中，μ 为迁移率，代表载流子在单位电场下的平均运动速度，这是半导体的一个重要参数，迁移率的单位通常为 $m^2 \cdot V^{-1} \cdot s^{-1}$。

若半导体单位体积电荷密度为 n，载流子平均漂移速度为 $\overline{v}_d$，则由电流密度的定义可以得到漂移电流密度：

$$(J)_{漂} = nq\overline{v}_d \qquad (2.41)$$

将式(2.40)代入得

$$(J)_{漂} = nq\mu\varepsilon \qquad (2.42)$$

若半导体的电导率为 σ，则漂移电流也可以表示为

$$(J)_{漂} = \sigma\varepsilon \qquad (2.43)$$

结合式(2.42)可得

$$\sigma = nq\mu \qquad (2.44)$$

而电阻率 ρ 为电导率的倒数，可得

$$\rho = \frac{1}{\sigma} = \frac{1}{nq\mu} \qquad (2.45)$$

由式(2.42)和式(2.45)可知，载流子的迁移率 μ 是半导体的重要参数，决定了载流子的漂移特性。接下来探讨迁移率的具体影响因素。

设电子或空穴的有效质量为 m^*，由牛顿第二定律

$$F = m^* \frac{dv}{dt} = q\varepsilon \qquad (2.46)$$

积分得

$$v = \frac{q\varepsilon t}{m^*} \qquad (2.47)$$

如果外加电场 ε 和载流子有效质量为常数，那么漂移速度将由相邻两次碰撞之间的时间间隔 t 决定。为简化计算，用平均碰撞时间 τ 代替时间间隔 t。在半导体中，没有外加电场时，电子和空穴不断进行无规律的热运动，如图 2.22 所示。

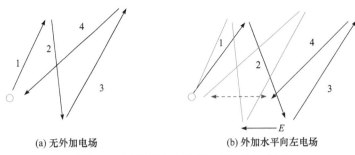

(a) 无外加电场   (b) 外加水平向左电场

图 2.22 半导体中电子的随机运动示意图

当施加外加电场时,电子或空穴将产生与电场方向相反或相同的分速度,如图 2.22(b) 所示。这个分速度仅是热运动的一个微小扰动,并不会显著影响平均碰撞时间。因此,载流子在碰撞前的最大速度为

$$v = \left(\frac{q\tau}{m} \right) \varepsilon \tag{2.48}$$

平均漂移速度应该是最大速度的一半,但实际碰撞过程比上述模型复杂得多。考虑到统计分布的影响,平均漂移速度即为式(2.48)中的速度。因此,迁移率可以表示为

$$\mu = \frac{\overline{v}_\mathrm{d}}{\varepsilon} = q \frac{\tau}{m^*} \tag{2.49}$$

式中,τ 为载流子的平均碰撞时间。

值得注意的是,在半导体中,主要有两种散射机制影响载流子的碰撞时间,即电离杂质散射和晶格热振动散射(声子散射)。下面对两种散射机制进行介绍。

1. 电离杂质散射

电离杂质散射发生在半导体中掺入杂质原子的情况下。室温下,杂质原子电离产生带电中心。带电杂质离子与电子或空穴之间存在库仑作用,因此会改变载流子的运动速度,即改变迁移率。假设半导体中仅存在电离杂质散射时的迁移率为 μ_i,在一阶近似下有

$$\mu_\mathrm{i} \propto \frac{T^{\frac{3}{2}}}{N} \tag{2.50}$$

式中,N 为半导体中施主和受主的总掺杂浓度。对式(2.50)的理解是:当掺杂浓度升高时,载流子被电离杂质散射的概率增大,τ 减小,故 μ_i 变小;当温度升高时,载流子热运动速度加快,从而降低了其在电离杂质附近的时间,即降低了库仑作用的时间。作用时间越短,运动速度的改变越小,迁移率也就越大。

2. 晶格热振动散射

当半导体处于绝对零度状态时,晶体内部的势场呈现出理想的周期性;在这种理想势场中,载流子在整个晶体内可以自由运动,并且不会受到散射的影响。然而,当温度升高至高于绝对零度时,晶体将获得内能,晶格中的原子在原先平衡位置附近产生无规律的热振动,进而破坏了理想势场。在这种情况下,载流子的运动受到原子振动的散射影

响，不再是"自由"的，这就是声子散射。

显然，晶格热振动与温度相关。定义仅存在晶格散射时的迁移率为 μ_L，在一阶近似下有

$$\mu_L \propto T^{-\frac{3}{2}} \tag{2.51}$$

从式(2.51)中可以看到：当温度升高，晶格热振动加剧，载流子散射概率增大，迁移率降低。这是由于在轻度掺杂的半导体中，晶格散射成为主要的散射机制，迁移率随着温度升高而降低。

若相邻两次晶格散射的平均时间间隔为 τ_L，则在微分时间 dt 内发生晶格散射的概率为 $\dfrac{dt}{\tau_L}$。同理，若相邻两次电离杂质散射的平均时间间隔为 τ_I，则微分时间 dt 内发生电离杂质散射的概率为 $\dfrac{dt}{\tau_I}$。若晶格散射和电离散射是相互独立的事件，则总的散射概率为两者概率之和，即

$$\frac{dt}{\tau} = \frac{dt}{\tau_L} + \frac{dt}{\tau_I} \tag{2.52}$$

式中，τ 为任意两次散射事件发生的平均时间间隔。根据迁移率的定义式可得

$$\frac{1}{\mu} = \frac{1}{\mu_L} + \frac{1}{\mu_I} \tag{2.53}$$

即总迁移率的倒数等于各种散射机制下迁移率的倒数之和。

在本节的推导中，假设载流子在外加电场下的漂移仅为热运动的微小扰动，不会影响其碰撞时间，即迁移率不受外加电场影响。实际上，这一假设仅在外加电场较弱时适用。当外加电场增大到一定程度时，漂移速度与热运动速度相比将变得不可忽略。此时，载流子的碰撞时间由漂移运动和热运动共同决定。

以室温下高纯硅、锗和砷化镓中载流子漂移速度与电场强度的关系为例，在低电场强度下，载流子漂移速度与电场强度呈线性关系，曲线斜率即为各半导体材料的迁移率。然而，随着电场强度进一步增大，载流子速度逐渐趋于一个饱和稳定值。这是因为高强度电场导致晶格散射显著增强，限制了载流子的自由时间，降低了迁移率，使得漂移速度不再随电场增强而增大。

2.5.6 载流子的扩散运动

气体分子通过热振动从高浓度区域扩散到低浓度区域，这种运动称为扩散运动。半导体中的另一种载流子输运机制是由浓度梯度驱动的扩散运动，由载流子扩散运动产生的电流称为扩散电流。首先假设半导体内部的电子浓度呈简单的一维线性分布，且半导体内的温度处处相等，即载流子热运动速度处处相等。

如图 2.23 所示，电子浓度从 $x = -l$ 处的 n_1 线性增长至 $x = +l$ 处的 n_3，且 l 小于两次碰撞间的平均热运动距离。在 $x = 0$ 处，净电流由 $x = -l$ 处向右运动的电子和 $x = +l$ 处向

左运动的电子共同决定。此时，$x = -l$ 处向右运动的电子浓度为 $\frac{1}{2}n_1$，$x = +l$ 处向左运动的电子浓度为 $\frac{1}{2}n_3$，电子流速为

$$F_n = \frac{1}{2}n_1 v_{th} - \frac{1}{2}n_3 v_{th} = \frac{1}{2}v_{th}(n_1 - n_3) \tag{2.54}$$

式中，v_{th} 为电子热运动速度。将电子浓度在 $x = 0$ 处按泰勒级数展开并保留前两项，则式(2.54)可改写为

$$F_n = \frac{1}{2}v_{th}\left[\left(n_2 - l\frac{dn}{dx}\right) - \left(n_2 + l\frac{dn}{dx}\right)\right] \tag{2.55}$$

化简得

$$F_n = -v_{th}l\frac{dn}{dx} \tag{2.56}$$

单位电子电荷量为 q，则电流密度为

$$J = -qF_n = +qv_{th}l\frac{dn}{dx} = qD_n\frac{dn}{dx} \tag{2.57}$$

式中，D_n 为电子扩散系数，单位为 $cm^2 \cdot s^{-1}$，其值为正。从式(2.57)可以看出扩散电流密度与电子热运动速度成正比，与电子浓度的空间一阶导数，即浓度梯度成正比。

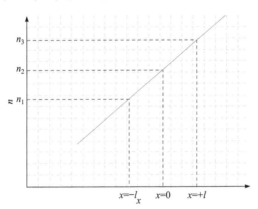

图 2.23　电子浓度与距离的关系示意图

同样，对于空穴扩散，有

$$J = qD_p\frac{dp}{dx} \tag{2.58}$$

式中，D_p 为空穴扩散系数，单位为 $cm^2 \cdot s^{-1}$，其值为正。

2.5.7　总电流密度

综合前两节的内容，可知半导体中的电流由漂移电流和扩散电流共同组成。这两种电流可以视为相互独立的过程。漂移电流是由空穴漂移电流与电子漂移电流相加得到的，

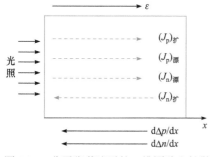

图 2.24　非平衡载流子的一维漂移和扩散

而扩散电流是空穴扩散电流与电子扩散电流相加得到的。扩散电流和漂移电流叠加在一起构成半导体的总电流，如图 2.24 所示。

因此，在一维情况下，总电流密度可表示为

$$J = qn\mu_n E_x + qp\mu_p E_x + qD_n\frac{\mathrm{d}n}{\mathrm{d}x} - qD_p\frac{\mathrm{d}p}{\mathrm{d}x} \quad (2.59)$$

推广到三维情况，则有

$$J = qn\mu_n E + qp\mu_p E + qD_n\nabla n - qD_p\nabla p \quad (2.60)$$

由此可以看出，迁移率反映了载流子在电场驱动下的运动特性，而扩散系数反映了载流子在浓度梯度驱动下的运动特性。

2.6　半导体中的 PN 结

将 P 型半导体与 N 型半导体结合在一起，在两者的界面处就形成了 PN 结。PN 结是太阳能电池工作原理的基础，其电学特性和工作过程与 PN 结息息相关。因此，深入了解 PN 结的结构和电学特性，对于理解太阳能电池器件的工作原理以及分析和设计太阳能电池器件结构具有极其重要的意义。

2.6.1　半导体中 PN 结的基本结构

图 2.25(a)展示了一个包含 PN 结的单晶。在单晶的左侧，受主原子均匀掺杂形成 P 区，而在右侧，施主原子均匀掺杂形成 N 区。P 区和 N 区的交界线称为冶金结(半导体中的 PN 结)。

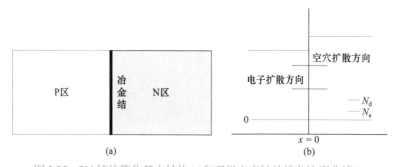

图 2.25　PN 结的简化基本结构(a)和理想突变结的掺杂浓度曲线(b)

首先，考虑简化的突变结情况，即掺杂原子浓度在冶金结处发生突变。这一结论同样适用于其他大多数类型的 PN 结(如扩散结)。

图 2.25(b)展示了理想突变结的掺杂浓度曲线。施主和受主原子浓度在界面处突变，因此电子和空穴的初始浓度从 P 区到 N 区也发生了极大的变化。在浓度梯度的驱动下，P 区的多子空穴流向 N 区，同样地，N 区的多子电子流向 P 区。当 P 区失去空穴时，留下带负电的电离受主，而受主原子位于晶格中不能移动，因此 P 区带有净负电荷。同时，

N 区流失电子，留下带正电荷的电离施主，因此带有净正电荷。这样，在 P 区与 N 区之间便形成了由 N 区指向 P 区的电场。PN 结中带有净电荷的区域称为空间电荷区，由空间电荷区形成的电场称为内建电场。由于空间电荷区中的电子或空穴在电场力作用下被扫出，空间电荷区没有可移动电荷，因此也称为耗尽区。然而，在耗尽区的左侧仍有大量空穴，右侧仍有大量电子。这种浓度梯度导致它们都有向耗尽区扩散的趋势。当空穴或电子越过左右两边的边界时，它们将受到与原本扩散方向相反的电场力。随着扩散运动的进行，空间电荷数逐渐增加，电场力逐渐增强，最终浓度梯度驱动的扩散运动与内建电场引起的漂移运动相互抵消，粒子运动达到动态平衡状态(图 2.26)。

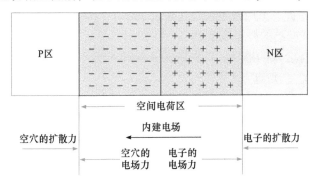

图 2.26　空间电荷区、内建电场以及载流子所受的两个方向相反的作用力示意图

2.6.2　零偏压下的 PN 结

初步了解 PN 结的基本结构之后，在此基础上推导无外加偏压下热平衡状态的 PN 结空间电荷区的宽度、内建电场强度以及耗尽区的电势表达式。为简化推导过程，本小节的所有分析基于两个假设：第一个假设是玻尔兹曼分布，即半导体的所有区域均为非简并半导体；第二个假设是掺杂原子完全电离，即温度变化对 PN 结基本没有影响。

首先推导内建电势差。在没有外加电场的条件下，热平衡状态的 PN 结内费米能级应处处相等，而导带底和价带顶与费米能级间的距离应保持与接触前相等。也就是说，N 区的价带和导带应同时下移至 P 区与 N 区费米能级相等处。图 2.27 描绘了 PN 结内部的能带结构。价带和导带在整个半导体内应保持连续，因此能带从 P 区过渡到 N 区时，在空间电荷区内将发生弯曲。

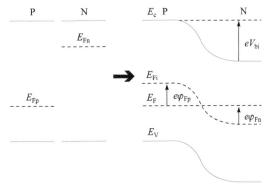

图 2.27　热平衡状态下的 PN 结能带图

从图中可以看出，N 区的多子电子向 P 区扩散时会受到一个能量势垒的阻拦，P 区的多子空穴向 N 区扩散时也会遇到同样大的势垒。这个势垒称为内建电势差，用符号 V_{bi} 表示。然而，V_{bi} 的大小无法用电压表直接测量，因为外电路的探针与半导体接触时也会产生电势差，该电势差会影响内建电势差。为得出 V_{bi} 的表达式，可以借用本征费米能级。因为各处的本征费米能级到导带底的距离相等，所以 P 区与 N 区的本征费米能级之差等于内建电势差。同时，P 区与 N 区的本征费米能级之差又等于 P 区费米能级和 P 区费米能级到本征费米能级的距离之和。已经了解到费米能级与本征费米能级的距离可由掺杂半导体导带的电子浓度和本征电子浓度表示。在完全电离假设下，掺杂半导体的电子浓度即为施主浓度。由此，可用施主或受主浓度表示 V_{bi}。相应的电子电势能之差，即能带的弯曲量 eV_{bi} 称为 PN 结的势垒高度。

接下来进行具体公式的推导。首先定义 P 区和 N 区本征费米能级到平衡费米能级的差值分别为 φ_{Fn} 和 φ_{Fp}，则有

$$eV_{bi} = e\varphi_{Fp} + e\varphi_{Fn} \tag{2.61}$$

由于 P 区导带电子浓度 n_0 为

$$n_0 = n_i \exp\left(\frac{E_{Fi} - E_F}{kT}\right) \tag{2.62}$$

从图中可以看到 $E_{Fi} - E_F = e\varphi_{Fp}$，代入式(2.62)得

$$n_0 = n_i \exp\left(\frac{e\varphi_{Fp}}{kT}\right) \tag{2.63}$$

用受主浓度 N_a 代替 n_0，两边取对数，解得 φ_{Fp} 为

$$\varphi_{Fp} = \frac{kT}{e}\ln\frac{N_a}{n_i} \tag{2.64}$$

同理，施主浓度为 N_d，N 区的空穴浓度为

$$p_0 = N_d = n_i \exp\left(\frac{e\varphi_{Fn}}{kT}\right) \tag{2.65}$$

两边取对数，解得 φ_{Fn} 为

$$\varphi_{Fn} = \frac{kT}{e}\ln\frac{N_d}{n_i} \tag{2.66}$$

将式(2.64)和式(2.66)代入式(2.61)，即可得到突变 PN 结的内建电势差 V_{bi} 为

$$V_{bi} = \frac{kT}{e}\ln\left(\frac{N_a N_d}{n_i^2}\right) \tag{2.67}$$

需要注意的是，在前文中定义的 N_d 和 N_a 分别指半导体材料中相同区域的施主和受主浓度。同时，含有施主和受主的半导体称为杂质补偿半导体。从本节开始，N_a 和 N_d 分别指代 P 区的受主浓度和 N 区的施主浓度。如果 P 区是杂质补偿半导体，那么 N_a 指的是 P 区的净受主浓度。同样地，N 区为杂质补偿半导体的情况定义与 P 区类似。

　　总的内建电势差由杂质浓度决定，那么空间电荷区各处的电场大小和电势又是怎样的呢？接下来推导耗尽区各处的电场强度和电势。耗尽区的电场是由 P 区和 N 区分别存在的净正电荷和净负电荷产生的，假设 $x = 0$ 到 $x = +x_n$ 区域内的电荷密度为 eN_d ，$x = 0$ 到 $x = -x_p$ 区域内的电荷密度为 eN_a ，在 $x > +x_n$ 和 $x < -x_p$ 区域内电荷密度突变为 0，如图 2.28 所示。

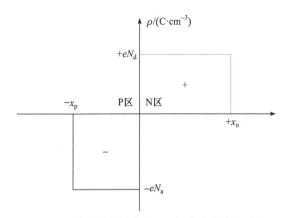

图 2.28　均匀掺杂的突变 PN 结内电荷密度分布

　　对于已知体电荷密度的半导体，可写出其一维泊松方程：

$$\frac{\mathrm{d}^2\varphi(x)}{\mathrm{d}x^2} = \frac{-\rho(x)}{\varepsilon_s} = -\frac{\mathrm{d}E(x)}{\mathrm{d}x} \tag{2.68}$$

式中，$\varphi(x)$ 为电势；ρ 为体电荷密度；ε_s 为半导体的介电常数；$E(x)$ 为电场强度。$\rho(x)$ 和 ε_s 均为已知，在 P 区内对式(2.68)积分得

$$E = \int \frac{\rho(x)}{\varepsilon_s}\mathrm{d}x = -\int \frac{eN_a}{\varepsilon_s}\mathrm{d}x = -\frac{eN_a}{\varepsilon_s}x + C_1 \tag{2.69}$$

式中，C_1 为常数项，代入边界条件 $E(-x_p) = 0$，即可得到

$$C_1 = -\frac{eN_a}{\varepsilon_s}x_p \tag{2.70}$$

　　因此，P 区的电场强度为

$$E = \frac{-eN_a}{\varepsilon_s}(x + x_p) \qquad (x_p \leqslant x \leqslant 0) \tag{2.71}$$

　　同样，在 N 区内对式(2.71)积分，得到电场的表达式为

$$E = \int \frac{eN_d}{\varepsilon_s}\mathrm{d}x = \frac{eN_d}{\varepsilon_s}x + C_2 \tag{2.72}$$

代入边界条件 $E(+x_n) = 0$ 求出 C_2 后，代入式(2.72)得

$$E = \frac{-eN_d}{\varepsilon_s}(x_n - x) \qquad (0 \leqslant x \leqslant x_n) \tag{2.73}$$

由电场函数的连续性，把 $x = 0$ 分别代入式(2.71)和式(2.72)并使它们相等，可得

$$N_a x_p = N_d x_n \qquad (2.74)$$

式(2.74)说明，P 区的总空穴数和 N 区的总电子数相等，且空间电荷区的宽度与掺杂浓度成反比，通常空间电荷区主要分布在轻掺杂区。

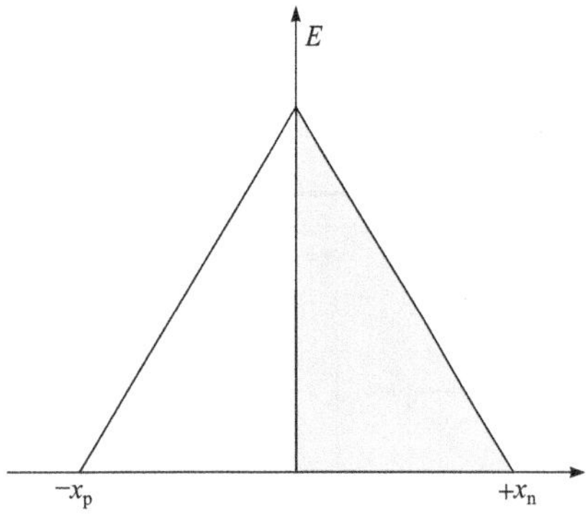

有了表达式(2.71)和式(2.73)，可以画出电场强度在空间电荷区随位置变化的曲线，如图 2.29 所示。从图中可以看出，即使在没有外加偏压的条件下，PN 结耗尽区内仍存在电场，该电场在 PN 结处最大，在 P 区和 N 区均随 x 线性变化，直到与中性区的交界处减小至零。

图 2.29　突变 PN 结各处电场强度

为求得各处电势，对式(2.68)进行积分得到 P 区不同位置处的电势为

$$\varphi(x) = -\int E(x)\mathrm{d}x = \int \frac{eN_a}{\varepsilon_s}(x + x_p)\mathrm{d}x = \frac{eN_a}{\varepsilon_s}\left(\frac{x^2}{2} + x_p x\right) + C_3 \qquad (2.75)$$

为求得积分常数 C_3，假设 $-x_p$ 处的电势为零，代入式(2.75)得

$$C_3 = \frac{eN_a}{2\varepsilon_s}x_p^2 \qquad (2.76)$$

所以 P 区电势表达式为

$$\varphi(x) = \frac{eN_a}{2\varepsilon_s}(x + x_p)^2 \qquad (-x_p \leqslant x \leqslant 0) \qquad (2.77)$$

同样，对 N 区电场积分，得到 N 区不同位置处的电势为

$$\varphi(x) = \int \frac{eN_d}{\varepsilon_s}(x_n - x)\mathrm{d}x = \frac{eN_d}{\varepsilon_s}\left(x_n x - \frac{x^2}{2}\right) + C_4 \qquad (2.78)$$

由电势函数的连续性，将 x_n 处的电势为零代入，得到 C_4 的表达式为

$$C_4 = -\frac{eN_d}{2\varepsilon_s}x_n^2 \qquad (2.79)$$

因此，N 区电势表达式可写为

$$\varphi(x) = -\frac{eN_d}{\varepsilon_s}(x_n - x)^2 \qquad (0 \leqslant x \leqslant x_n) \qquad (2.80)$$

根据式(2.77)和式(2.80)可以画出突变 PN 结的电势随位置变化的曲线，如图 2.30 所示。电势函数与位置呈二次函数关系。P 区的空间电荷区与中性区交界处电势为零，则 $x = +x_n$ 处的电势即

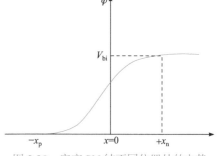

图 2.30　突变 PN 结不同位置处的电势

为内建电势差 V_{bi}，所以

$$V_{bi} = \frac{e}{2\varepsilon_s}(N_d x_n^2 + N_a x_p^2)　\tag{2.81}$$

电子的电势能 $E = -e\varphi$，因此电子电势能在空间电荷区也是空间位置的二次函数。

最后推导空间电荷区宽度的表达式，也就是从$-x_p$到$+x_n$的距离。根据以上公式关系可以解出 x_p 和 x_n。

$$x_n = \left[\frac{2\varepsilon_s V_{bi}}{e}\left(\frac{N_a}{N_d}\right)\left(\frac{1}{N_a + N_d}\right)\right]^{\frac{1}{2}}　\tag{2.82}$$

$$x_p = \left[\frac{2\varepsilon_s V_{bi}}{e}\left(\frac{N_d}{N_a}\right)\left(\frac{1}{N_a + N_d}\right)\right]^{\frac{1}{2}}　\tag{2.83}$$

同时，因为总的空间电荷区宽度为 $x_n + x_p$，所以

$$W = x_n + x_p = \left[\frac{2\varepsilon_s V_{bi}}{e}\left(\frac{N_a + N_d}{N_a N_d}\right)\right]^{\frac{1}{2}}　\tag{2.84}$$

2.6.3　正向偏压：PN 结的载流子注入

当给 PN 结施加一个正向偏压(与内建电场方向相反)时，原来内建电场的电场强度被削弱，不足以抵消载流子的扩散运动。这样就会产生 N 区电子扩散到 P 区和 P 区电子扩散到 N 区的净电流。由于电子和空穴具有相反的带电性和运动方向，它们的扩散运动共同形成了从 P 区到 N 区的电流。该电流由多子扩散形成，方向与外加电场方向相同，因此这种现象称为正向注入。为求得正向注入电流的大小，需要对电子和空穴的运动进行具体分析。

已知正向注入电流其实是多子扩散电流，前面分析了非平衡载流子的扩散运动过程并推出了扩散电流密度为 $N_d q \dfrac{D}{L}$，此处 N_d 表示 P 区或 N 区与空间电荷区边界处的注入载流子浓度，分别用 $\Delta n(x_p)$ 和 $\Delta p(x_n)$ 表示。只要知道边界处注入的非平衡载流子浓度，便可得到注入电流。

先计算注入 P 区的电子扩散电流。N 区的电子浓度为 N_d，在平衡状态下，N 区的电子要到达 P 区需要跃过一个能量势垒 V_{bi}，在上一节中已经推导出 V_{bi} 的表达式。由于电子浓度服从玻尔兹曼分布，跃过势垒 V_{bi} 后的电子浓度为

$$N_d \mathrm{e}^{-\frac{qV_{bi}}{kT}}　\tag{2.85}$$

外加偏压后，仍然可以认为电子浓度服从玻尔兹曼分布，原来的势垒 V_{bi} 被外加偏压抵消一部分后变成 $V_{bi} - V_F$，相应的边界电子浓度变为

$$N_d \mathrm{e}^{-q\frac{V_{bi}-V_F}{kT}} = \left(N_d \mathrm{e}^{-\frac{qV_{bi}}{kT}}\right)\mathrm{e}^{\frac{qV_F}{kT}}　\tag{2.86}$$

括号内的因子刚好是平衡时 P 区的电子浓度，用 n_p 表示，所以 P 区边界的电子浓度可写为

$$n(x_p) = n_p e^{\frac{qV_F}{kT}} \tag{2.87}$$

用扩散过来的电子浓度减去平衡时的电子浓度即可得到非平衡载流子浓度

$$\Delta n(x_p) = n_p \left(e^{\frac{qV_F}{kT}} - 1 \right) \tag{2.88}$$

代入非平衡载流子扩散电流的公式，得到 P 区电子注入电流密度为

$$J_n = q \left(\frac{n_p D_n}{L_n} \right) \left(e^{\frac{qV_F}{kT}} - 1 \right) \tag{2.89}$$

对于注入 N 区的空穴电流进行类似的推导。在外加电场下，N 区边界的空穴浓度由平衡时的 p_n 增加到 $p_n e^{\frac{qV_F}{kT}}$，所以非平衡载流子浓度为

$$\Delta p(x_n) = p_n \left(e^{\frac{qV_F}{kT}} - 1 \right) \tag{2.90}$$

相应的 N 区空穴注入电流密度为

$$J_p = q \left(\frac{p_n D_p}{L_p} \right) \left(e^{\frac{qV_F}{kT}} - 1 \right) \tag{2.91}$$

总电流密度为 P 区电子注入电流密度和 N 区空穴注入电流密度之和，将式(2.89)和式(2.91)相加得到总电流密度为

$$J = q \left(\frac{n_p D_n}{L_n} + \frac{p_n D_p}{L_p} \right) \left(e^{\frac{qV_F}{kT}} - 1 \right) \tag{2.92}$$

式中前两个因子与电压无关，通常写作 J_0，常温下，$e^{\frac{qV_F}{kT}} \gg 1$，则式(2.92)可以写为

$$J = J_0 e^{\frac{qV_F}{kT}} \tag{2.93}$$

从式(2.93)可以看出，正向导通状态下 PN 结的电学特性与普通的电阻有显著的差异。流过 PN 结的电流密度与外电路施加的电压并非简单的线性关系，而是呈指数关系。因此，实际电路中处于正向导通状态的 PN 结，其两端施加的外电压一般会有一个大体确定的值，外电路条件的改变只会引起 V_F 的微小扰动。而 PN 结的电流密度是随外电压指数变化的，V_F 的微小扰动也会使电流发生较大的变化，因此 PN 结的电流密度是由外电路条件决定的。对式(2.93)进行估算，室温下 $kT/q = 0.026$，若外电路使流过 PN 结的电流密度改变了 10 倍，那么 PN 结的电压仅有 0.06 V 的改变。

在实际应用中，人们发现不同禁带宽度的半导体制成的 PN 结导通所需的电压范围不同。图 2.31 画出了禁带宽度分别为 0.7 eV、1.1 eV、1.5 eV 和 2.0 eV 的四种正偏 PN 结的正向导通电流-电压关系。可以清楚地看到，禁带宽度对导通电压有显著影响。在同等掺杂浓度下，禁带宽度对多子浓度的影响可以忽略不计，而主要受到影响的是少子浓度，因此禁带宽度实际上反映了少数载流子浓度对正向偏置 PN 结的电流-电压特性的影响。根据之前的推导，非平衡载流子浓度与平衡状态下的少数载流子浓度成正比。因此，由非平衡载流子扩散引起的电流密度也与少数载流子浓度成正比。禁带宽度越大的半导体，其平衡时的少子浓度越低，注入电流密度越小，那么该半导体达到导通所需的电压越大。

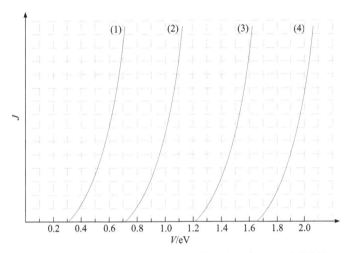

图 2.31　四种禁带宽度不同的 PN 结正向电流-电压关系曲线

在 P 型半导体中电流主要由空穴的流动产生，而在 N 型半导体中电流则主要由电子的流动产生。那么在 PN 结中，电流是如何由 P 区的空穴电流转变为 N 区的电子电流，从而贯穿整个 PN 结呢？为了理解这个问题，以 N 区电子电流转换为 P 区空穴电流为例。如图 2.32 所示，N 区电子经过耗尽区扩散到 P 区后，在浓度梯度驱动下继续扩散，同时吸引右边的空穴并与其复合，电子在扩散的过程中不断吸引空穴，使得空穴从右向左漂移形成空穴漂移电流。图 2.33 示出了 P 区不同位置处的电子电流和空穴电流，电子在 P

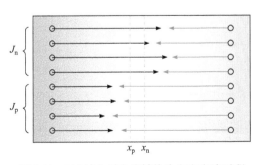

图 2.32　PN 结电子电流转换为空穴电流过程

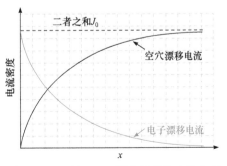

图 2.33　PN 结 P 区不同位置处的电流密度

区的扩散电流随距离变化呈指数衰减，而空穴漂移电流的变化则与之相反，电子电流逐渐转换为空穴电流，而总电流为二者之和，保持不变。同样，P 区的空穴电流到 N 区电子电流的转换可以做完全类似的分析，此处不再赘述。

2.6.4 反向偏压：PN 结载流子的反向抽取

在反向偏压下，对 PN 结施加的外加电场与内建电场方向相同，这相当于在空间电荷区域叠加了一个额外的电场。载流子受到的电场力增大，漂移运动就超过了扩散运动。一旦 P 区的电子进入空间电荷区就会被电场力拉向 N 区，N 区的空穴进入空间电荷区会被拉向 P 区。这实际上是一个少子抽取、多子积累的过程，该过程形成了由 N 区流向 P 区的反向电流。

假设外加反向偏压大小为 V_r，空间电荷区电场增强了 P 区与 N 区的电势差，也就是电子从 N 区到 P 区需要跃过的能垒变为 $V_{bi} + V_r$。按照近似玻尔兹曼分布计算，可以得到 P 区与空间电荷区边界处少子电子的浓度为

$$n(x_p) = n_n \mathrm{e}^{-\frac{q(V_{bi}+V_r)}{kT}} = n_p \mathrm{e}^{-\frac{qV_r}{kT}} \tag{2.94}$$

当无外加电场时，P 区少子浓度为 n_p。当施加反向偏压时，少子浓度为初始浓度除以 $\mathrm{e}^{\frac{qV_r}{kT}}$，当 $V_r \gg kT/q$ 时，少子浓度将非常小。此时，P 区内部的少子将向边界处扩散。一旦少子到达空间电荷区就被电场拉到 N 区，这样边界附近的少子浓度也低于原始值，形成如图 2.34 所示的浓度分布。这样的少子浓度分布恰好与正向偏压时的情况相反，正向偏压时发生少子注入，在边界处积累，而反向偏压时发生少子抽取，在边界处欠缺。

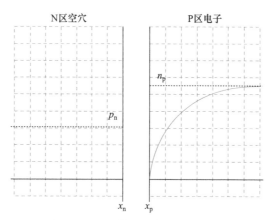

图 2.34 PN 结少子浓度分布曲线

用式 (2.94) 的少子浓度减去平衡时的少子浓度便可得到非平衡少子浓度：

$$\Delta n(x_p) = n_p \mathrm{e}^{-\frac{qV_r}{kT}} - n_p = -n_p \left(1 - \mathrm{e}^{-\frac{qV_r}{kT}} \right) \tag{2.95}$$

类似地，N 区边界处的非平衡少子浓度为

$$\Delta p(x_{\mathrm{n}}) = p_{\mathrm{n}} \mathrm{e}^{-\frac{qV_{\mathrm{r}}}{kT}} - p_{\mathrm{n}} = -p_{\mathrm{n}} \left(1 - \mathrm{e}^{-\frac{qV_{\mathrm{r}}}{kT}}\right) \tag{2.96}$$

用非平衡少子浓度乘以电荷 q 和扩散速度 $\dfrac{D}{L}$，即可求得反向偏压下的电流密度

$$J = q \left(\frac{n_{\mathrm{p}} D_{\mathrm{n}}}{L_{\mathrm{n}}} + \frac{p_{\mathrm{n}} D_{\mathrm{p}}}{L_{\mathrm{p}}}\right)\left(1 - \mathrm{e}^{-\frac{qV_{\mathrm{r}}}{kT}}\right) \tag{2.97}$$

当 $V_{\mathrm{r}} \gg kT/q$ 时，式(2.97)可简写为

$$J = q \left(\frac{n_{\mathrm{p}} D_{\mathrm{n}}}{L_{\mathrm{n}}} + \frac{p_{\mathrm{n}} D_{\mathrm{p}}}{L_{\mathrm{p}}}\right) \tag{2.98}$$

式(2.98)说明，随着 V_{r} 增大，电流密度趋近于一个定值，该值即为反向饱和电流。因为加反向偏压时，边界处的少子浓度降低，低于平衡值，所以电子-空穴对的产生率大于复合率，不断有电子-空穴对产生。将电子、空穴的扩散速度 $\dfrac{D_{\mathrm{n}}}{L_{\mathrm{n}}}$、$\dfrac{D_{\mathrm{p}}}{L_{\mathrm{p}}}$ 改写为 $\dfrac{L_{\mathrm{n}}}{\tau_{\mathrm{n}}}$、$\dfrac{L_{\mathrm{p}}}{\tau_{\mathrm{p}}}$，则反向饱和电流密度的表达式[式(2.98)]可写成

$$J = q \left(\frac{n_{\mathrm{p}}}{\tau_{\mathrm{n}}} L_{\mathrm{n}} + \frac{p_{\mathrm{n}}}{\tau_{\mathrm{p}}} L_{\mathrm{p}}\right) \tag{2.99}$$

式中，$\dfrac{n_{\mathrm{p}}}{\tau_{\mathrm{n}}}$ 和 $\dfrac{p_{\mathrm{n}}}{\tau_{\mathrm{p}}}$ 实际上就是空穴和电子的产生率。因为在反向偏压下边界附近的少子浓度接近于零，非平衡载流子的浓度为平衡载流子浓度的相反数，即 $-n_{\mathrm{p}}$ 和 $-p_{\mathrm{n}}$，所以电子的产生率为

$$\frac{\Delta n}{\tau_{\mathrm{n}}} \approx \frac{n_{\mathrm{p}}}{\tau_{\mathrm{n}}} \tag{2.100}$$

空穴的产生率为

$$\frac{\Delta p}{\tau_{\mathrm{p}}} \approx \frac{p_{\mathrm{n}}}{\tau_{\mathrm{p}}} \tag{2.101}$$

因此，可以将式(2.99)理解为反向饱和电流等于在一个扩散长度范围内的少数载流子产生率乘以电子电荷量 q。这说明反向电流是由在边界附近产生且能扩散到空间电荷区的少数载流子产生的，当反向偏压足够大时，凡是能扩散到空间电荷区的少数载流子都能扫到 PN 结的另一侧，变为多数载流子。因此，能够扩散到空间电荷区的载流子数量就等于在一个扩散长度范围内产生的载流子数量。

理解了反向电流的实质，可以画出 PN 结内的反向饱和电流示意图，如图 2.35 所示。在扩散长度范围内，凡是能产生少数载流子的机制都会使反向电流增大，这对于实际应

用非常重要。例如，给反向偏压下的 PN 结施加光照条件，如果光子能量大于半导体的禁带宽度，半导体价带的电子激发至导带，产生电子-空穴对。在 N 区内，光照产生的空穴依然是少数载流子，边界处的光生空穴扩散到空间电荷区会被扫入 P 区。在 P 区内，光生电子是少数载流子，扩散到空间电荷区的光生电子会被扫入 N 区，因此光照产生的电子和空穴都会贡献反向电流。

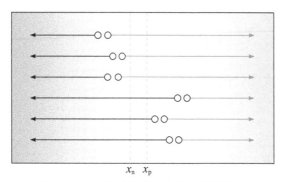

图 2.35   PN 结内的反向饱和电流示意图

2.6.5   PN 结空间电荷区的复合电流

至此已经了解了 PN 结的基本结构及其在平衡和非平衡时的电学特性，并推导出正向和反向偏压下的电流-电压关系的表达式。然而，在实际测量中，实际的电流-电压特性往往与理论预测结果存在偏离，这意味着 PN 结内的载流子还存在其他影响电流的行为。实际情况中，半导体通常存在一些复合中心，其中空间电荷区的复合中心会引起电流的复合和产生，从而影响 PN 结的电流-电压特性。

当给 PN 结施加正向偏压时，P 区的空穴将穿过空间电荷区注入 N 区形成空穴电流 J_p，而 N 区的电子将注入 P 区形成电子电流 J_n。另外，当空穴和电子在空间电荷区的复合中心发生复合时，还会形成一股复合电流 J_{rg}。因此，流过 PN 结的总电流即为三者之和：

$$J = J_n + J_p + J_{rg} \tag{2.102}$$

电子和空穴在空间电荷区的复合率为

$$R = \frac{np - n_i^2}{\tau_p(n + n_1)\tau_n(p + p_1)} \tag{2.103}$$

这个复合率可以远大于电子和空穴在 P 区或 N 的复合率，所以空间电荷区的复合电流对 PN 结的电压-电流特性有重要的影响。复合率的大小主要由电子和空穴的浓度决定，要得到复合率及复合电流，就需要得到电子浓度 n 和空穴浓度 p 在整个 PN 结内的分布情况。在遵循玻尔兹曼分布的条件下，电子和空穴浓度取决于费米能级的位置。如图 2.36 所示，外电场带来的电势差使 P 区和 N 区的费米能级不再处于同一水平线，N 区费米能级 E_{Fn} 比 P 区费米能级 E_{Fp} 高出 qV_f。在外加偏压下的 PN 结能带图中，电子和空穴不再处于相互平衡的状态，因此它们将分别具有自己的准费米能级。可以近似地认为

N 区费米能级延伸至空间电荷区的水平线为电子的准费米能级，而 P 区费米能级延伸至空间电荷区的水平线为空穴的准费米能级。在外加偏压下，电子和空穴都在流动，意味着其准费米能级并不是完全水平的。但是，无论是电子从 N 区注入空间电荷区还是空穴从 P 区注入空间电荷区，距离都很短，因此准费米能级在这个短距离内的变化可以忽略不计，仍将它看作近似水平。

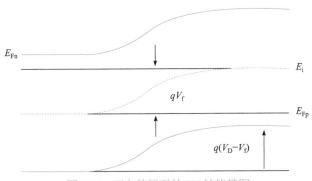

图 2.36　正向偏压下的 PN 结能带图

在符合玻尔兹曼分布的条件下，电子和空穴的浓度可以由准费米能级确定，分别为

$$n = n_i \mathrm{e}^{\frac{E_{Fn}-E_i}{kT}} \tag{2.104}$$

$$p = n_i \mathrm{e}^{\frac{E_i-E_{Fp}}{kT}} \tag{2.105}$$

二者相乘得

$$np = n_i^2 \mathrm{e}^{\frac{E_{Fn}-E_{Fp}}{kT}} \tag{2.106}$$

在外加正向偏压 V_f 下，N 区费米能级比 P 区高 qV_f，即 $E_{Fn} - E_{Fp} = qV_f$，所以

$$np = n_i^2 \mathrm{e}^{\frac{qV_f}{kT}} \tag{2.107}$$

通过式(2.103)中对于电子和空穴在空间电荷区复合率的描述，可以看出分子项中的变量只有 np，而从式(2.107)可以看出电子和空穴浓度的乘积仅由外加偏压 V_f 决定。尽管电子和空穴浓度在整个 PN 结内随位置发生巨大的变化，但是二者的乘积在各处是一样的。因此，在恒定外加偏压 V_f 下，电子和空穴复合率的分子项是不变的，其变化仅由分母中的 n 和 p 决定。

现在分析电子和空穴浓度在 PN 结内的变化。由于电子和空穴的准费米能级可看作是近似水平的，而 E_i 随着电子势能 $-qV$ 变化，式(2.104)和式(2.105)显示电子和空穴浓度遵循玻尔兹曼分布，呈指数变化。电子势能在空间电荷区内从 N 区到 P 区不断上升，因此电子浓度从 N 区到 P 区呈指数下降。而空穴势能与电子势能变化趋势恰好相反，从 N 区到 P 区空穴势能不断下降，所以空穴浓度从 N 区到 P 区呈指数上升。在此基础上再考察复合率公式[式(2.103)]，就可以理解空间电荷区的复合率比 P 区和 N 区大得多。已经知道电子-空穴复合率由式(2.103)的分母决定，而对于深能级复合中心，n_1 和

p_1 非常小，复合率主要取决于电子和空穴的浓度。在 P 区空穴为多子，空穴浓度 p 很大，在 N 区电子为多子，电子浓度 n 很大，这样无论是 P 区还是 N 区，复合率的分母都很大，导致复合率较小。而在空间电荷区中，电子和空穴的浓度相对于 N 区和 P 区都大为降低，实际上有几个数量级的差别，因此空间电荷区的复合率的分母很小，导致复合率较大。

2.6.6 半导体中的金属-半导体接触

金属-半导体接触简称金-半接触，根据接触势垒的差异，可以分为两种类型：具有整流作用的肖特基接触和非整流特性的欧姆接触。肖特基接触因具有类似于 PN 结的非对称、非线性伏安特性，成为许多半导体元器件的关键结构，这种接触通常发生在 N 型半导体中。而欧姆接触由于具有对称的线性伏安特性和极低的电阻值，在所有半导体元器件和集成电路中都是不可或缺的结构。在电工和无线电技术中，利用半导体整流效应等特性制造的接触型整流器和检波器发挥着重要作用。它们的整流和检波作用依靠电导的非对称性，导电的方向性体现在：若使器件导通，器件两端应加正向电压；若使器件不导通，器件两端应加反向电压。这些器件称为肖特基势垒二极管，其非对称电导并非发生在半导体的整个体积内，而是集中在半导体和金属接触边界的附近。下面重点讨论金属-半导体接触的基本概念。

1. 金属-半导体接触概述

金属-半导体接触既可以是金属与 N 型半导体接触，也可以是金属与 P 型半导体接触。它的结构与 PN 结的结构十分类似，但又存在一些差异。当金属与半导体相互连接时，交界面处会形成空间电荷区和自建电场，从而具有单向导电性，这与 PN 结的单向导电性十分相似。金属和半导体的功函数及金属-半导体接触所产生的接触势垒影响电流的传导和电容的性质，后面将进一步介绍。

金属-半导体接触与 PN 结存在本质区别，即反向饱和电流密度的数量级差异极大。以金属与 N 型半导体接触为例，金属-半导体接触的电流来源于热电子发射，当 N 型半导体的电子(多数载流子)发射进入金属后，电子不会在金属中停留并储存，而是直接成为漂移电流流出。由此可知，金属-半导体接触电流密度取决于多数载流子的热运动速度。相比之下，PN 结的电流来源于非平衡载流子的扩散运动，电流密度大小取决于少数载流子的扩散速度。在 PN 结中，外加正向偏压会导致少数载流子注入，使非平衡载流子不断积累，形成电荷储存在 PN 结中。当外加偏压发生变化时，PN 结中储存的电荷积累或释放消失均需要一定的弛豫时间，从而降低了电流密度。因此，在势垒高度相同的情况下，金属-半导体接触的电流密度比 PN 结的电流密度大几个数量级。

2. 金属、半导体的功函数及势垒

1) 金属的功函数

一般来说，金属中绝大多数电子所处的能级都低于体外能级。金属的功函数定义为真空中静止电子的能量 E_0 与金属的费米能级 E_{FM} 能量之差，用 W_M 表示金属的功函数，

可用式(2.108)表示：

$$W_M = E_0 - E_{FM} \tag{2.108}$$

金属的费米能级 E_{FM} 是指在绝对零度下全空态和全满态的分界能级，即当能级 $E > E_{FM}$ 时，能级全为空态；$E < E_{FM}$ 时，能级全为满态。金属中的价电子(或称自由电子)虽然可以在金属内自由运动，但要逸出金属必须额外获得足够高的能量才能克服金属原子对它的束缚。电子从不同结晶形态的金属或同种金属的不同晶面逸出时，所需能量各不相同；若从覆盖有不同材料的金属表面逸出，电子所需的能量也有差异。因此，金属的功函数或电子的逸出功便表示了电子逸出金属所需要的最小能量 W_M，其常用单位是电子伏特(eV)。功函数 W_M 通常是一个常数，其大小反映了电子在金属中被束缚的程度，即 W_M 越大，该金属的电子势阱越深，电子逸出金属越难；反之，W_M 越小，电子逸出金属越容易。美国的施敏(Sze)和伍国珏(Kwork)总结了功函数大小与原子序数的关系——功函数的大小随着原子序数的递增呈现周期性变化，且功函数与电负性的变化规律一致，即低价金属的功函数较低，非金属元素的功函数较高。通过在金属表面覆盖不同材料等方法，可以改变金属的功函数。

2) 半导体的功函数

与金属的功函数类似，在半导体中，将真空中静止电子的能量 E_0 与半导体的费米能级 E_{FS} 之差称为半导体的功函数，用 W_S 表示。但是，半导体的功函数与金属的功函数主要有两点不同：第一，金属的功函数 W_M 通常为一个确定的常数，而半导体的功函数受掺杂杂质浓度影响较大，W_S 大小随掺杂杂质浓度变化；第二，金属的费米能级代表的是绝对零度下电子占据的最高能级，而半导体的费米能级指的是电子占据能级的水平标志，并不指代电子的最高能量状态。一般来说，在半导体中，导带底 E_C 和价带顶 E_V 均比 E_0 低几电子伏特。与半导体热平衡电子的最高能量 E_C 相关的是电子亲和能 χ，表示半导体导带底的电子逸出体外所需要的最小能量：

$$\chi = E_0 - E_C \tag{2.109}$$

半导体的功函数表示为

$$W_S = E_0 - E_{FS} = \chi + (E_C - E_{FS}) \tag{2.110}$$

图 2.37 为接触前金属和半导体的能带图。特征为：半导体费米能级 E_{FS} 高于金属费米能级 E_{FM}，费米能级之差等于功函数之差，即

$$E_{FS} - E_{FM} = W_S - W_M \tag{2.111}$$

3) 接触势垒

接触势垒是由于金属和半导体接触而产生的电势差，可用 V_{MS} 表示。接触势垒产生的原因是当具有理想洁净表面的金属和半导体接触时，二者的功函数 W_M 和 W_S 不相等。未接触前，由于金属和半导体有共同的真空静止电子能级 E_0，二者功函数之差就是其费米能级之差。但由于金属和半导体的费米能级不同，当金属和半导体接触时，在半导体表面会形成空间电荷区，空间电荷区内存在电场，电场作用造成能带弯曲，进而使金属和半导体的费米能级趋于平衡。这一过程具体体现在金属和半导体之间发生电子的转移，

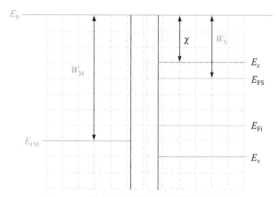

图 2.37 接触前金属、半导体的能带图

处在较高费米能级的电子流向费米能级较低的能级中，低能带向高能带弯曲，直至金属与半导体的费米能级持平，达到热平衡态，不再有电子的净流动。

下面主要以金属与 N 型半导体形成的金属-半导体接触为例进行讨论。当金属和 N 型半导体具有相同的真空静止能级时，存在以下两种可能情况：

(1) $W_M > W_S$(金属功函数高于半导体功函数)：在这种情况下，金属的功函数比半导体的功函数大，说明金属的费米能级低于半导体的费米能级。当金属与半导体接触时，半导体中的电子将流向金属，使金属表面带负电荷。为了保持系统的电中性，半导体表面将带数量相等、电性相反的电荷。这些表面的正电荷分布在一定厚度的表面层内，形成一个正的空间电荷层。在该正空间电荷区内存在一个电场，其方向由半导体表面指向内部，导致能带向上弯曲。由于表面势垒区的电子浓度远低于体内的电子浓度，因此表面势垒区是一个高阻抗区域，通常称为阻挡层。这种情况即为肖特基接触，只有当电子具有足够的能量超过这个势垒时，才能从半导体穿越势垒进入金属。在平衡状态下，肖特基势垒的高度等于金属和半导体功函数的差值。同时，金属-半导体界面两侧的势垒是同种载流子的势垒，在无外加电场下的平衡状态下，单位时间内从界面两侧穿越势垒的载流子数目相等。

当金属和半导体的间距(D)很大(超过原子间距)时，金属与半导体接触的能带示意图如图 2.38 所示，其中 q 为电荷，V_S' 为半导体的电势，V_M 为金属的电势，E_n 为费米能级 E_F 与导带底 E_c 的差值：

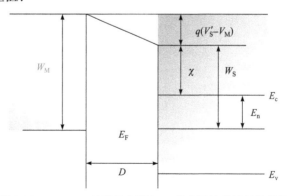

图 2.38 $W_M > W_S$ 时理想金属与 N 型半导体接触的能带图

$$q(V'_S - V_M) = W_M - W_S \tag{2.112}$$

金属-半导体接触产生的电势差为

$$V_{MS} = V_M - V'_S = \frac{W_S - W_M}{q} \tag{2.113}$$

(2) $W_M < W_S$ (金属功函数低于半导体功函数)：在这种情况下，金属的功函数比半导体的功函数小，说明金属的费米能级高于半导体的费米能级。当金属与半导体接触时，电子将从金属流向半导体，使金属表面带正电荷，半导体表面带数量相等、电性相反的负电荷。半导体表面的电荷密度增大，形成了自体内指向表面的内建电场，在半导体表面区域形成负的空间电荷区。负的空间电荷区是一个高电导区域，对半导体和金属之间接触电阻的影响很小，对实验的影响也较小，因此也可以称为反阻挡层。

P 型半导体与金属的接触情况与上述情况相反。当 $W_M > W_S$ 时，P 型半导体表面的空穴密度高于体内，能带沿体内到表面向上弯曲，形成 P 型反阻挡层；当 $W_M < W_S$ 时，P 型半导体体内的空穴密度比表面高，能带沿表面到体内向下弯曲形成空穴势垒，使半导体空穴的数目减少，形成 P 型阻挡层。

3. 欧姆接触

任何半导体器件或集成电路与外界相接时是通过欧姆接触实现的。欧姆接触是接触电阻很低的结，无论在金属一侧还是在半导体一侧都能形成电流的接触，属于非整流接触。这种接触不会产生明显的附加阻抗，也不会使半导体的载流子密度像 PN 结接触时那样发生变化。在理想状态下，当电压很低时，通过欧姆接触形成的电流与电压呈线性关系，其阻值应为不随电压变化的常数，甚至趋于零。通常来说欧姆接触有两种较为常见的情况：①非整流接触；②利用隧道效应原理在半导体上制造欧姆接触。

首先介绍理想非整流接触。根据前面讨论的几种情况，反阻挡层接触的情形下，在半导体表面形成的是一个多数载流子的高密度区，符合欧姆接触的低阻、线性条件。以金属与 N 型半导体型反阻挡层接触具体地说，理想状态下，为了实现热平衡，电子从能量状态较高的金属流向能量状态较低的半导体，使得半导体表面的电荷密度增大，半导体表面趋近于 N 型化。要使电子不从半导体流向金属，不形成势垒，可以在金属表面加正向偏压。如果在半导体表面加正电压，则电子从金属流向半导体的有效势垒高度近似为肖特基势垒高度，且无内建电势差。

在基于隧道效应的欧姆接触中，借鉴了 PN 结的经验。正如之前讨论的，PN 结的空间电荷区宽度取决于杂质浓度。重掺杂 PN 结可以使空间电荷区的宽度变得很窄，小于电子的隧穿长度，从而减弱空间电荷区对载流子的阻挡作用。基于类似的原理，人们通常采用对金属-半导体接触表面进行重掺杂的方法，使半导体表面的势垒区变得非常窄，从而增强隧道效应，使空间电荷区的宽度小于电子的隧穿效应。这样，就能将原本的势垒接触转变为欧姆接触。因此，金属-半导体接触的空间电荷区宽度与半导体的掺杂浓度的平方根成反比。掺杂浓度越高，空间电荷区越窄，隧道效应越强。通过适当的掺杂，可以实现欧姆接触，从而实现低阻、低电压下的线性条件。在实际的生产和应用中，人们通常不仅仅依靠金属功函数的选择实现欧姆接触，而是采用重掺杂的方法调控半导体表面的势垒区，从而利用隧道效应实现优良的欧姆接触特性。

制作欧姆接触最常用的方法是在金属上形成一个低势垒，并在半导体表面形成一个同型重掺杂薄层，然后在其上沉积金属，形成金属-N⁺/N 结或金属-P⁺/P 结。然而，在实际应用中，实现理想的欧姆接触是一项具有挑战性的任务。特别是对于能带较宽的金属，很难形成低势垒的接触。因此，欧姆接触通常需要利用隧道效应的原理来实现。然而，半导体表面的掺杂浓度受限于杂质的固溶度。这意味着表面掺杂浓度往往无法达到理论上所期望的均匀性和高浓度。这种掺杂浓度的不均匀性导致欧姆接触点的电阻值难以达到理论上的最小值。因此，在实际制备过程中需要仔细考虑材料的选择、制备工艺和表面处理等因素，以尽可能提高欧姆接触的质量和稳定性。

思　考　题

1. 实际半导体与理想半导体之间的主要区别是什么？

2. (1) 计算金刚石晶体的晶格体积内能够完全填充的完全相同的硬球的最大比例。

   (2) 计算 300 K 时硅(111)面上每平方厘米内的原子个数。

3. 计算含有施主杂质浓度为 9×10^{15} cm^{-3}、受主杂质浓度为 1.1×10^{16} cm^{-3} 的硅在 33 K 时的电子和空穴浓度以及费米能级的位置。

4. 硅 PN 结的面积为 1 cm^2，由双边突变结构成，N 区的施主杂质浓度为 10^{17} cm^{-3}，P 区的受主杂质浓度为 2×10^{17} cm^{-3}，所有的施主和受主均电离，计算内建电势。

5. 计算 $E = E_c$ 到 $E = E_c + 100\left(\dfrac{h^2}{8m_u^+ l_c^2}\right)$ 之间单位体积内的量子数。

6. 一块电阻率为 $3\,\Omega \cdot$cm 的 N 型硅样品，空穴寿命 $\tau_p = 5\,\mu$s，在其平面形的表面处有稳定的空穴注入，过剩浓度 $\Delta p = 10^{13}$ cm^{-3}。计算从这个表面扩散进入半导体内部的空穴电流密度，以及在离表面多远处过剩空穴浓度等于 10^{13} cm^{-3}。

第 3 章　太阳能电池基础

最简单的太阳能电池仅由一个 P 型半导体和 N 型半导体组成。当光照射在 PN 结上可以产生电子-空穴对，在半导体内建电场作用下，电子-空穴定向分离，在外接电路后可以产生对外做功的电流，即光生伏特效应(简称光伏效应)，这是太阳能电池工作的基本原理。光电转换效率是衡量太阳能电池最重要的性能指标之一，此外其基本参数还包括开路电压、短路电流、填充因子等。本章主要讨论器件的基本物理原理及基础测试参数。

3.1　光生伏特效应

光生伏特效应是光与半导体材料相互作用的基本现象。与之相关的其他效应包括光电导、光致发光和光发射。在光电导效应中，当光照射到半导体材料时，材料吸收能量大于其带隙的光子能量，价带中的电子被激发到导带，在价带中留下自由空穴，从而增加了材料中的载流子浓度，进而提高了材料的电导率。光致发光是指物质吸收光子后重新辐射光子的过程。从量子力学的角度来看，这个过程可以描述为物质吸收光子，跃迁到较高能级的激发态，然后返回较低的能态，同时释放出光子。根据延迟时间的不同，光致发光可以分为荧光和磷光。

光伏效应通常与半导体材料中存在的"结"相关联，这些结用于分离吸收光所产生的载流子，以实现从光能到电能的转换。在很多情况下，光伏发电过程可以看作是电致发光过程的逆过程。在电致发光中，通过对半导体结施加正向偏置电场来引发光致发射，而在光伏效应中，光的吸收导致偏置电场的产生(短路情况下除外)。

光伏效应的实际起源可以追溯到法国科学家贝克勒尔的工作。他于 1839 年观察到当光线照射到某些材料上时会产生电流。1877 年，英国科学家亚当斯(Adams)和戴(Day)研究了硒(Se)的光伏效应，并制作了第一片硒太阳能电池。直到大约 1914 年，硒光伏电池才得以应用，并实现了约 1%的太阳辐射转换效率(光电器件的转换效率表示为电池产生的最大功率与入射在电池上的总辐射功率之比)。

光伏电池最早受到太空飞行器领域的关注，因为它可以作为宇宙飞船的有效动力来源，这为光伏研究提供了新的推动力。单晶硅是最早采用的材料，1954 年报道了 6%的太阳能转换效率。经过长期的发展，如今工业化生产的晶硅太阳能电池组件的效率可达 26%以上。我国政府大力支持该产业的发展，目前该领域的最高纪录(26.68%)由中国汉能控股集团有限公司保持。最早基于另一种材料的单晶电池——砷化镓的转换效率为 4%，但通过采用新技术，如多结电池，该效率已经提高到 46%。在一些特殊的应用场景，如太空应用中，制备成本并不被视为主要因素，研究人员更加关注器件质量和弯折性能。这些需求推动了对薄膜光伏电池的研究，如亚铜硫化物、碲化镉异质结电池。该技术于1956年首次报道时的效率为6%，而现在由中国企业创造的大面积铜铟镓硒[Cu(In,Ga)Se$_2$, CIGS]薄膜太阳能电池组件已经达到17.44%的效率(有效面积超过1 m^2)。当太空计划不再是国家发展的首要任务时，光伏研究短暂陷入困境。不久之后，美国能源部在科罗拉多州戈尔登市成立了太阳能研究所，致力于光伏研究。该研究所的目标之一是在效率、成本、毒性、可用材料的数量和电池的长期稳定性等方面将光伏研究与自然科学、社会科学和政治考虑相结合，探索这些复杂现象。在此后的数十年中，研究人员对光伏的数量和兴趣都呈数量级的增加。目前，以铜铟镓硒等为代表的第三代薄膜太阳能电池以前所未有的效率突飞猛进，吸引了大量研究学者投身其中，光伏发电领域书籍、期刊和文献的数量急剧增加。

3.1.1　光伏效应概述

本小节对涉及光伏效应的半导体结构、主要工艺和机制进行综合介绍，重点讨论半导体PN结的电流和电池性能。下面先简要介绍半导体结构的几种类型，以及与光伏效应相关的区别，包括同质结、异质结、隐埋异质结和肖特基势垒。

1. 同质结

同质结是由相同半导体材料的两个部分形成的结，其中一个部分具有N型导电性，另一个部分具有P型导电性。图3.1展示了同质结的能带图，其中E_{vac}代表真空能级，E_c代表导带位置，E_v代表价带位置，X_s代表电子亲和能，E_g代表能隙。扩散电压V_D，有时也称为内建电场，是由于N型和P型部分之间的电荷转移，以维持费米能级E_F在结上保持恒定而产生的，其数值由N型和P型部分之间费米能量的差值决定。

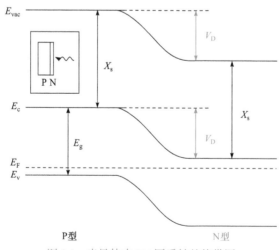

图3.1　半导体中PN同质结的能带图

在热平衡状态下，通过对半导体进行掺杂形成P区和N区，可以实现PN结的同质结构。由于杂质的活化能 ΔE 较小，在室温下，杂质几乎全部电离成受主离子 N_a^- 和施主离子 N_d^+。在 PN 结交界处，由于载流子浓度存在差异，电子和空穴相互扩散。在结形成的瞬间，N 区的电子较多，而 P 区的电子较少，因此电子从 N 区流入 P 区，与空穴相遇并发生复合。这导致在 N 区的结附近区域，电子数量变得很少，留下未中和的施主离子 N_d^+ 形成正的空间电荷。同样地，空穴从 P 区扩散到 N 区后，由于无法移动的受主离子 N_a^- 的存在，形成负的空间电荷。在 P 区和 N 区交界面两侧形成无法移动的离子区(也称为耗尽区、空间电荷区或阻挡层)，从而形成空间电偶层，并产生内部电场(内建电场)。这个内建电场对两个区域中多子的扩散起到抵制作用，对少子的漂移起到帮助作用，直到扩散流和漂移流达到平衡时，内建电场达到稳定状态，在同质结界面两侧建立了稳定的内建电场。

2. 异质结

从能带图中可知，当 N 型和 P 型半导体单独存在时，费米能级的位置 E_{Fn} 和 E_{Fp} 存在一定的差异。当 N 型和 P 型半导体紧密接触时，电子从费米能级较高的一侧流向费米能级较低的一侧，而空穴则相反。这个过程伴随着内建电场的形成，其方向由 N 区指向 P 区。在内建电场的作用下，费米能级 E_{Fn} 与整个 N 区能带一起向下移动，而 E_{Fp} 与整个 P 区能带一起向上移动，直到费米能级移动到同一位置，即 $E_{Fn} = E_{Fp}$，从而使载流子停止流动。在结区域，导带和价带会相应地弯曲形成势垒。势垒的高度等于 N 型和 P 型半导体单独存在时费米能级之间的差值：

$$qV_D = E_{Fn} - E_{Fp} \tag{3.1}$$

式中，q 为电子电量；V_D 为接触电势差或内建电势。

对于在耗尽区以外的状态：

$$V_D = \left(\frac{kT}{q}\right)\ln\left(\frac{N_a N_d}{N_i^2}\right) \tag{3.2}$$

式中，k 为玻尔兹曼常量；T 为热力学温度；N_a、N_d、N_i 分别为受主、施主、本征载流子浓度。

可见，V_D 与掺杂浓度有关。在一定温度下，PN 结两边掺杂浓度越高，V_D 越大。禁带宽的材料，N_i 较小，故 V_D 大。

在异质结界面处可能发生相当复杂的过程。这些过程是由界面特有的相互作用引起的。界面处常见的情况包括界面偶极和界面状态，它们可能显著改变电荷分布和能带图中的界面特征。为了理想化地描述这一情况，图 3.2 中采用了安德森(Anderson)突变结能带模型，该模型忽略了界面和偶极子的贡献。在该模型中，仅考虑半导体材料的整体特性，用以绘制能带图。然而，由于两个半导体之间的电子亲和力和带隙差异，导带和价带之间的能级可能会发生不连续的情况。

这些不连续性不会在界面能带结构中产生明显的"尖峰"。然而，当 P 型半导体的电子亲和能大于 N 型半导体时，导带中的不连续性将引起能量的突出尖峰，这将严重影响

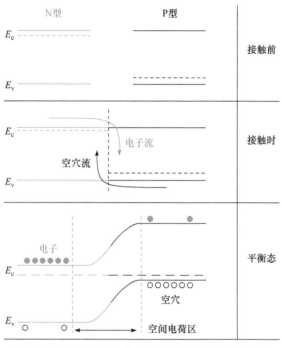

图 3.2　两个不同半导体之间的 PN 异质结的能带图

从 P 型区域到 N 型区域的电子传输。在实际应用中，常选择具有较小带隙的 P 型材料，因为通常情况下，P 型材料中的电子扩散长度大于 N 型材料中的空穴扩散长度。

与理想异质结的偏差可能是由异质结的构筑至少需要两个不同来源的材料所造成的。虽然可能存在两个具有相同晶格常数的材料(例如，砷化镓的晶格常数为 5.654 Å[①]，锗的晶格常数为 5.658 Å)，但大多数异质结由两种具有一定晶格失配的材料组成。这种晶格失配会在界面处引起扭曲和位错，从而形成局部界面态，这在光伏特性方面可能起重要作用。第二种偏差是由于真实表面性质而产生的。当通过在一种材料上沉积另一种材料来构造结构时，由于氧化表面、化学相互作用或相互扩散，可能形成中间层。这个中间层可以控制结的性质。在某些情况下，故意引入一层薄的绝缘材料，通常是氧化物，以降低结的漏电流。在这种情况下，异质结有时称为半导体-绝缘体-半导体(semiconductor-insulator-semiconductor，SIS)结构。实际上，异质结研究的基本原则是，其性质可能不仅由单个材料的性质决定，而是由构筑异质结过程中涉及的各种过程和相互作用决定。

3. 隐埋异质结

图 3.3 展示了由 P[+]材料的异质界面形成的典型掩埋 PN 结构。这种结构由异质结和同质结组成。该结构称为隐埋结，因为它是在 P[+]-P-N 结构中呈现狭窄 P 型区域的结果。这个结构保留了 PN 同质结的优点，并为 P 型材料提供了不同类型的接触表面，以实现最小化的表面损失。

---

① 1 Å = 1×10⁻¹⁰ m。

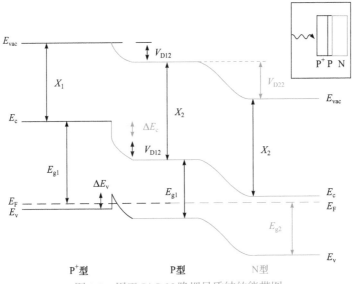

图 3.3　用于 P⁺-P-N 隐埋异质结的能带图

图 3.3 中的示例展示了窄的 P 型区域在制备 P⁺ 异质材料之前就可以形成，或者在很多情况下，它可以通过从 P⁺ 材料中的扩散过程形成。隐埋异质结通常比简单异质结更具优势，因为它将结构远离异质结界面。一个最有效的隐埋结的示例是 GaAlAs/GaAs 单元，其中 P-GaAlAs 是位于 PN 结 GaAs 上的异质层。AlAs 的晶格常数为 5.661 Å，几乎与 GaAs 的晶格常数 5.654 Å 相同，这样可以使异质界面处于隐埋结的接触状态，同时最小化异质界面态的缺陷密度。

4. 肖特基势垒

在许多方面，金属与半导体之间形成的肖特基势垒是最简单的结构类型。它是一个简单的模型，忽略了界面相互作用和状态，它预测如果金属的功函数大于半导体的功函数，则在 N 型材料上形成肖特基势垒。有时为使结的电流最小化，可采用中间的绝缘层制备这种结，这种结构称为金属-绝缘体-半导体(metal-insulator-semiconductor，MIS)结。

然而，近年来的研究表明，上述简单论证用于确定金属-半导体结的势垒高度的做法并不适用于大多数光伏电池中感兴趣的材料。支持这一结论的证据：半导体表面费米能级的位置是由半导体与金属的相互作用所控制的。因此，仅考虑单层材料的能级是不够的，实际肖特基势垒的高度通常需要通过实验确定。

3.1.2　简单太阳能电池器件模型

下面介绍评估光伏电池光电转换效率的相关基础知识。一个简单的等效电路模型是将其视为电流发生器，有光电流 $I_L = J_L \times A_L$，其中 A_L 为暴露于照明的太阳能电池面积；J_L 的流向与二极管的正向电流相反，二极管电流 $I_D = J_D \times A_D$，其中 A_D 为结的总面积。

$$I_D = I_0(e^{aV} - 1) \tag{3.3}$$

式中，I_0 为二极管的反向饱和电流；$a = q/nkT$，n 为理想因子，与材料本征复合相关；k 为玻尔兹曼常量；T 为温度。计算扩散电流时，$n = 1$；计算重组电流时，$n \approx 2$。对于稍后讨论的其他结电流机制，如是否存在热激活的隧穿效应，参数 a 的温度依赖性与上述情况不同，并且在实际情况中可能与温度无关。图 3.4 显示了典型的等效电路，包括串联电阻 R_s 和分流电阻 R_p。

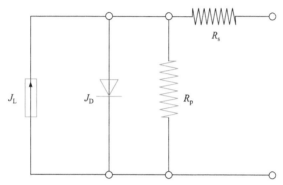

图 3.4   用于光伏电池的简单等效电路

在没有损耗的理想电池中，光电流 I_L 恰好相当于每个电子穿过结点的电荷量。每个光子入射到电池上(通常是大于带隙的光子能量)，可以产生一个光子-空穴对。量子效率定义为每个入射光子所收集到的电子电荷的数量。因此，在理想的太阳能电池中，入射光中具有足够能量的光子将产生同样数量的电子-空穴对，并且这种理想电池中的二极管电流 I_D 较小。

理想太阳能电池还具有以下其他特征：①在光照条件下，参数 a 和 I_0 的值与在黑暗条件下相同；②串联电阻 R_s 的值为零；③分流电阻 R_p 的值为无穷大。

由于在这种理想太阳能电池中的总电流仅通过叠加光产生和暗电流即可获得，因此总电流为

$$J = I_D - I_L = I_0(e^{aV} - 1) - I_L \tag{3.4}$$

对应于该模型，在黑暗和光照下 J 随 V 的变化如图 3.5 所示。叠加原理意味着，将暗态 J-V 曲线简单地降低至第四象限即可形成光照 J-V 曲线。该曲线与电压轴($J = 0$)在开路电压 V 处相交，即

$$V_{oc} = a^{-1} \ln\left(\frac{I_L}{I_0} + 1\right) \tag{3.5}$$

并在 $V = 0$ 时与电流轴相交于短路电流 I_{sc}，即

$$I_{sc} = -I_L \tag{3.6}$$

这两个简单的结果揭示了太阳能电池工作的基本关键：短路电流仅受电流产生和收集过程的控制，而开路电压由与二极管电流大小相关的参数 a 和 I_0 控制。I_0 表示的正向电流可以看作是漏电流，可以消除由光照引起的电池的正向偏置电压积累。另外，短路

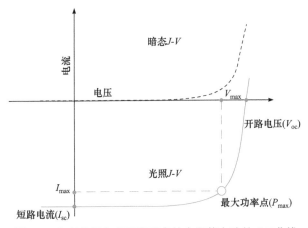

图 3.5 典型理想化光照及暗态的太阳能电池的 *J-V* 曲线

电流的方向与 I_0 相反。

衡量太阳能电池的功率。*J-V* 曲线的形状与 V_{oc} 和 I_{sc} 的大小一样重要。在沿着 *J-V* 曲线的特定点上，可以得到电池的最大输出功率 $P_{max} = I_{max}V_{max}$，其中 I_{max} 和 V_{max} 分别表示最大功率电流和最大功率电压。此最大输出功率 P_{max} 用于计算电池的效率(PCE)。

$$\text{PCE} = \frac{P_{max}}{P_{rad}} = \frac{I_{max}V_{max}}{P_{rad}} = \frac{V_{oc}I_{sc}\text{FF}}{P_{rad}} \tag{3.7}$$

式中，P_{rad} 为入射到电池上的总辐射功率；FF 为填充因子，是 *J-V* 曲线"矩形度"的量度。填充因子定义为

$$\text{FF} = \frac{P_{max}}{V_{oc}I_{sc}} \tag{3.8}$$

3.1.3 太阳能电池中的光电过程与机制

图 3.6 展示了适用于 3.1.2 小节的所有半导体结的示意图，并进行了相应的修改。为方便以下讨论，只考虑光照射到图 3.6 中结的 N 型区域的情况。该 N 型区域可以表示同质结的前表面或异质结的前表面，隐埋式 PN 结的 N 型区域以及金属-半导体接触肖特基

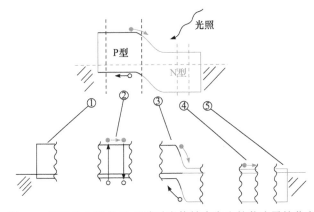

图 3.6 假设光入射在 N 型端时光伏结中发生的载流子的分离

势垒的 N 型区域。本小节将对与电流产生、电流收集和结传输相关的主要过程进行定性研究。

1. 半导体的表面反射

在确定光产生电流的关键因素时，首要考虑的是由于半导体前表面的反射而立即损失的光的比例。大多数半导体具有相对较高的折射率，反射率为 20%～40%。简单情况下，使用设计的宽带隙电介质干涉层作为增透膜，可以将这种反射损失最小化，即膜厚为 1/4 波长的整数倍。当然，单个这样的层只能在一个波长处最有效地降低反射率，使用多个抗反射层，可以在更广泛的波长范围内实现更大程度的减反效果。

2. 接触区域

如果不透明的接触电极遮盖了太阳能电池被照明表面的区域，则在电流产生中有效照明区域 A_L 将小于结区域 A_D，正如 3.1.2 小节所述，多种研究方案旨在使接触面积最小化，同时确保这些接触电极具有良好的电流收集性能。一种有希望的解决方案是使用高电导率的宽带隙透明层(如 In_2O_3、SnO_2、$CdSnO_4$ 或 ZnO)作为接触电极，这样通过不透明接触仅遮盖最小的区域，而透明导电层保持透明性。

3. 接触电阻

触点的电阻往往是电池的串联电阻 R_s 的主要贡献之一，尤其是在新材料制成的新型或实验电池中，接触电阻通常较大。当然，理想的选择是二者为欧姆接触，以提供可实现的最小电阻。在金属-半导体界面中，如果金属的功函数小于 N 型半导体的功函数或大于 P 型半导体的功函数，就能够实现欧姆接触。通常，金属为 N 型(P 型)半导体中的 N 型杂质(P 型杂质)，通过热处理将其扩散到半导体中，可以增加接触界面处半导体的载流子密度，并且降低接触电阻。接触电阻的大小在很大程度上取决于半导体表面的载流子密度。如果使用集成太阳能模组，则对总串联电阻有贡献的任何电阻都变得至关重要。例如，AlGaAs/GaAs 太阳能电池的总串联电阻必须为 10^{-4} $\Omega \cdot cm^{-2}$ 或更小。整个电池单元最大允许串联电阻的值为 0.5 $\Omega \cdot cm^{-2}$，任何单个触点对 R_s 的贡献都必须远小于此值。

对于一些有望用于太阳能电池的材料，如 P 型碲化镉，无法找到具备适当功函数以形成理想欧姆接触的金属。在这种情况下，存在另一种选择。如果能够使半导体的表面具备良好的导电性，则由半导体与非欧姆接触形成的肖特基势垒所产生的耗尽层将非常薄，从而允许隧穿电流通过。这样的接触可能在一定温度下表现为相对较低的电阻和欧姆接触，但是如果器件得到适当冷却，尤其是当主要隧穿过程是热辅助时，它们可能会变成高电阻状态，具备整流能力。

4. 收集势垒

当载流子继续向图 3.6 中所示的左侧方向移动时，接下来将面临收集阻力的问题。首先是电流必须穿过 N 型区域才能被收集，因此整个 N 区都会贡献电阻。如果整个半导体区域都可以由触点覆盖，如在 N 型区域上沉积透明高电导率层，则电阻将等比于半导体材料的厚度。如果使用接触栅极，则电阻涉及栅电流的横向流动以及垂直于通过半导体结的电流。如果考虑的 N 型层是多晶层而不是单晶层，则晶界势垒的存在将进一步阻止横向电流的流动，从而降低有效载流子迁移率。

在实际的电池中，通过设计具有最小化收集电阻的网格结构已经发展为一项先进技术，并且已经使用各种等效电路和有限元模型对其进行了分析研究。当然，图 3.6 中的 P 型材料也对收集电阻做出贡献，就像背接触电阻对 P 型材料有贡献一样。然而，由于 N 型区域通常比 P 型区域更薄，因此 N 型层的电阻率通常需要比 P 型区域小几个数量级。

5. 光学吸收

入射光必须被半导体吸收才能产生电子-空穴对。在同质结中，N 型和 P 型区域的吸收都对总电流有贡献。对于异质结，其中 N 型区域是宽带隙材料，有效吸收主要发生在 P 型材料中。对于肖特基势垒结构，吸收发生在图 3.6 中的 P 型材料中。

光吸收的主要贡献来自半导体带隙内的跃迁，这种跃迁是由能量等于或大于带隙能量的光子引起的。对于直接带隙材料，即导带和价带的极值出现在相同的位置上(在能带结构中通常描述为 k 值)，吸收系数随着光子能量接近带隙能量而迅速增大，并很快达到 $10^4 \sim 10^5$ cm^{-1}。因此，对于直接带隙材料，光的穿透深度(吸收系数的倒数)大约为 0.1 μm，故吸收所有光的材料所需的厚度仅为 2 μm 或 3 μm。另外，对于间接带隙材料，即导带和价带的极值出现在不同 k 值的情况下，吸收系数随着光子能量的增加而缓慢增大，需要约 100 μm 的厚度才能吸收所有光。在用于太阳能电池的材料中，只有硅具有间接带隙，其他材料(如 GaAs、InP、CdTe 等)都是直接带隙材料。因此，如果希望薄膜太阳能电池的总厚度不超过 10 μm，只能使用直接带隙材料。

如果光子通量 $F_0(\lambda)$ 以 $x = 0$ 入射到吸收材料上，则材料内部距离 x 的光子通量 $F(\lambda, x)$ 由下式给出：

$$F(\lambda, x) = F_0 \lambda e^{-a(\lambda)x} \tag{3.9}$$

式中，$a(\lambda)$ 为光的吸收系数。通常，通量 F 的测量单位是 mW · cm^{-2} 或光子 · cm^{-2} · s^{-1}。阳光在地球上的辐照通量约 100 mW · cm^{-2}。载流子的产生速率由下式给出：

$$G(\lambda, x)\mathrm{d}x = -\mathrm{d}F(\lambda, x) = a(\lambda)F(\lambda, x)\mathrm{d}x \tag{3.10}$$

这两个考虑因素相互之间存在竞争关系。为了实现对太阳光谱的最大吸收(图 3.7)，希望带隙尽可能小，以确保太阳光谱中的每个光子都具有足够的能量来产生电子-空穴对。然而，随着带隙的减小，不可避免地会增加反向饱和电流 J_0 的大小。从这两个相互竞争的因素得出一个结论：存在一个最佳带隙，该带隙既能实现最佳吸收，又具有最小的 J_0。美国科学家洛弗斯基(Loferski)对理想同质结进行了经典计算，考虑了没有表面重组损失的情况，最佳材料的带隙约 1.4 eV。

基于这些考虑，对于特定带隙的半导体，意味着所有能量小于该带隙的光子将无法产生电子-空穴对，从而导致整体效率下降。同时，对于能量远高于带隙的光子的吸收也会造成能量损失，因为被激发的载流子在返回带内的热平衡状态时会通过声子耗散掉额

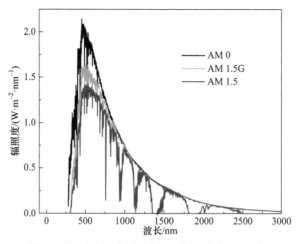

图 3.7 标准太阳光谱能量(地球辐射及太阳直射)

外的能量。为了减少这种能量损失,可以采用热光电装置提高能量利用率。此外,如果采用异质结构,则可吸收的光子数量进一步减少。

6. 载流子收集

如果图 3.6 所示的是同质结,则通过光吸收在 P 型材料中产生的电子将通过扩散穿过结并被收集,而在 N 型材料中产生的空穴将被电子吸收并通过电极收集,形成电流。如果图 3.6 所示的是异质结或肖特基势垒结构,则主要是在 P 型区域中通过结并被收集的电子构成电流。只有在大约扩散长度 $L_n = (\mu t_n / kT)$ 的 $1/2$ 处产生载流子(t_n 为在 P 型材料中的电子寿命),才可以在发生复合之前将其收集起来。这意味着间接带隙材料中的少数载流子的扩散长度值必须比相应的直接带隙材料更大,因为在间接带隙材料中,载流子需要更长的传输距离。

电场的存在有助于载流子的收集。在耗尽层中产生的载流子几乎完全被收集,基本没有损失,这是由于局部电场和靠近结的效应。理论上,通过适当选择杂质密度的梯度,可以在整个半导体吸收区域产生内建电场。然而,在实际应用中,大多数材料并未利用这种电场,因为产生合适的电场很困难。杂质梯度不会导致少数载流子寿命的降低,并且内建电场的存在会自动降低结电势的值,因为它减小了结的扩散电势。这样的漂移场的存在对于利用低载流子寿命材料构筑太阳能电池至关重要。

7. 表面重组

如果图 3.6 所示的是同质结,由 N 型区域中产生的光生载流子也可能扩散到表面,并穿过结而被收集。由于大多数材料的表面具有相对较高的缺陷密度,表面重组的可能性通常比体内高。因此,扩散到表面的载流子会通过重组而损失。特别是对于具有直接带隙的材料,被照射的 N 型区域必须非常薄,以允许光穿透到结内部。然而,这意味着靠近载流子生成的前表面有高密度的载流子,并且由于表面重组而损失。因此,同质结的量子效率通常随着光子能量的增加而降低,这是因为吸收系数随着光子能量增加而增大，对应产生的载流子更加接近 N 型材料的前表面。

通过表面钝化技术可以减少由表面重组引起的损耗(图 3.8)。该技术通过引入表面电场，在适当的杂质掺杂下形成一个势垒，使得少数载流子向表面移动。通过表面钝化的方法可以降低表面重组，从而提高效率。另一种方法是利用隐埋同质结结构，在同质结的前表面引入合适的异质面结构，从而降低表面状态(界面状态)。在 AlGaAs/GaAs 异质结构中，通过隐埋同质结电池的设计，可以将 GaAs 上 PN 结的前表面转化为具有良好晶格匹配和少量界面状态的 AlGaAs/GaAs 界面。

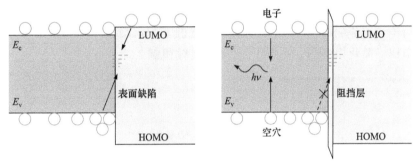

图 3.8　引入钝化层抑制表面重组损失

8. 界面重组

前文已经介绍了界面重组的概念，并通过界面重组速率描述其对收集函数 $h(v)$ 的影响。如果图 3.6 所示的结构是异质结，则不同的 P 型和 N 型材料之间的界面可能由附加的局部态组成，这些局部态在复合过程中起类似于同质结前表面的表面态的作用。在这种情况下，在 P 型材料中产生的电子可能通过这些界面态进行复合，而无法被结收集。由于这些局部态位于结区域中的高电场区域，它们对电流收集通常不会产生显著的不良影响。事实上，对于一些晶格失配接近 30% 的异质结构(如 ZnO/CdTe)，已经实现了接近 100% 的量子效率。但是，这样的局部态提供了正向电流传输的路径，导致开路电压 V_{oc} 降低。

9. 多晶薄膜中的晶界

如果太阳能电池异质结的一个或两个组分采用多晶膜而非单晶形式，则晶界可能带来额外的影响。当晶粒尺寸小于载流子的扩散长度时，晶界处的复合可能导致光激发的载流子明显损失，从而导致短路电流减小。此外，晶界与异质结相交时可能存在其他电流传输路径，从而降低开路电压。

通过研究在单晶和多晶 InP 上制备的 CdS/InP 结构，可以看到多晶与单晶电池行为之间的影响。在这种情况下，采用多晶 InP 可以获得与单晶 InP 几乎相同的短路电流，但由于晶界引起的漏电流，开路电压明显降低。对于采用多晶 InP 制备的电池，暗电流约为单晶电池的 100 倍，相应地导致 V_{oc} 从单晶电池的 0.79 V 降至多晶电池的 0.46 V。

10. 背接触

3.1.2 小节中提到了图 3.6 中 P 型材料的收集电阻以及背接触对该材料的贡献。由于背接触不需要设计成允许光线通过，因此可以使用大面积接触而使接触电阻最小化。然而，在电池中，当 P 型区域的厚度与光激发的少数载流子的扩散长度相当时，可能发生载流子的损失，类似于 3.1.2 小节描述的前表面重组损失。为了尽量减少这种损失，通过在背面进行短暂扩散掺杂剂修饰，形成一个阻止载流子流向表面的表面电场。这个电场使背面的 P 型材料中空穴密度增加，能够阻止形成势垒的少数载流子电子向该表面扩散。

11. 电流机制

此处讨论结电流的起源，即正向偏置电流降低了 PN 结维持正向电压的能力，从而降低了开路电压。简化模型图 3.9 说明了主要的传输机制。

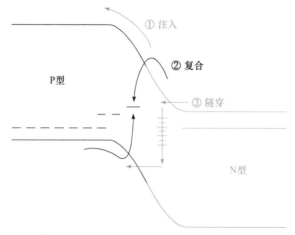

图 3.9   简单指示正向结电流的三种主要模式

当仅存在扩散注入势垒时，将出现最理想的情况，此时有最小的暗电流，且暗电流数值只与 N 型材料、P 型材料本身的性质相关。存在这种理想的行为时，对应于式(3.3)中 $n=1$。

第二种最理想的情况：对应暗电流的下一个最小值。电流值与通过结的电流传输有关，这是由耗尽区中的缺陷态引起的复合效应。如果这些态处于能隙中间位置，则理想因子 $n \approx 2$，尽管在实际情况下，其值可能介于 1 和 2 之间。如果存在界面态，则可能产生额外的结电流，因为电流可能通过界面态中的复合过程流动。

通常情况下，图 3.9 中的 N 型材料到界面态或缺陷级的隧穿是导致最大暗电流的主要原因，随后与 P 型材料中的空穴发生复合。如果界面势垒非常薄，则这种隧穿可以在没有热激活的情况下发生，或更普遍地，升高温度可以增加电子能量，提高隧穿概率。当隧穿控制暗电流时，式(3.3)中参数 a 不等于 q/nkT，并且可能与温度无关。在许多实际情况下，测得的暗电流-电压曲线显示出以隧穿为主导的传输，根据已知的体载流子密度计算出的预期耗尽层宽度太宽，无法解释隧穿现象。因此，这可能归因于界面附近的高密度电荷，可能是整体缺陷或界面态，它们有效地减小了耗尽层的宽度，最终使载流子能够进行隧穿。

3.2　太阳能电池工作原理

在黑暗条件下，当 N 型半导体和 P 型半导体接触时，在载流子浓度差异的驱动下，N 型半导体和 P 型半导体中的多数载流子(多子)向另一侧扩散，如图 3.10 所示。随着 N 型半导体中的电子逐渐扩散到 P 型一边，N 型半导体由于失去电子而带正电；同样地，P 型半导体一边由于失去空穴而带负电。因此，在靠近 PN 结两侧产生空间电荷区，这些电荷进而产生了从 N 区指向 P 区的电场，称为内建电场。

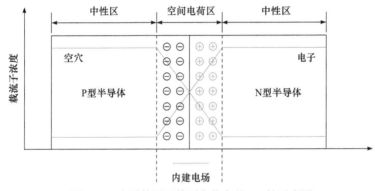

图 3.10　在零偏压下热平衡状态的 PN 结示意图

以 N 型半导体一边为研究对象。内建电场使空穴即 N 型半导体中的少数载流子(少子)发生与电子扩散方向相反的漂移运动。显然，多子扩散电流与少子漂移电流的方向相反。随着多数载流子的扩散运动不断进行，相应地一边失去的电荷越多，内建电场因此不断增强，少数载流子的漂移运动随之逐渐加强。这一动态过程直到少子漂移电流和多子扩散电流因大小相等、方向相反发生抵消达到平衡状态。这时，当一束光作用于 PN 结上，在两侧的半导体中产生电子和空穴，打破原有的动态平衡。当光强较弱时，两侧半导体内的多子浓度不会发生显著变化，但少子浓度明显增加，使得少子漂移电流显著增大，原本在无光照条件下建立的多子扩散电流-少子漂移电流的动态平衡被打破。考虑到 PN 结的单向导电性，将 PN 结的导通方向定义为正向(由 P 指向 N)，不能导通的方向定义为反向。按照这个定义，多子扩散产生的电流为正向电流，少子漂移产生的电流为反向电流，内建电场方向为反向。在光照条件下考察这个 PN 结的特性发现，在不施加外加电压的情况下，PN 结内存在光生少子产生的反向漂移电流，这个电流就是短路电流(I_{sc})。反向光生电流的产生源于内建电场，因此内建电场是太阳能电池的核心。如果要抵消这个反向光生少子漂移电流，需要额外向 PN 结施加一个正向电压产生一个正向电流。当外加电压加到某一值时，产生的正向电流刚好抵消光生漂移电流，宏观上 PN 结内部电流为零。这个电压就是开路电压(V_{oc})。

从以上讨论可以看出，开路电压可以理解为为了抵消反向少子漂移电流而施加的正向电压。当正向电压增加到刚好抵消内建电场时，反向少子漂移电流将不复存在。因此，开路电压的上限是空间电荷区两端由载流子积累产生的电势差。又由于内建电场总是小于半导体带隙的等效电压，因此开路电压一定小于半导体带隙的等效电压($V_{oc} < E_g$)。当给被光照的 PN 结外部添加一个负载时，反向光生电流流经负载，在负载上形成一定电压，这个电压反过来作用于 PN 结，形成一个等效的正向电压。在这个正向电压的作用下，PN 结内的正向电流增加，与反向光生电流抵消，从而抵消部分反向光生电流。当达到平衡时，负载的 $I\text{-}V$ 特性和 PN 结的 $I\text{-}V$ 特性同时达到平衡。了解了这个基本模型之后，下面系统讨论钙钛矿太阳能电池中的一些指标及其对太阳能电池性能的影响。

1. 陷阱态密度

陷阱态密度对太阳能电池的短路电流和开路电压具有显著影响。首先，随着光强增大，光生载流子浓度增加，从而导致反向光生电流(也就是短路电流)增大。然而，在实际情况下，半导体内部有很多陷阱态，这些陷阱态导致部分光生载流子发生湮灭，从而导致短路电流下降。开路电压可以理解为用于抵消反向光生电流所需要外加的正向电压，如果由于缺陷态的减少，反向光生电流减小，则开路电压也相应减小。因此，陷阱态(包括晶粒内部和界面的缺陷态)是影响太阳能电池短路电流和开路电压的关键因素。这也解释了钙钛矿太阳能电池研究中，薄膜的结晶性优化和表界面钝化至关重要。

2. 寄生电阻

寄生电阻对填充因子的影响十分显著，如图 3.11 所示。在实际应用中，太阳能电池电路中存在寄生电阻，分为串联寄生电阻和并联寄生电阻两种形式。首先可以将寄生电阻和负载电阻看成一体，将电路简化为不包含寄生电阻而只有负载电阻的情况。等效负载在太阳能电池的工作条件下，不可避免地在内含寄生电阻中产生功率损耗。而且串联电阻越大，并联电阻越小，寄生电阻上的功率损耗占比越大。

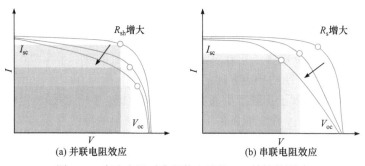

(a) 并联电阻效应　　　　　　　(b) 串联电阻效应

图 3.11　寄生电阻对太阳能电池的 $J\text{-}V$ 特性的影响

填充因子是伏安特性曲线上最大输出功率点的 $I\text{-}V$ 面积与 $I_{sc}\text{-}V_{oc}$ 面积的比值。根据上述分析，由于在寄生电阻上发生了能量消耗，实际消耗在负载上的功率仍小于等效最大功率输出点的功率，导致填充因子减小。为了提高太阳能电池的填充因子，要尽可能地减小太阳能电池中的串联寄生电阻，同时增加并联寄生电阻。串联寄生电阻主要包括传输层、电极和界面接触电阻。并联寄生电阻主要包括漏电电路中的电阻。因此，除了优选传输层和电极外，还需要优化钙钛矿层与传输层之间的接触(减小串联寄生电阻)。此外，尽可能提高钙钛矿薄膜的覆盖率，以防止漏电情况发生，也可以有效增大并联寄生电阻。

3.2.1　同质结太阳能电池

同质结太阳能电池的历史可以追溯到 1941 年，美国科学家奥尔(Ohl)在贝尔实验室制备了一种硅基 PN 结光伏器件。12 年后，人们采用扩散技术成功制备出单晶硅 PN 结器件，光电转换效率达到 6%。1958 年，通过扩散技术制备的单结硅太阳能电池器件实现了14%的光电转换效率。与此同时，基于其他单晶半导体材料的 PN 型同质结电池也引起了人们的广泛关注。随后的数年中，基于硅和ⅢA～ⅤA族化合物半导体材料的 PN 结制备技术得到了改进和完善。由于材料成本较低的潜在优势，基于多晶 $CuInSe_2$、$CuInS_2$ 及氢化非晶硅等半导体材料的薄膜 PN 同质结迅速脱颖而出，并得到了长足发展。

1. 同质结太阳能电池的特点

在所有的同质结构中，基于 PN 或 PIN 同质结构建的内建电场实现载流子的驱动及分离。在其中的一些结构中，空穴传输-电子阻挡层/吸收层的电子亲和能之差形成有效场以实现电荷分离；同样，电子传输-空穴阻挡层/吸收层的空穴亲和能之差也可以形成有效场。此外，一些结构中的背电极形成了 N-N+ "高-低" 结构。在这些不同类型的器件结构中，无论是通过有效场还是电场，都用于形成选择性欧姆接触。在图 3.12(b)～(d)中，前带隙区可以抑制光生载流子在电极附近的产生，从而极大程度地抑制了光生载流子在该电极处的复合损失。在 PN 同质结中，图 3.12(b)中的亲和能渐变区称为异质面结构。图 3.12(e)中的辅助电场区称为背面场区。在图 3.12(a)～(d)中，内部电势位于 PN

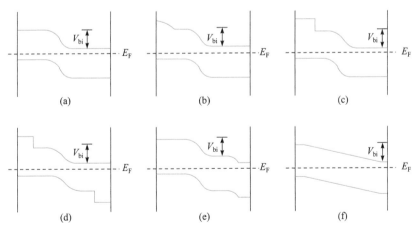

图 3.12　一些同质结太阳能电池的能带结构

(a) 没有辅助场的 PN 型吸收层结构；(b) 具有梯度式辅助式有效场的 PN 型吸收层结构，有效场形成了选择性欧姆接触；(c) 具有跃变式辅助式有效场的 PN 型吸收层结构，有效场形成了选择性欧姆接触；(d) 具有跃变式辅助式有效场的 PN 型吸收层结构，在正面和背面形成了选择性欧姆接触；(e) 具有跃变式辅助式有效场的 PN 型吸收层结构，在背面形成了选择性欧姆接触；(f) 没有辅助场的 PIN 型吸收层结构结内部及其附近，而在图 3.12(e)中，电池背部也对电势有贡献，在图 3.12(f)中内建电势贯穿整个 PIN 型电池。需要注意的是，无论是否存在场区，这些器件中主体"电荷分离引擎"都位于相同半导体材料内部的 P 区、N 区甚至 I 区中，因此这类电池都称为同质结电池。

在图 3.10 所示的 PN 结结构中，毗邻 PN 结处存在一个平带区，称为耗尽区，这里不存在内建电场。在同质结中真空能级以及任意带边的导数为负才对应正向的静电场，该处能带导数为零，即没有静电场存在。在这个耗尽区，由于掺杂产生的多数载流子浓度较高，在光照条件下难以发生改变。另外，该区域的少数载流子相对浓度较低，通常会受到光照的显著影响。光照条件下产生的额外少数载流子被收集到图中所示的非耗尽区域，即内建电场、对称破缺区域(图中的非平带区域)。因此，光生少子通过扩散的形式被收集到 PN 结空间电荷区，并在内建电场作用下发生电荷分离。在这些 PN 型电池的势垒区，光生载流子的迁移尤为重要，能带导数的变化表明 PN 结内部存在具有将空穴和电子向不同方向分离的内建静电场。整个 PIN 型器件的载流子收集和分离基于内建电场作用下产生的载流子漂移运动。当吸收层材料的载流子扩散长度足够使光生少子扩散到耗尽区以外时，即可构建基于图 3.12(a)~(e)的同质结器件。当电极附近的掺杂、电极功函数或二者协同作用建立起贯穿整个电池结构的电场，并且使得电子扩散长度和空穴扩散长度均接近吸收层宽度(LABS)，且电池宽度约等于 LABS 时，图 3.12(f)的同质结设计更加理想。

2. 同质结太阳能电池的电荷输运

了解了简单的 PN 结结构后，进一步探讨同质结太阳能电池内部的载流子输运机理。如图 3.13 所示，光照下产生的光生自由电子和空穴受限于各种载流子损失机制，包括体复合、前电极复合和背电极复合。在所有这些复合发生时，能够逃离顶层且没有被复合的光生电子将通过扩散的方式进入静电场区。在这里它们与该势垒区产生的光生电子汇合，如果同时避免了电场势垒区的复合，则将在内建电场的作用下一起被漂移机制带入底层材料。一旦电子进入底层材料，尽管仍受复合过程的限制，但此时它们已经成为背电极输运的多子。在底层材料中，这些电子主要发生漂移运动，然而在非常小的电场作用下，由于底层材料中的电子为多数载流子，即使在非常小的电场作用下，仍然可以产生显著的电流。同理，底层材料中的光生空穴主要以扩散的形式进入静电势垒区，并与该区产生的光生空穴一同汇入顶层材料。当光生空穴到达顶层材料时，变成向前电极输运的多子，并产生由非常小的电场驱动的多子漂移电流。

在图 3.13 中，成功避免复合机制的电子从右电极处以粒子流的形式流出，形成了通过外电路的电流。这些电子通过外电路的负载并进行功率输出，随后返回左电极，并在这里与相同数目的空穴发生湮灭。图 3.13 表明，减少过程 1~7 中引起的光生载流子损失，可以有效提升电池的性能。同时需要注意的是，电池在光照作用下，该电池输出的伏安特性曲线上任意一点，左电极的电压相对于右电极为正。并且，在这种功率输出模式下，电流沿着图 3.13 中 x 轴的负方向移动。上述过程不仅适用于光从左电极入射的情况，也适用于光从右电极入射的情况。对于这种最简单的 PN 型同质结电池，开路电压 V_{oc}

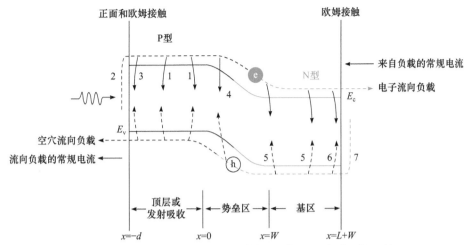

图 3.13　光照下的简单 PN 型同质结太阳能电池(光从左侧入射)

的上限是内建电势 V_{bi}。如果 $V_{oc} > V_{bi}$，则势垒区的电场方向将发生改变，同时电流方向变为反向。在这种情况下，电流方向的改变将使器件功率发生损失。尽管 V_{bi} 为 V_{oc} 设置了上限，但实际的开路电压由损失机制的动力学决定。有效抑制复合过程可以降低开路电压与 V_{bi} 之间的差距。从另一个角度看，V_{oc} 也可以看作是将势垒静电场降得足够低、电子和空穴准费米能级发生足够的分裂，进而使得损失率等于产出率时所需的电压值。

3. 同质结势垒区

静电势垒区作为同质结电池中的关键部分，在 PN 型和 PIN 型电池中都起着重要作用。这些势垒能够打破结构的对称性，使电子和空穴沿不同方向移动，从而导致电荷的分离和电流的流动。在 PN 型电池中，一个显著的特征是在热力学平衡状态下，存在于两侧平带区之间的势垒区。在光照且有电流流动的情况下，这些平带区实际上存在电场，但电场强度通常较弱。在光照条件下且不处于热力学平衡态，势垒区外的电场很弱，不可能存在明显的电流密度。因此，这些区域称为准中性区。通常情况下，PN 型同质结的准中性区内电场强度非常小，光照状态下的少数载流子主要通过扩散过程被收集到势垒区。由于准中性区涉及非常弱的静电场和少子浓度的乘积，漂移运动在准中性区中不太重要。而 PIN 型器件是另一种极端的情况。在 PIN 型器件中存在一个热力学平衡态下横跨整个电池的势垒区和静电场，并不存在平带区。在工作状态时，PIN 型器件通过漂移的形式收集内部任何位置的光生载流子。

4. 前空穴传输-电子阻挡层的作用

在前空穴传输-电子阻挡层存在的情况下，没有电子扩散到前电极的复合平面，电子避免了复合损失，因此对短路电流密度做出贡献。反之，当缺少前空穴传输-电子阻挡层时，电子在前电极位置发生复合损失。换言之，前空穴传输-电子阻挡层/吸收层界面的亲和能之差形成的势垒阻止了吸收层产生的光生电子输运到前电极复合区域。前空穴传输-

电子阻挡层的引入可以将前电极的电子表面复合率降低到零。在这种情况下，前电极为选择性欧姆接触，可以允许空穴通过，阻挡电子通过，并且不会发生任何电子-空穴对复合。由于前电极复合损失被选择性欧姆接触成功地消除，器件的开路电压得到提升，如图 3.14 所示。

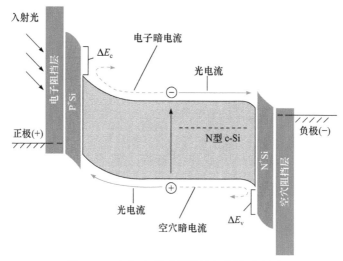

图 3.14　空穴-电子选择性接触传输示意图

前空穴传输-电子阻挡层/吸收层界面的扩散-漂移竞争是一个值得讨论的现象。首先，前空穴传输-电子阻挡层/吸收层界面处的漂移不是电池内常见的静电场漂移，而是有效场漂移。由于前空穴传输-电子阻挡层/吸收层界面存在较高的电子浓度差和亲和能阶跃，因此在热力学平衡状态下，扩散和漂移运动必然存在。当处于热力学平衡态时，根据细致平衡原理，这两种运动将完全抵消。然而，在短路情况下，这种有效力漂移在界面处占据主导，并将有限的光产生率通过前空穴传输-电子阻挡层内部形成的小的电子电流带入吸收层。需要注意的是，在前空穴传输-电子阻挡层边界的电子漂移电流并非由静电场引起，而是由作用于电子的电子有效力场引起的。

5. 前电子传输-空穴阻挡层的作用

前面已经讨论了前空穴传输-电子阻挡层可以有效增强基本 PN 同质结的性能。当同时在前后电极添加空穴传输-电子阻挡层与电子传输-空穴阻挡层时，短路条件下的电子电流密度在前电极区为零，而且此时空穴电流密度在背电极区也为零。在这种情况下，空穴不再扩散到背电极复合区域，之前在背电极区域发生复合而损失的空穴现在可以输运到左侧，为短路电流密度做出贡献。由于电子传输-空穴阻挡层/吸收层界面处的空穴亲和能阶跃会形成势垒区，因此光吸收层内产生的光生空穴无法输运到背电极的复合区。应用电子传输-空穴阻挡层可以有效降低背电极空穴复合损失率。同时，背电极为选择性欧姆接触，可以在没有任何电子和空穴损失的情况下允许电子通过，如图 3.14 所示。在这种情况下，此欧姆接触可以成功消除背电极的复合损失，提高器件的开路电压。因此，在这里唯一的复合机制就是体复合损失，并且与光产生率相等。

在电子传输-空穴阻挡层/吸收层界面处存在扩散和漂移的竞争。这时的漂移运动是由界面处的空穴有效电场引起的。由于界面处存在较大的空穴浓度差以及界面处的空穴亲和能阶跃，扩散和漂移这两种机制在热力学平衡态下必然同时存在。根据细致平衡原理，扩散和漂移在热力学平衡态下精确抵消，因此在短路条件下几乎为零。在电子传输-空穴阻挡层/吸收层界面处的空穴漂移电流并非由静电场引起，而是由空穴的有效力场引起的。空穴的有效力场作用导致了空穴漂移电流的形成。在电子传输-空穴阻挡层/吸收层界面处存在空穴漂移电流，但是在靠近静电势垒区时，空穴漂移电流被向左的空穴扩散消除。

3.2.2　肖克莱-奎伊瑟极限

对于给定的照射光谱，单结太阳能电池的最大光功率转换效率称为肖克莱-奎伊瑟(Shockley-Queisser, S-Q)极限。S-Q 极限由美国科学家肖克莱和德国科学家奎伊瑟于 1961 年首次提出。基于热力学和光学原理，假设太阳能电池是基于单一能带半导体材料且只能吸收特定波长太阳光的情况下，该极限的计算考虑了太阳辐射的能谱分布以及光伏材料的光吸收和光电转换效率，用于确定单结太阳能电池在标准测试条件(standard test condition, STC)下所能获得的最大光电转换效率与半导体带隙的关系。太阳能电池的能量转换效率是标准测试条件下将阳光转换为电能的功率百分数。标准测试条件定义为光强 $1000\ \mathrm{W\cdot m^{-2}}$，基于标准太阳光谱分布的 AM 1.5 G 光谱。AM(air mass)为大气质量，表示太阳光通过大气层时的平均传输路径，对应于太阳高度角为 48.2° 的条件。

对于任何类型的单结太阳能电池，现代 S-Q 极限计算的最大效率为 33.7%。当前的太阳能电池的光电转换效率随着半导体材料的带隙而变化，如图 3.15 所示。美国太阳能电池公司 SunPower 于 2012 年 3 月报道，最好的现代生产硅电池效率在电池级别为 24%，

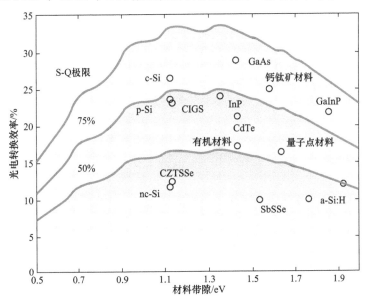

图 3.15　不同带隙材料太阳能电池的最高效率[与 S-Q 极限(顶部实线)的对比]

c-Si: 单晶硅；p-Si: 多晶硅；nc-Si: 纳米晶硅；a-Si:H: 氢化非晶硅

模块级别的效率为 20%。许多假设与 S-Q 极限相关，这些假设将其适用范围限制在各种类型的太阳能电池内。S-Q 极限的核心是热力学平衡原理，其中所展示的细致平衡原理的严格应用随后激发了其他研究人员对如何超越 S-Q 理论所给出的策略以及向真实应用推广的想法。S-Q 理论背后的模型假设在于通过建立计算模型过程中使用的高度理想化的太阳能电池模型，其中不可避免地对模型进行了简化假设，仅需要一个物理量作为输入参数，即光伏吸收材料的带隙能量 E_g。然而，这种简化的代价是对 E_g 进行特定的定义。这个定义将光伏吸收材料的吸收率 A 对光子能量 E 的依赖描述为一个阶跃函数。这种方法的巧妙之处在于它容忍了物理上的不可能性：任何实际的半导体器件都无法实现这样的吸收率。理想化情况与真实材料或器件之间的差异可能相对较大。然而，随着材料科学及高性能光伏器件不断取得突破性进展，标榜"逼近或突破 S-Q 极限"的报道已屡见不鲜。

S-Q 极限是根据评估分析每个入射光的光子提取的电能量来计算的，有以下注意事项。

1. 黑体辐射

任何不是绝对零度(0 K)的材料都会通过黑体辐射效应发射电磁辐射。电池中损失的任何能量都会变成热量，因此当电池放置在阳光下时，电池中的任何低效率都会升高电池温度。随着电池温度的升高，通过传导和对流输出的辐射和热量损失也会增加，直至达到平衡。在实践中，这种平衡通常在高达 360 K 的温度下达到，因此电池通常以低于其室温额定值的效率运行。模块数据表通常将此温度依赖性定义为 T_{NOCT}(NOCT 表示标称工作单元温度)。对于常温下的"黑体"，这种辐射的很小一部分(每单位时间和每单位面积的数量由 Q_c 给出)是能量大于带隙的光子。对于硅，这些光子中的一部分是通过电子和空穴的复合产生的，这一过程限制了电池的电流。这是一个非常小的影响，但是 S-Q 假设当电池两端的电压为零(短路或没有光)时，总复合率与黑体辐射 Q_c 成正比。

2. 复合

根据平衡原理，载流子的产生与复合达成了整个材料内部载流子系统的热平衡。光子的吸收产生电子-空穴对，电子-空穴发生复合产生光子是一对可逆过程。载流子复合会造成太阳能电池内部能量损失，该过程降低了电池的效率。

3. 频谱损失

由于将电子从价带激发到导带这一过程需要能量，因此只有当入射光子能量大于或等于光吸收材料带隙时才有可能产生电子-空穴对。以硅材料为例，其带隙约为 1.1 eV，这意味着硅只对能量高于波长约为 1100 nm 的红外光具有光谱响应。换句话说，硅可以将近红外光子以及红色、黄色和蓝色波段的光转化为电能，而能量相对较低的无线电波、微波和大多数红外光子不会被吸收转化。这一条件限制了不同半导体材料可以从太阳中提取的能量。在 AM 1.5G 太阳光的 1000 W·m^{-2} 中，约 19%的能量小于 1.1 eV，因此不会在硅电池中产生功率。

4. 其他因素

S-Q 极限只考虑了最基本的物理学，除以上讨论的影响因素外，还有其他因素会进一步降低理论效率。

(1) 移动的局限性。光激发产生载流子发射出电子，在它先前被束缚的原子留下净正电荷。在正常条件下，原子将从周围邻近原子中拉出电子以中和自身的净正电荷。这一过程在相邻原子间连续发生，从而产生一个穿过电池的电离链反应。由于这一过程也可以视为正电荷的运动，因此将净正电荷的移动称为"空穴"(一种虚拟正电子)在材料内部的移动。

(2) 非辐射复合。在真实的太阳能电池中，电荷传输和传输速率与复合速率竞争，较低的复合速率是实现高效的载流子提取和良好的填充因子(FF)的必要条件。因此，为了进一步将太阳能电池效率推向理论极限，如何有效规避太阳能电池内部的非辐射复合过程成为研究重点。由于辐射复合是光吸收的时间逆转过程，则电子和空穴重新组合以产生离开电池的光子是不可避免的。因此，S-Q 计算考虑了辐射复合产生的能量损失，但它假设没有其他复合过程。在实际太阳能电池运行过程中，仍存在其他载流子复合过程，会进一步降低太阳能电池的实际效率，包括缺陷和晶界的复合，以及材料表界面载流子提取过程带来的表面复合损失。在晶体硅中，即使没有晶体缺陷，仍然存在俄歇复合过程，其发生频率远高于辐射复合。考虑到这一点，晶体硅太阳能电池的理论效率计算值为 29.4%。

5. S-Q 模型的基本形式及简化假设

光子(太阳光粒子和电池热辐射)在太阳、太阳能电池及其与所处环境相互作用过程中起到能量传输媒介的作用。另外，电池通过光生电子和外电路与外部环境实现温度和能量的平衡。基于此，可以认为电池的温度(T_{cell})与环境温度(T_{amb})始终处于热力学平衡状态($T_{cell} = T_{amb} = 300$ K)。需要注意的是，该过程忽略了聚焦光和辐照角度对温度平衡的影响。S-Q 模型中涉及的光伏电池的光吸收材料通常是具有两组分立能带的半导体材料。该材料下方的价带(E_v)被电子占据，位于上方的导带(E_c)则由无数空轨道组成，二者的差值即为该半导体材料的带隙(E_g)。位于价带上的电子在足够高的能量激发下可以跃迁至导带，并在价带上留下一个空穴(通常情况下空穴也被视为可以在价带上自由移动的载流子)。考虑到太阳光辐射是由无数具有特定能量分布的光子组成，即太阳光谱(不同情况下使用的太阳光谱通常存在差异，在 S-Q 模型中则假定光谱适用于全部情况)，光谱中只有能量大于带隙的光子可以激发价带上的电子跃迁，并在导带和价带上分别产生电子和空穴(电子-空穴对)。该电子-空穴对若发生复合，则辐射出能量等同于带隙的光子(该过程也称为辐射复合)。光子与半导体材料的相互作用以及太阳能电池中的光生伏特效应主要分为三个阶段，如图 3.16 所示。其中，第一阶段对应光吸收过程，该过程中主要为在辐照下生成电子-空穴对。第二阶段为热过程，对应于载流子在导带和价带上的热弛豫过程。这一过程中，能量高于导带最低能级的电子及低于价带最高能级的空穴将对外辐射热能，并分别弛豫到导带底(E_c)和价带顶(E_v)。第三阶段对应电学过程，在该过程中导带上的电子和价带上的空穴分别被电池的负极和正极收集(或萃取),最后经由外电路完成载流子的输运和复合。需要注意的是,载流子的收集或萃取需要在半导体两侧构筑类似 PN 结的非对称结构,以提供载流子发生定向移动的静电驱动力(注意:构筑 PN 结并非获得高性能太阳能电池的必要条件)。

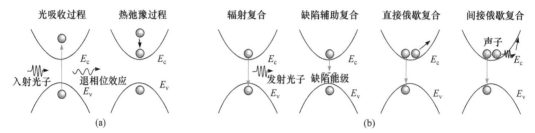

图 3.16　(a)钙钛矿吸收层中的基础光吸收-激发过程,E_c 和 E_v 分别为导带最低点和价带最高点;(b)光生载流子的复合动力学,包括辐射复合、缺陷辅助复合以及直接俄歇复合和间接俄歇复合

S-Q 模型的三个阶段需要进行五个简化假设后方可定义。

假设 1:对于第一阶段(光学过程),假定只有光子能量大于半导体带隙时光子才被吸收。在该假设中认为材料对不同能量的光子的吸收率是阶跃函数 $A(E)$,即对于 $E < E_g$,$A(E) = 0$;对于 $E > E_g$,$A(E) = 1$。

假设 2:每一个被吸收的光子均能产生一个电子-空穴对,上述假设的好处在于直接忽略能量较低的光子的贡献,计算电池短路电流密度(J_{sc})时,在极大程度上降低了难度。前两个假设主要针对器件的光学过程。

对于第二阶段(载流子的弛豫或热过程),电子-空穴对在皮秒尺度上向外辐射出超过带隙的能量。对于该过程存在**假设 3**:所有电子-空穴对外热辐射均在相同的温度下进行,即电池始终处于热平衡状态。

电子-空穴对进入第三阶段(电学过程)后存在两种可能性:其一是被各自相应电极收集,其二是在器件内部发生复合并对外辐射能量。在这一过程中有**假设 4**:电池内部有且只有载流子辐射复合过程发生(实际情况还应当包括缺陷造成的复合、声子复合和俄歇复合等)。并且在该过程中,还假定只有少量的电子-空穴对会发生复合并对外辐射能量,绝大多数辐射能量将被二次吸收产生电子-空穴对,即存在光子循环过程。

上述载流子的收集和复合过程均在纳秒和微秒时间尺度下进行,其中载流子的收集过程比复合过程快。在辐射复合过程中,对外释放的光子量通常可以用太阳能电池的吸收率和黑体辐射光谱的乘积描述。考虑到热平衡过程中需要保证每个微观过程必须与其逆过程的速率相同,因此半导体的吸收和辐射的关系也是诸多细致平衡原理的累加结果。在 S-Q 模型中还假定上述平衡过程涉及的平衡常数在非平衡状态下也适用。光生载流子的收集意味着太阳能电池需要两个不同的接触界面,因此 S-Q 理论中的**假设 5** 为:每个接触界面都处于理想状态,每个界面与吸收层之间发生选择性接触,只交换一种载流子(电子或空穴),且界面电阻忽略不计。

考虑到电子-空穴对的收集需要一定的驱动力,因此在完成收集后载流子的能量将从带隙能 E_g 减少到 qV,即传递具有一个电荷的载流子需要的能量。在该过程中,需要指出的是，由于电子输运过程中不存在温度的变化，因此可以将该过程中的电压损失称为等温耗散，并且在该过程中不考虑载流子的复合过程。上述耗散过程可以进一步细分为可逆和不可逆过程贡献。在排除了所有未被利用的能量后，可以通过优化半导体材料的带隙，适当选择工作电压将输出功率最大化，从而使辐射复合以及等温耗散过程带来的能量损失最小化，将单结电池的光电转换效率提高至 30%(该数值对应 5800 K 黑体辐射光谱，对于地球上所能接收到的太阳能光谱，该数值可以提升至 33%)。

基于所述 S-Q 模型中的能量损失，可以将其作为区别定义第三代光伏电池和传统单结光伏电池的差异(通过避开 S-Q 模型中涉及的五个假设提高对太阳能的利用率，如太阳能炼硅、聚光、跟踪系统等)。为了区别真实单结太阳能电池和 S-Q 理论极限之间的差异，通常通过逐步放宽五个简化假设来描述太阳能电池实际输出功率及其与 S-Q 模型的偏离程度，如图 3.17 所示。

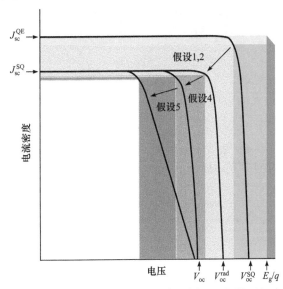

图 3.17　太阳能电池的电流-电压曲线以及在不同 S-Q 假设下忽略的功率损失

在太阳能电池的电流-电压(J-V)特性曲线中，静电流(J)与二极管电流(J_0)及短路电流(J_{sc})相关，等于短路光电流(J_{sc})与二极管复合电流(损耗)的差值，二极管复合电流可以通过计算电池在暗态下的饱和电流与电压相关的 e 指数项的乘积得到，J_0、J_{sc} 和 T 随 S-Q 模型简化假设的条件放宽而发生渐变。式(3.11)中的 nkT 为电池在特定温度下所具有的热能。其中需要注意的是，在 S-Q 模型中理想因子 $n=1$。对于真实电池，该数值随外部简化假设条件的放宽逐渐偏离 1(如考虑聚焦光或照射角度的影响)。

$$J = J_{sc} - J_0 \left[\exp\left(\frac{qV}{nkT} \right) - 1 \right] \tag{3.11}$$

对于式(3.11)，令静电流为零，即 $J=0$，此时表示电池处于开路状态，可计算获得电池的开路电压(V_{oc})与 J_{sc} 和 J_0 的关系：

$$V_{oc} = \frac{nkT}{q} \ln\left(\frac{J_{sc}}{J_0} + 1 \right) \tag{3.12}$$

随着从 S-Q 极限假设条件向实际情况过渡，短路电流逐渐减小，二极管电流增大，因此真实电池的开路电压小于 S-Q 极限的开路电压极限(或存在电压损失)。通过引入三个品质因数可以描述实际情况的电压损失过程，即 F_{sc}、F_{em} 与 Q_e^{lum}。这三个品质因数分别对应 S-Q 极限中的假设。

在实际情况中，半导体吸光材料通常为非跃阶函数(对应假设 1)，同时部分被吸收光子未产生电子-空穴对(对应假设 2)。此时，实际情况下的太阳能电池短路电流 J_{sc}^{QE} 小于 S-Q 理论中的短路电流 J_{sc}^{SQ}；而辐射复合过程中的电流损失 J_0 在实际情况下通常大于 S-Q 理论情况，即 $J_0^{QE} > J_0^{SQ}$。因此，通过引入 $F_{sc} = J_{sc}^{QE}/J_{sc}^{SQ}$、$F_{em} = J_0^{SQ}/J_0^{QE}$ 来衡量实际情况的短路电流损失。此外，除了辐射复合过程外，太阳能电池内通常会同时存在非辐射复合过程(对应假设 4)。当考虑非辐射复合带来的能量损失时，电流损失继续扩大，用 J_0^{real} 表示，通过引入 $Q_e^{lum} = J_0^{QE}/J_0^{real}$ 可以进一步描述非辐射复合带来的电流损失。通过引入上述三个品质因数可以得到式(3.13)：

$$V_{oc}^{real} - V_{oc}^{SQ} = \frac{kT}{q} \ln(F_{sc} F_{em} Q_e^{lum}) \tag{3.13}$$

电池的光电转换效率(最大输出功率 P_{max} 与入射光功率 P_{sun} 的比值)为

$$\eta = \frac{P_{max}}{P_{sun}} = \frac{J_{sc} V_{oc} FF}{P_{sun}} \tag{3.14}$$

真实电池与 S-Q 模型中光电转换效率的差异也可用品质因数进行描述，即

$$\frac{\eta_{real}}{\eta_{SQ}} = F_{sc} \frac{Q_{oc}^{real} FF_0(V_{oc}^{real})}{V_{oc}^{SQ} FF_0(V_{oc}^{SQ})} F_{FF}^{res} \tag{3.15}$$

在上式中通过引入

$$F_{FF}^{res} = \frac{FF^{real}}{FF_0(V_{oc}^{real})} \tag{3.16}$$

其中需要注意的是 F_{sc} 与 V_{oc}^{real} 呈指数关系[式(3.16)]。考虑到填充因子 FF 的特殊性，即便对于理想二极管的 FF 也没有适宜的表述形式。因此，对于该情况给出了较为精确的经验方程[式(3.17)]：

$$FF_0 = \frac{\dfrac{qV_{oc}}{nkT} - \ln\left(\dfrac{qV_{oc}}{nkT} + 0.72\right)}{\dfrac{qV_{oc}}{nkT} + 1} \tag{3.17}$$

基于上述公式及 S-Q 模型给出的五种简化假设可知：电池的短路电流 $J_{sc}^{SQ}(E_g)$ 及饱和电流 $J_0^{SQ}(E_g)$ 是与材料带隙相关的函数(直接取决于材料本身的性质)。因此，对于模型中给出的电池的最大输出功率 P_{max}^{SQ}，在给定材料带隙的情况下仅与电池的温度 T 和给定的太阳光谱有关。

对于真实电池,任意材料的吸收系数对波长的函数关系不可能是阶跃函数。另外,还应考虑材料内部结构的无序导致的带边吸收和单纯由薄膜厚度产生的对吸收系数的影响。对于违反假设 2 的情况,材料与电极接触界面的寄生吸收以及材料内部的自由载流子均会导致材料生成的电子-空穴对的数目小于吸收的光子数。

基于上述违反假设 1 和假设 2 的情况,不难得出结论:在短路状态下入射的光子能量 $A(E)$ 实际比背电极收集的电子的能量 $Q_e^{PV}(E)$ 高$[Q_e^{PV}(E) < A(E)]$。同样,考虑实际状态下的辐射损失,电池的 J_0^{SQ} 也应当用 J_0^{QE} 替代。对于假设 1 和假设 2,引入以下两个品质因数描述真实电池与 S-Q 模型的失配情况:

$$\frac{J_{sc}^{QE}}{J_{sc}^{SQ}}(=F_{sc}) \leqslant 1 \tag{3.18}$$

$$\frac{J_0^{SQ}}{J_0^{QE}}(=F_{em}) \leqslant 1 \tag{3.19}$$

截至目前,实验中能获得的最优值为 $F_{sc} \approx 95\%$(单晶硅太阳能电池), $F_{em} = 0.1\sim0.5$ (GaAs 太阳能电池), $F_{em} \ll 0.001$(单晶硅太阳能电池)。由于 F_{sc} 与 V_{oc}^{real} 呈指数关系[式(3.13)],因此 F_{em} 对太阳能电池性能的影响没有 F_{sc} 显著。通常情况下 F_{sc} 损失 10%,电池性能的损失将大于 10%,对于硅基太阳能电池,其开路电压损失仅为 60 mV。此外,鉴于真实电池的实际工作温度往往大于 300 K,第二阶段涉及的恒温假设 3 通常难以实现,电池的复合电流(辐射复合和非辐射复合)均是温度依赖的数值(在实际情况中,该数值随温度的升高而增大),因此受温度影响,电池的开路电压往往有不同程度的降低[式(3.13)]。

对于假设 4、假设 5 成立的情况,电池的饱和暗电流由辐射量决定。然而,实际电池中材料的体相和界面处均存在辐射复合和非辐射复合(例外:最优的 GaAs 太阳能电池中的复合损失仅由非辐射复合决定,与假设 4 相悖)。因此,对于假设 4 的情况,引入品质因数描述电池内部复合对性能的影响:

$$Q_e^{lum} = \frac{J_0^{QE}}{J_0^{real}} \tag{3.20}$$

最后,对于假设 5 给出的理想界面的描述,增加旁路和增大电池的串联电阻(减小并联电阻和增大串联电阻),均会导致电池的 FF 受到显著影响。引入品质因数:

$$F_{FF}^{res} = \frac{FF^{real}}{FF_0(V_{oc}^{real})} \tag{3.21}$$

单晶硅和 GaAs 太阳能电池的最优 $F_{FF}^{res} > 97\%$,多晶硅太阳能电池的 $F_{FF}^{res} > 80\%$,聚合物太阳能电池的 F_{FF}^{res} 约为 85%。

3.3 太阳能电池的电流-电压特性

讨论太阳能电池的电流-电压特性时,需要考虑几个关键因素。首先,太阳能电池的电流主要由光生载流子的移动产生。当光子被半导体吸收时，激发出电子-空穴对，从而形成电流。其次，太阳能电池的电压由其带隙能量决定。较小的带隙能量使太阳能电池能够吸收能量较低的光子，但也可能导致较高的暗电流。因此，选择合适的带隙能量对于太阳能电池的效率最大化至关重要。

此外，太阳能电池的电流和电压之间存在复杂的相互关系。在正向偏置条件下，太阳能电池产生的电流会降低电池的正向电压，从而降低开路电压。这主要是由电荷载流子在电池内部的输运和复合引起的。此外，接触电阻、表面重组及晶界等因素也会对太阳能电池的电流-电压特性产生影响。

最后，太阳能电池的效率可以通过最大功率点评估，即在给定光照条件下实现最大输出功率的工作点。通过优化电池的设计和工作条件，可以实现更高的太阳能电池效率。总的来说，太阳能电池的电流-电压特性是一个复杂的系统，受到多种因素的影响。深入理解和优化这些特性对于提高太阳能电池的性能至关重要。

3.3.1 暗电流特性

暗电流是指在黑暗条件下，通过外部电压的作用流经 PN 结的单向电流。测量暗电流的意义在于表征太阳能电池的整流效果。好的太阳能电池应具有相对较高的整流比，即正向暗电流与反向暗电流一样高。对于太阳能电池，暗电流不仅包括反向饱和电流，还包括体泄漏电流和薄层泄漏电流。图 3.18 为线性和对数坐标下暗电流-光电流特性曲线示意图。反向饱和电流意味着当向肖特基势垒施加反向偏置电压时，所施加的电压会扩大其耗尽层，内建电场变大，电子的电势增加，并且大部分 P 区和 N 区的载流子(P 区主要是空穴，N 区主要是电子)难以穿过势垒，因此扩散电流接近于零，但是 N 区和 P 区中的少数载流子由于结电场的增加而增加，因此产生漂移运动比较容易。在这种情况下，肖特基势垒中的电流主要取决于漂移电流。漂移电流的方向与扩散电流的方向相反，并且存在反向电流流入外部电路的 N 区，这是由少数载流子的漂移运动形成的。由于少数载流子是通过本征激发而产生的，因此在恒定温度下，热激发的量是恒定的，并且电流趋于恒定。

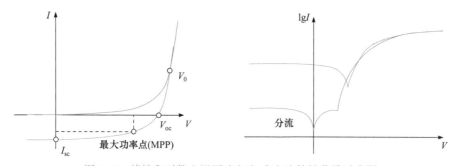

图 3.18   线性和对数坐标下暗电流-光电流特性曲线示意图

电池总是存在杂质和缺陷，有的是由材料本身形成的，而有的是在加工过程中形成的。这些有害的杂质和缺陷可以充当复合中心并俘获电子和空穴。电子和空穴的复合过程始终伴随着载流子的定向运动，不可避免地会产生电流。这些电流有助于通过测试获得暗电流的值，由薄层贡献的部分称为薄层泄漏电流，由体区贡献的部分称为体漏电流。

测试泄漏电流主要有两个目的。一是用于防止击穿。如果电池组件中的正负极接反，或者向组件施加反向偏压时电池内的电流过高，则电流将迅速损坏电池。但是这种情况很少发生，因此测试暗电流在这方面不是很有效。二是用于监控制备工艺。在电池制造完成后，可以通过测试泄漏电流的特性来观察潜在的工艺问题。

太阳能电池在无光照条件下类似于一个整流二极管，当对太阳能电池施加正向偏压时，外加电压与其内建电势差方向相反，导致内建电场势垒高度增加，势垒宽度也增加。在这种情况下，N 区中的电子及 P 区中的空穴都难以向对向扩散，扩散电流趋近于零。然而，由于结电场的增加，少数载流子的漂移效应增强，将 N 区中的空穴驱向 P 区，同时将 P 区中的电子拉向 N 区，在结中形成了由 N 区指向 P 区的反向电流。由于少数载流子是由本征激发产生的，数目比较少，因此反向电流一般都比较小。在一定的温度下，由于热激发而产生的少数载流子的数量是一定的，电流值趋近于恒定，这时的反向电流就是反向饱和电流，这一性质显示了 PN 结的反向电流特性。

PN 结的反向电压增加到一定值时，反向电流可能会突然增加。这种现象称为 PN 结的反向击穿，PN 结击穿后的电流很大。PN 结击穿的原因是，在强电场的作用下，自由电子和空穴的数量大大增加，导致反向电流急剧增加，主要可以分为两种类型：雪崩击穿和隧道击穿，如图 3.19 所示。

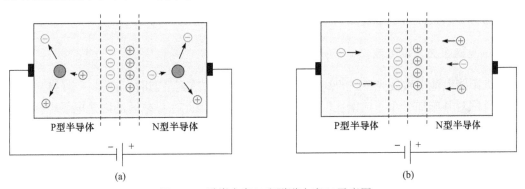

图 3.19　雪崩击穿(a)和隧道击穿(b)示意图

(1) 雪崩击穿：当 PN 结的反向电压升高时，结中的电场强度增大。在强电场作用下，结中漂移的少数载流子获得较大的动能。当它直接与结中的原子碰撞时，原子被电离进而形成一个新的电子-空穴对。这些新的电子-空穴对在强电场的作用下加速与其他原子碰撞，从而产生更多的电子-空穴对。这种链反应导致结中载流子数量急剧增加，并在反向电压的作用下发生漂移运动，从而形成大的反向电流，这一过程称为雪崩击穿。雪崩击穿的物理性质是碰撞电离，其击穿电压通常为 8～1000 V。

(2) 隧道击穿：隧道击穿通常发生在高掺杂浓度的 PN 结中。由于高浓度的掺杂，PN 结非常薄，因此即使施加很小的反向电压(低于 5 V)，结层中的电场也很强(高达约 2×10^5 V·cm^{-1})。在强电场的作用下，共价键被破坏，电子与空穴分离形成电子-空穴对，从而产生大量载流子。这些载流子在反向电压的作用下形成较大的反向电流，并引发击穿现象。由此可见,隧道击穿的物理本质就是场致电离。

对于均匀掺杂的 PN 结硅太阳能电池,暗电流由三部分组成:注入电流、复合电流和隧道电流。

(1) 注入电流:P 区和 N 区的扩散电流。注入电流的大小与少数载流子寿命相关,寿命越长,有效扩散长度越长,并且暗电流中注入的电流分量越小。

(2) 复合电流:复合电流与耗尽区的宽度成正比,与耗尽区中载流子的平均寿命成反比。为了减小暗电流中的复合电流分量,需要减小耗尽区的宽度,并降低耗尽区中的复合中心。

(3) 隧道电流:隧道电流是由隧道效应产生的,主要发生在高掺杂的 PN 结区域附近。隧道效应指的是,由于 PN 结势垒的阻挡作用,N 区中的电子通常无法穿越势垒。然而,在靠近 PN 结的区域,原本在 N 区导带中的少数电子可以通过禁带中的深能级(由重金属杂质或其他能够作为复合中心的杂质、缺陷构成)实现隧穿,与价带中的空穴进行复合。类似地,靠近 PN 结区域内少数在价带中的空穴也可以通过类似的隧穿过程进行复合。

3.3.2　电势诱导衰减效应对太阳能电池漏电流及发热的影响

近年来,光伏市场得到了迅速发展,光伏发电在能源领域的占比也不断增加。随着光伏发电容量的扩大,一些问题逐渐浮现,其中一个重要的问题就是电势诱导衰减(potential-induced degradation,PID)效应。晶体硅光伏组件中的内部电路与金属边框之间存在高电压,这会导致组件功率持续性下降,业内通常将这种现象称为 PID 效应。

1. 电致发光与漏电流

太阳能电池电致发光(EL)的基本原理为:在 PN 结达到平衡时,存在一定的势垒区。当从外部对其施加一个正向偏压时,这个势垒降低,因此在势垒区的内建电场也相应地减弱。这种情况下,多子的扩散被促进,少子的漂移运动被阻碍,也就是电子由 N 区注入 P 区,同时空穴由 P 区注入 N 区。这些注入 P 区的电子和 N 区的空穴都是非平衡少数载流子。在形成的 PN 结中,势垒宽度将远小于扩散长度,因此在空穴和多子通过这个势垒区时,因复合而消失的概率很小,空穴和电子向扩散区继续扩散。因此,在正向偏压下,PN 结的扩散区和势垒区都注入少数载流子,这些注入的非平衡少数载流子不断与多数载流子复合而辐射发光。太阳能电池电致发光的波长范围通常为 800~1300 nm,属于近红外区;太阳能电池电致发光的亮度受电流密度和少子寿命等因素影响。拍摄电致发光用的 CCD(电荷耦合器件)相机仅对这些近红外光有响应。太阳能电池本质上是一个 PN结,在无光照条件下,它具有正向导电和反向截止的特性。在反向偏压下,PN 结产生微小的电流,这种电流称为漏电流。制备过程中可能导致晶硅太阳能电池的漏电流过大,主要原因包括未刻蚀或刻蚀不完全、印刷擦片、点状烧穿、漏浆等。

2. PID 效应对漏电流的影响

由于太阳能电池本质上就是一个 PN 结,因此理想的电池在无光照的情况下处于反向截止的状态，即完全遮挡单串太阳能电池中的任何一块太阳能电池，该回路将处于断路状态，没有电流，该串电池对组件功率也就没有贡献。但是，电池往往有反向漏电流，所以在完全遮挡电池的情况下也有电流流过，漏电流越大，遮挡单块电池后对组件整体输出功率的影响越小；反之，遮挡整块电池后对组件整体输出功率的影响越小，则该电池的漏电流越大。EL 图像显示越黑的太阳能电池，其完全被遮挡后，对功率衰减的影响越小，对 *J-V* 曲线形变的影响越小，即受 PID 效应影响越大的太阳能电池，其反向导通能力越强，漏电流越大。

受 PID 效应影响的太阳能电池，其电致发光图像之所以发暗甚至发黑，通常认为是 PID 效应对少子寿命及电流密度都有影响。但由于目前 PID 效应具体的机理尚不明确，因此其如何影响少子寿命，此处不做阐述。PID 效应对电流密度的影响可以理解为对电致发光有作用的有效电流密度的影响。从上述测试可以看出，总输入电流虽然一致，但是电池部分存在分流，一部分经电池，另一部分经漏电流回路。电致发光的明暗取决于经过电池分路的电流大小，并联电阻越小，则通过该回路的电流越大，通过电池的电流越小，因此电致发光的有效电流密度降低，导致电池电致发光图像发暗甚至发黑。受 PID 效应影响越大的电池，其漏电流越大，功率衰减也越多。受 PID 效应影响越大的电池，其发热越严重，产生热斑效应的风险越大。综上所述，PID 效应不仅对组件功率有很大的影响，热斑带来的局部高温对封装材料也存在较大的威胁。对于如何尽量减少 PID 效应带来的危害，可以采用逆变器负极(直流侧)接地的方式应对。

3.3.3　太阳能电池的光学损失与复合损失

1. 光学损失

太阳能电池的光学损失来自底电极的反射、非活性层的吸收及顶电极的透过，如图 3.20 所示。

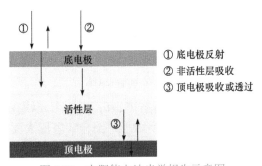

图 3.20　太阳能电池光学损失示意图

通常情况下，大部分光子的损失主要来自底电极的反射，当太阳光照射到太阳能电池表面时，一部分光线被基底表面反射，导致光能无法被电池吸收。因此，增强太阳能电池内部光子通量以实现太阳光的有效利用，从而增强光生电流及电池效率十分重要。常用的减少光学损失的措施如图 3.21 所示。

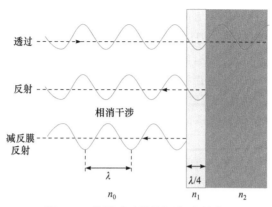

图 3.21   单层减反膜的相消干涉原理

(1) 减反膜的使用。在底部入射表面涂覆一层减反膜,利用相消干涉原理可有效增加光子通量,其原理如下:如果一层透明的 1/4 波长减反膜的厚度为 d_1,折射率为 n_1,则

$$d_1 = \frac{\lambda_0}{4n_1} \tag{3.22}$$

理论上,这层膜通过干涉作用将从膜与半导体界面处反射的光和从膜的上表面反射的光相互抵消,两者的相位差为 180°,如图 3.21 所示。为了进一步将反射效果最小化,可以优化减反膜,将其折射率设计为膜两边材料的几何平均值:

$$n_1 = \sqrt{n_0 n_2} \tag{3.23}$$

在这种条件下表面反射可减小到零。

(2) 表面纹理化。任何粗糙的表面都会增加发射光再返回原表面的概率,而不是将光线直接反射到空气中,这种情况下能减少反射,如图 3.22 所示。晶体硅表面可以通过沿着晶面的蚀刻被均匀地绒化,从而实现这一目的。当晶体硅的表面按照其内在原子的排列规律排列而成,其表面形成一种金字塔结构。粗糙或绒化的表面带来的另一个优势是光按照斯涅尔定律倾斜地耦合到硅晶体中。

$$n_1 \sin\theta_1 = n_2 \sin\theta_2 \tag{3.24}$$

式中,n_1 和 n_2 分别为界面两边媒质的折射率;θ_1 和 θ_2 为光线在媒质界面处相对法线的入射角。通常用的绒化做法为:形成金字塔形、倒金字塔形表面以及 V 形沟槽。在电池背面的高反射现象可以有效减少电池背电极的光吸收,使到达背面的光线被大量弹回,再次进入电池内部而有可能被重新吸收。如果背面反射体可以完全打乱反射光的方向,这些光线就可能因为发生电池内部的全反射而被俘获在电池内部。通过这种“陷光”方式,在极限情况下,可以将入射光的路径长度扩大至 $4n^2$ 倍,因此光线被电池吸收的可能性显著增加。太阳能电池对更大波长辐射的转换效率可以通过增加电池背场的方法改善,也就是说以此降低背面的复合速率。而这种背场通常可以通过加入一个重掺杂区实现。

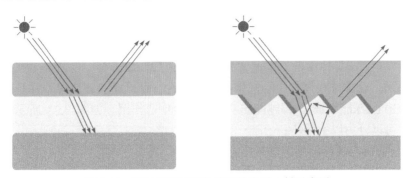

图 3.22 有无表面纹理化处理的光子入射示意图

2. 复合损失

载流子复合是与产生截然相反的过程。存在于导带中的电子处于亚稳态，最终需要跃迁到能量较低的位置。因此，当电子跃迁回价带时有效地消除了一个空穴，这个过程称为复合。太阳能电池在工作条件下，载流子输运与复合是两个相互竞争的过程。通常复合过程直接影响器件的载流子抽提和填充因子。因此，理解光激发条件下材料内部非平衡载流子的注入与复合过程对实现制备高效率的太阳能电池具有重要的指导作用。下面主要介绍辐射复合、缺陷辅助复合、俄歇复合及界面复合四种复合类型。

1) 辐射复合

辐射复合是直接带隙半导体中占主导地位的复合机制。在辐射复合过程中，来自导带的电子直接与价带中的空穴复合，同时释放光子，发射的光子具有与带隙相近的能量，如图 3.23 所示。LED 发光是半导体器件中发生辐射复合的典型案例。而硅是一种间接带隙半导体，辐射复合非常低，通常可以忽略。

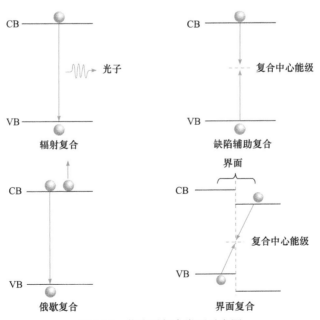

图 3.23 载流子复合类型示意图

2) 缺陷辅助复合

半导体中的缺陷和杂质在禁带中形成一系列复合中心能级，缺陷复合即通过带隙中的陷阱能级发生。半导体中的缺陷通常来源于杂质(如杂原子等)，以及点缺陷、位错、晶界等本征缺陷。通常这些复合中心都带有正负电性，可以俘获载流子，并且其能带位置越靠近禁带中心(深能级缺陷)，越能起有效的复合中心作用。如图 3.23 所示，缺陷复合的过程通常可以分为以下两步：

(1) 电子或空穴被禁带中的复合中心能级俘获。

(2) 当空穴或电子被激发或落入复合中心能级中时，二者发生复合。

在太阳能电池中，光生载流子必须具有足够长的寿命，以保证在非辐射复合发生前扩散到电极。通常深能级缺陷(活化能高于 kT 的缺陷)是主要的复合中心。

3) 俄歇复合

俄歇复合的过程可以简单描述为：当高能级载流子向低能级跃迁时发生电子-空穴复合，多余的能量传递给第三个载流子，使该载流子激发到更高的能级，最终落回低能级，多余的能量通常以声子的形式释放。俄歇复合属于一种非辐射复合(图 3.23)。由于该复合过程涉及三个载流子之间的相互作用，通常在掺杂浓度较高或大注入条件下发生。对于半导体发光器件(如发光二极管)，在较高电流的操作条件下，俄歇复合是导致其效率下降的主要原因。

4) 界面复合

根据复合过程发生的位置不同，可以将其分为体相复合和界面复合。界面存在的杂质及缺陷同样可以在禁带中形成复合中心能级，从而发生非辐射复合，如图 3.23 所示。

界面复合损失对太阳能电池器件的性能非常不利，尤其是界面复合与注入势垒的双重作用会导致电池器件 $J\text{-}V$ 特性曲线存在反常的回滞及扭曲现象。平面型太阳能电池主要由电子传输层、吸收层和空穴传输层组成，除了吸收层体相内部晶界引起的体复合外，电荷传输层与吸收层界面处的复合同样是影响太阳能电池载流子传输的重要因素。为了实现载流子的有效抽提，必须选择能级位置合适的传输层材料，降低与活性层能级失配问题。然而，传输层材料的使用通常会引起注入势垒的存在，从而导致在对应界面处载流子的堆积，如图 3.24 所示。如果在该界面处存在界面缺陷，则会出

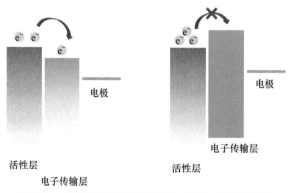

图 3.24　能带排列和势垒带来的载流子累积示意图

现较大的界面复合。注入势垒和表面复合的共同作用将引起伏安曲线的局部扭曲，称为 "local kink"。

为了更好地理解这种局部扭曲产生的物理原因，基于结构为 ITO/TiO$_2$/活性层/spiro-OMeTAD/Au 的平面型钙钛矿电池，采用扩散-漂移模型，研究了注入势垒、载流子复合、载流子传输层掺杂浓度及光照强度对太阳能电池电学特性的影响。首先对载流子复合类型(位置)对伏安特性的影响进行考察，电子传输层与吸收层之间的电子注入势垒为 0.1 eV，空穴传输层与吸收层之间的空穴注入势垒为 0.3 eV。由于在空穴传输层与钙钛矿层之间存在较大的注入势垒，在同等大小的复合情况下，其伏安曲线发生了局部扭曲，而体复合和电子传输层与钙钛矿界面处的复合并没有对伏安曲线产生明显的影响。为了验证注入势垒对伏安曲线的影响，在保持复合量不变的情况下，将电子传输层/钙钛矿与钙钛矿/空穴传输层对应的注入势垒对换。结果表明，在电子传输层与钙钛矿界面处存在复合时，其对应的伏安曲线同样发生了局部扭曲，而其他两种情况均不受影响。可以看出，大的注入势垒与界面复合的结合是产生伏安曲线局部扭曲的基本原因。同时，界面复合的大小也对伏安曲线的扭曲产生影响。注入势垒相同时，复合越大，扭曲越明显；然而，扭曲最大处对应的外加电压值是一致的，当注入势垒为 0.3 eV 时，对应的外加电压值为 0.83 V。尝试改变注入势垒，结果发现随着注入势垒的增大，扭曲最大处对应的外加电压值线性递减，当界面复合速率相等时，注入势垒越小，伏安曲线局部扭曲越厉害，同时导致开路电压降低；当注入势垒小于 0.25 eV 时，扭曲最大处对应的外加电压值大于开路电压；此时，降低对应的界面复合速率可以相应地提高开路电压。换言之，扭曲最大处对应的外加电压值越接近开路电压(越大)，要获得高效率的电池所能允许的界面复合速率越小。

上述现象十分有趣，对实验工作也具有一定的指导意义。为了提高载流子的收集效率，可以适当提高注入势垒，在提高开路电压的同时也能有效地降低界面复合对电池能量转换效率的影响。进一步分析注入势垒对太阳能电池电学特性的影响，发现在电池界面附近局部区域存在零电场。因此，如果在该界面处存在较大的界面复合速率，由于零电场的作用，载流子不能有效(快速)地提取，导致在该界面处的复合较大，最终导致伏安曲线的局部扭曲。当注入势垒较小(0.1 eV)时，此零点场对应的外加电压已达到 1.02 V，此电压已高于开路电压，因此没有观察到伏安曲线的扭曲现象。如果增大电压扫描范围，同样能在开路电压之外看到较大的局部扭曲，但这对太阳能电池来说已经没有意义。

太阳能电池通过载流子传输层(电极)间的费米能级(功函数)差产生内建电场，该内建电场驱动载流子分离与输运。其中，通过对载流子传输层的掺杂可以提高内建电场，进而提高电池效率。掺杂浓度越高，扭曲最大处对应的外加电压越接近开路电压，电池所能允许的界面复合越小。这与以上表述是一致的，当正向外加电压越大时，内建电场越小，如图 3.25 所示，在电池界面处堆积的载流子密度越大，最终导致界面处的复合越大。

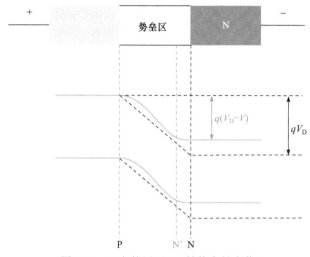

图 3.25   正向偏压下 PN 结势垒的变化

3.4   太阳能电池的性能表征

太阳能电池作为能量转换器将太阳能转换为电能，是人类可利用太阳能这类清洁能源的重要途径。太阳能电池由于其低成本、低能耗、来源广泛且环境友好等诸多优势，近年来发展十分迅猛，并且表现出极富潜力的应用前景。

太阳能电池作为半导体光伏器件，顾名思义是其在太阳光照射下由于半导体 PN 结的光生伏特效应产生电压和电流，从而实现太阳能到电能的转换。对于太阳能光伏器件，评价其性能优劣的重要指标之一就是光电转换效率(photoelectric conversion efficiency，PCE)。太阳能电池的能量转换效率越高，意味着在相同光照条件下，产生的电能越多，光能的利用率越高，下面重点讨论影响太阳能电池能量转换效率的重要因素。此外，量子效率(quantum efficiency，QE)是表征太阳能电池性能的另一重要参数，或称为光谱响应等，是指入射光子到电子的转化效率。量子效率是太阳能电池在不同波长光照条件下测量光电特性产生的数值，其测试方法是利用逐渐变化的单色光照射待测太阳能电池器件，单位时间内产生的光电子数与入射光子数的比值就是该太阳能电池的量子效率。在太阳能电池的电学性能表征中，量子效率不仅能反映太阳能电池内部各层薄膜质量，还能反映各个界面层的质量及辐照损伤。因此，量子效率的大小是评价太阳能电池性能的重要指标。

3.4.1   能量转换效率

提高太阳能电池的能量转换效率甚至超越 S-Q 理论极限一直是领域内为之奋斗的目标。能量转换效率的数值大小与电池的结构组成、材料性质、载流子输运、工作温度和环境变化等息息相关。

太阳能电池的光电转换效率定义为电池的最大输出功率(P_{max})与入射光功率(P_{in})的比值。

$$PCE = \frac{P_{out}}{P_{in}} = \frac{P_{max}}{P_{in}} = \frac{I_{max}V_{max}}{P_{in}} = \frac{J_{sc}V_{oc}FF}{P_{in}} \tag{3.25}$$

式中，入射光功率(P_{in})为太阳能电池单位面积内每秒入射的总能量。在太阳能电池产业的开发过程中，研究人员为了更准确地标定太阳能电池的能量转换效率，统一使用 1 个标准太阳光照(AM 1.5G)下，辐照功率密度约为 100 mW·cm^{-2}，即一个太阳的功率密度来测试太阳能电池器件。

由式(3.25)可知，在太阳能电池器件的光电转换效率测量中，电池的入射光功率(P_{in})是固定的。因此，如果想优化太阳能电池的 PCE 数值，就要尽可能使电池的最大输出功率(P_{max})最大化。

$$P_{max} = J_{sc}V_{oc}FF \tag{3.26}$$

式中，J_{sc} 为短路电流密度；V_{oc} 为开路电压；FF 为填充因子。这三个参数是评价 PCE 数值大小的决定性因素。下面详细讨论这三个参数的定义及影响因素。

1. 开路电压 V_{oc}

开路电压是指电池在开路状态下的端电压，其数值等于电池在断路(没有电流通过两极)时电池的正极电极电势与负极的电极电势之差。对于太阳能电池，其开路电压是指将待测的太阳能电池器件置于太阳光模拟器发出的 100 mW·cm^{-2} 的光源下照射，在两端开路、输出电流为零时的电压值。在如图 3.26 所示的太阳能电池 J-V 曲线中，曲线与横轴的交点即为太阳能电池的开路电压值。

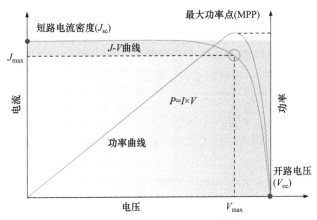

图 3.26　太阳能电池的 J-V 曲线

$$V_{oc} = \frac{nkT}{q}\ln\left(\frac{I_L}{I_0} + 1\right) \tag{3.27}$$

由此方程可以看到开路电压与温度呈线性关系，然而事实并非如此，主要是由于半导体的本征载流子浓度随温度升高而急剧增加，导致材料的饱和暗电流 I_0 迅速增大。对于不同材料的电池器件，其电压-温度曲线规律不尽相同。

太阳能电池的开路电压与禁带宽度有密切的关系。当电池暴露于太阳光谱时，只有能量大于禁带宽度的光子，或者说波长小于截止波长的光子才可以被太阳能电池吸收，激发其中被束缚的电子产生电子-空穴对，从而对电池输出有贡献。而光子激发产生电子-空穴对后，部分多余的能量在短时间内以热的形式传给半导体晶格，造成能量损失。因此，在太阳能电池的设计和制造过程中，要考虑这部分热量对太阳能电池性能、稳定性和电池寿命等的影响。如图 3.27 所示，太阳能电池的光伏电压与入射光辐照度的对数成正比，与环境温度成反比，而与电池面积的大小无关。禁带宽度是指带隙的宽度，单位是电子伏特，自由电子存在的能带称为导带，自由空穴存在的能带称为价带。被束缚的电子对要完全分离成为自由电子和空穴，就必须获得一定量的光子能量实现从价带到导带的跃迁，这个过程所需要的能量最小值就是禁带宽度。与禁带宽度相对应的波长称为截止波长。

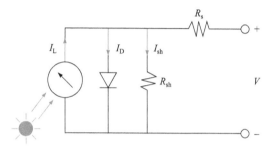

图 3.27　太阳能电池的等效电路图

2. 短路电流密度 J_{sc}

当太阳能电池两端的电压为零(太阳能电池短路)时,通过太阳能电池的电流即为短路电流，通常以 I_{sc} 表示。短路电流是由于光生载流子的产生和收集而产生的。对于理想的太阳能电池，由于其只存在一些电阻损耗，短路电流和光生电流基本相同。因此，短路电流是可从太阳能电池汲取的最大电流。在太阳能电池系统中，因为受光面积对电池的输出电流有影响，为了方便对不同受光面积的太阳能电池器件进行比较，引入了电流密度的概念。在如图 3.26 所示的太阳能电池 J-V 曲线中，曲线与纵轴的交点即为太阳能电池的短路电流密度(J_{sc})。

将待测的太阳能电池置于 $100~mW \cdot cm^{-2}$ 的标准测试光源下照射，输出端短路时流过待测太阳能电池两端的电流就是该太阳能电池的短路电流(I_{sc})。短路电流值总小于光生电流(I_L)，并且短路电流的大小与并联电阻(R_{sh})和串联电阻(R_s)有密切的关系。太阳能电池可以简单地看成如图 3.27 所示的等效电路：一个恒流源并联一个电阻，同时串联一个电阻。然而，实际上并联电阻的来源是由于太阳能电池产生的漏电流与电池输出电流方向相反，因此抵消部分输出电流，使输出的电流降低，这就相当于一个电阻并联在太阳能电池上。

太阳能电池的短路电流密度(J_{sc})与下文将提到的外量子效率有密切的关系。太阳能电池的外量子效率一般是通过逐渐变化的微弱单色光测量的，且不连接任何负载，相当于短路情况。再结合标准太阳光的 AM 1.5G 光谱，积分计算就可以获得电池在标准太阳光谱下的短路电流密度。具体的积分计算公式将在下文进行详细分析。

对于理想的太阳能电池器件，其串联电阻极小、并联电阻极大，因此在进行理想电路的计算时，它们都可忽略不计。理想情况下，有

$$I_{sc} = I_L - I_D = I_L - I_S \left(e^{\frac{qV}{kT}} - 1 \right) \tag{3.28}$$

式中，I_{sc} 为短路电流；I_L 为光生电流；I_D 为流经二极管的电流；I_S 为太阳能电池的反向饱和电流；k 为玻尔兹曼常量；T 为热力学温度；q 为电子电量。当负载短路时，$V = 0$，并且此时流经二极管的暗电流非常小，可以忽略，所以有 $I_{sc} = I_L$，也就是光生电流正比于太阳能电池的面积和入射光的辐照度，如图 3.28 所示。随着环境温度升高，I_L 值略有上升，通常温度每升高 1℃，I_L 值约上升 80 μA。

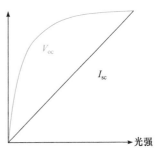

图 3.28　理想情况下光强度与短路电流和开路电压的关系

但在实际情况中，要考虑串联电阻和并联电阻，则短路电流如下所示：

$$I_{sc} = I_L - I_D - I_P = I_L - I_S \left[e^{\frac{q(V + IR_s)}{kT}} - 1 \right] - \frac{V + IR_s}{R_{sh}} \tag{3.29}$$

除光生电流外，太阳能电池中还存在多种形式的电流，如暗电流、反向电流、漏电流等。区分每种电流特性，理解各电流之间的关系，对优化太阳能电池器件性能具有重要的指导意义。

太阳能电池的暗电流也称为无照电流，是指 PN 结在反向偏压条件下，没有入射光照射时产生的反向直流电流，一般是由电池内部载流子的扩散或电池表面和内部的各种缺陷和杂质引起。当 PN 结接触时，由于 N 区多电子、P 区多空穴的特性，两区之间形成载流子的浓度差，载流子通过随机运动从载流子高浓度区域净运动到低浓度区域，慢慢地载流子扩散到整个电池，直至浓度均匀，达到动态平衡，这就是载流子的扩散。

太阳能电池的反向饱和电流是指给 PN 结加反向偏压时，外加电压使电池的内建电场变大(图 3.29)，电子的电势能增加，从而使 P 区的空穴和 N 区的电子很难越过势垒，因此扩散电流趋近于零，但是由于内建电场的增强，P 区的空穴和 N 区的电子这些载流子中的少数可以产生漂移。在这种情况下，PN 结内的电流由起支配作用的漂移电流决定。漂移电流的方向与扩散电流的方向相反，表现在外电路上有一个流入 N 区的反向电流，它是由少数载流子的漂移运动形成的。由于少数载流子是由本征激发产生的，在温度一定的情况下，热激发产生的少子数量是一定的，电流趋于恒定。

由于太阳能电池内部不可避免地存在一些有害的杂质和缺陷，这些缺陷和杂质可能是材料本身固有的，或者是在太阳能电池制备过程中形成的，它们作为复合中心，可以俘获电子和空穴，从而发生缺陷辅助复合。复合的过程中始终伴随着载流子的定向移动，有微小的电流产生，这些电流对测试出的暗电流值也有贡献。因此，漏电流是由杂质或缺陷引起的载流子的复合而产生的微小电流。若太阳能电池内部结构层与层交界处复合

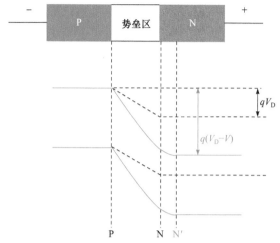

图 3.29　反向偏压下内建电场变化示意图

严重,将导致漏电流增大,即暗电流增大,并联电阻减小。因此,在太阳能电池器件的制作过程中要尽量避免内部缺陷和面间的复合,从而降低漏电流的产生,提高太阳能电池的能量转换效率。串联电阻和并联电阻的大小不仅影响开路电压和短路电流,下文还将提及它们对填充因子的影响。

　　总的来说,太阳能电池的暗电流是由反向饱和电流和漏电流共同组成的。通过暗电流测试表征可以反映电池器件的物理参数以及可能出现的问题。当给太阳能电池施加反向偏压时,暗电流随电压的升高而增大,这是因为有电压负载到太阳能电池上时,就有了电注入,电注入激发出非平衡载流子,电压越大,激发的非平衡载流子越多,形成的暗电流越大,暗电流的增长速度随电压变大而变慢,直到器件被击穿。对于二极管,暗电流就是反向饱和电流;对于太阳能电池,暗电流不仅包括反向饱和电流,还包括漏电流。

3. 填充因子 FF

　　填充因子 FF 也是太阳能电池的重要参数,代表了太阳能电池的输出特性。当开路电压和短路电流一定时,电池的转换效率取决于填充因子,填充因子大,其能量转换效率就高。如图 3.26 所示,在最大输出功率($P_{\max}$)点的电流密度($J_{\max}$)和电压($V_{\max}$)的乘积与短路电流密度(J_{sc})和开路电压(V_{oc})乘积的比值称为填充因子,也就是图中小矩形面积与大矩形面积之比,即

$$\mathrm{FF} = \frac{J_{\max} V_{\max}}{J_{sc} V_{oc}} \tag{3.30}$$

填充因子代表太阳能电池在最佳负载时能输出的最大功率的特性,其值始终小于 1。填充因子的数值越接近 1,表示太阳能电池的输出功率越大。另外,串联电阻和并联电阻对填充因子有较大影响。太阳能电池的串联电阻越小、并联电阻越大,填充因子越大。反映到太阳能电池的 J-V 曲线上是曲线接近正方形,此时太阳能电池可以实现很高的转换效率。串联电阻增大时,短路电流明显减小,填充因子也随之下降。并联电阻减小时,短

路电流增大，开路电压下降，导致填充因子降低。

理论上更高电压的器件将具有更高的填充因子 FF，同时反映了材料的理想因子 n 的重要性。高 n 值不仅会降低 FF，由于它通常也会产生高重组，还会造成开路电压损失。在实际的器件中，由于寄生电阻不可避免会存在，填充因子也会降低。

3.4.2 量子效率

量子效率是描述光电器件光电转换能力的重要参数，对于太阳能电池，通常定义为在某一特定波长激发光激发条件下，单位时间产生的平均光电子数(N_e)与入射光子数(N_p)之比。

太阳能电池量子效率的大小主要取决于三个因素：太阳能电池材料的吸收系数、光生载流子被分离的效率和载流子的输运效率。通常所说的太阳能电池量子效率是指外量子效率(EQE)，也就是说不考虑太阳能电池表面的光子反射损失。其关系满足下式：

$$EQE = \frac{N_e}{N_p} \tag{3.31}$$

如果考虑光子透射和反射损失的误差，即为太阳能电池的内量子效率。内量子效率是指太阳能电池产生的电子-空穴对数目与吸收的光子数目(入射光子数减去反射光子数和透射光子数)之比。内量子效率一般在表征光敏器件时经常用到。能量高于禁带宽度的光子会激发活性层中的材料产生载流子，这些载流子有一部分通过电子-空穴对复合，另一部分通过结隧道效应或其他形式流走(隧道效应是一种微观粒子波动性所导致的量子效应，又称势垒贯穿，是指粒子运动时如果遇到一个高于其能量的势垒，在经典力学的理论中，粒子不能越过势垒，但是在量子力学中可以计算出具有透过势垒的波函数，意味着粒子有一定概率穿过势垒)。电子-空穴对复合的载流子一部分以光的形式放出能量，剩下的部分将放出的能量变成晶格振动的热能或其他形式的能量，这类复合称为非辐射复合。内量子效率就是体现发光复合究竟在整个过程中占多大比例。但是产生的光子数不能全部射出器件之外，因为 PN 结内有吸收散射和衍射等损耗。

内量子效率通常大于外量子效率。内量子效率低，表示太阳能电池的活性层对光子的利用率低。外量子效率低也表明太阳能电池的活性层对光子的利用率低，但也可能表明光的反射、透射比较多。一般讨论太阳能电池性能时提及的都是外量子效率。外量子效率和内量子效率可以在同一台仪器上测量，但是内量子效率的测量需要先额外测量太阳能电池的反射率和透射率，再计算内量子效率，这里不进行详细讨论。在一些资料中，也把太阳能电池的外量子效率称为入射单色光电转换效率(incident photon-to-electron conversion efficiency，IPCE)，该值反映的是太阳能电池对不同能量的光子的响应程度。

太阳能电池的外量子效率与太阳能电池对照射在太阳能电池表面各波长的光的响应有关。与前文中详细分析的太阳能电池能量转换效率对比，显然外量子效率和能量转换效率具有不同的概念。能量转换效率没有考虑入射光的波长问题，而外量子效率是在一定波长的光子(单色光)照射下产生光电子的比例。对于一定的波长，如果太阳能电池完全吸收了所有的光子，并且搜集到由此产生的少数载流子，则太阳能电池在此波长的 EQE

为 1。对于能量低于能带隙的光子，太阳能电池的 EQE 为 0。但是，绝大多数太阳能电池的入射单色光电转换效率会由于再结合效应而降低，这里的电荷载流子不能流到外部电路中。影响吸收能力的还包括太阳能电池结构，其主要影响太阳能电池的入射单色光电转换效率。对于相同的波长，短波长的光在非常接近太阳能电池表面的地方被吸收，长波长的光被太阳能电池的主体吸收，并且低扩散深度会影响太阳能电池主体对长波长光的吸收能力，从而降低太阳能电池在该波长附近的外量子效率。总的来说，太阳能电池的外量子效率可以看作是太阳能电池对单一波长光的吸收能力，其响应光谱及吸收损失如图 3.30 所示。

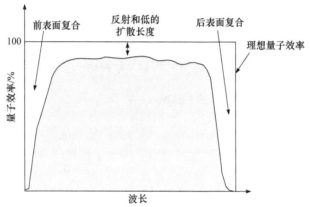

图 3.30　内量子效率、外量子效率及表面反射的相对关系

在测量太阳能电池的 EQE 时，用波长可调的单色光光源照射待测的太阳能电池，在一定输入功率的光照射下，测量太阳能电池产生的光电子，也就是测量太阳能电池在不同波长的单色光照射下产生的短路电流，从而得到在特定波长下的入射单色光电转换效率值。通常为了获得其在一段波长范围内的连续曲线，太阳能电池外量子效率的测试系统需要有宽带光源、单色器、信号放大模块、光强校准模块、计算机控制和数据采集处理模块等。外量子效率的测量过程如下：待光源稳定后，启动单色器，将光源调制成连续变化的单色光。单色光首先照射到样品架的标准电池上，获得各个波段光的强度。然后将待测器件安装到样品架上，测试待测电池的光电信号响应。通过锁相放大器将信号放大，最终由计算机算出待测电池的光谱响应。测量入射单色光电转换效率的仪器一般有两种，一种是以光栅为单色器的仪器，另一种是以单色二极管为单色器的设备。

关于外量子效率和短路电流密度(J_{sc})的关系，前文提到太阳能电池单位面积输出的短路电流就是短路电流密度，关系式如下：

$$J_{sc} = \frac{I_{sc}}{S_{cell}} \tag{3.32}$$

实际上，短路电流密度也可以通过外量子效率进行理论计算得到。外量子效率的单位为 $A \cdot W^{-1}$，指入射每瓦特光能能产生多少安培的外部电流。或者用百分数(%)表示，代表每入射一个光子能产生多少能传递到外部电路的电子。实际的测量方式是将能量 $P(\lambda)$ 的光打到太阳能电池所产生的电流值 $I(\lambda)$，P 代表入射光的能量，单位为瓦特(W)，I 为电流，单位为安培(A)，λ 为入射光的波长。将太阳能电池产生的电流值与入射光的能量相除，即可得到太阳能电池的光谱响应。将电流的单位安培(A)换算成电子数，再将入射光能量的单位瓦特(W)换算成光子数，即可得到太阳能电池 EQE 的百分数表示法。外量子效率一般是在微弱的单色光下测量的，且不连接任何负载，相当于短路情况。因此，如果结合外量子效率和标准的 AM 1.5G 光谱(常用的太阳光模拟器输出的就是 AM 1.5G 光谱)，积分即可获得电池在 AM 1.5G 光谱下的短路电流密度，积分式如下：

$$J_{sc} = q\int_0^\infty F_{1.5}(\lambda)EQE(\lambda)d\lambda \tag{3.33}$$

将这个积分获得的短路电流密度与在太阳光模拟器下测量得到的短路电流密度对比。利用外量子效率进行理论计算得出的短路电流密度与实测的短路电流密度可能存在差异，产生差异的主要原因是实际测量时所用的太阳光模拟器光谱辐射曲线与 AM 1.5G 的标准太阳光谱辐射曲线存在差异，但是两个值应大致相同。

本节主要讲述了太阳能电池器件的性能表征，从太阳能电池的能量转换效率和量子效率两方面展开。总的来说，量子效率是太阳能电池器件的光电性能表征，而能量转换效率是太阳能电池器件的光伏性能表征。光电性能表征可以从微观上进行分析，从而进一步优化器件。光伏性能表征是电池器件最终端的表征，也是与太阳能电池的应用关系最密切的表征。

思　考　题

1. 太阳能电池如何将光能转化为电能？详细阐述光生电流的产生机制，包括光子的相互作用和电子的运动过程。

2. 在太阳能电池中，光生电荷是如何分离和传输的？分离和传输过程中可能存在的损失是什么？如何将这些损失最小化？

3. 不同种类的太阳能电池使用不同的半导体材料。解释选择特定半导体材料对太阳能电池性能的影响，并讨论在材料选择中考虑的因素。

4. 画出太阳能电池的 I-V 曲线，并描述太阳能电池的基本参数，包括短路电流、开路电压的定义及不同参数的影响因素。

5. 温度变化对太阳能电池性能有什么影响？为什么在高温下太阳能电池的效率通常会降低？有什么方法可以缓解温度对太阳能电池性能的不利影响？

6. 能带结构是太阳能电池中的重要概念，在太阳能电池的界面(如 PN 结)上，能量可能会发生损失。产生这些损失的主要原因是什么？有什么方法可以减小或消除界面引起的能量损失？

7. 太阳能电池中使用的材料对性能有什么影响？如何选择最佳材料以优化性能？材料的能带结构、导电性能和光电转换效率之间存在什么关系？

第4章 硅基太阳能电池

硅基太阳能电池的主要原料是硅(Si)单质。硅基太阳能电池按照材料的结晶形态可分为单晶硅(c-Si)太阳能电池和多晶硅(p-Si)太阳能电池两类；根据硅片厚度的不同，又可分为晶体硅太阳能电池和薄膜硅太阳能电池。薄膜硅太阳能电池则可分为多晶硅(p-Si)太阳能电池、非晶硅(a-Si)太阳能电池和微晶硅(μc-Si)太阳能电池等。下面介绍几种典型的硅基太阳能电池。

4.1 单晶硅太阳能电池

4.1.1 单晶硅太阳能电池的结构和特点

1. 结构

单晶硅太阳能电池的基本结构如图 4.1 所示。单晶硅太阳能电池采用具有一定厚度和少子扩散长度的硅衬底，并在其表面制作 PN 结，辅以前后表面钝化和光管理结构，以获得尽可能高的光电转换效率。通常采用的是 P 型硅衬底，其迎光面上是 N 型发射极，二者构成 PN 结。P 型硅衬底是主要的吸光区域，其厚度较大。在 N 型发射极的表面是织构化结构，通常是在 N 型表面涂覆一层薄的减反射膜。减反射膜与 N 型发射极接触的是收集电子的前金属电极，前金属栅线通常采用银栅线，并需要穿透减反射膜与下面的 N 型发射极形成欧姆接触。在 P 型衬底的背面是掺杂浓度更高的 P^+ 背场，其材料通常为铝或硼。背场与硅衬底之间形成掺杂浓度梯度，既可以在一定程度上提高电池的开路电压，也可以将在 P 型基区内产生的少子电子反推向 PN 结方向，对硅衬底内的光生少子起到场钝化的作用。背场之外是与其形成欧姆接触的收集空穴的金属背电极，其材料一般为铝。因为电池背面的光入射极少，所以铝背电极为全背面电极，既可以改善电学接触，又可以提升光的利用率。此外，以常规晶体硅太阳能电池的基本结构为基础，随着技术的进步，目前也出现了很多改良的高效结构，如选择性发射极(selective emitter，SE)结构、交叉指式背接触(interdigitated back contact，IBC)结构等。

2. 特点

单晶硅太阳能电池在所有硅基太阳能电池中具有最高的能量转换效率，其相关技术也最为成熟。其中,实验室中实现的单晶硅太阳能电池的最高转换效率可以达到 26.8%(理论最高光电转换效率为 29.5%)，商业规模生产的器件效率也已经达到 21%以上。尽管在大规模应用和工业生产中，单晶硅太阳能电池占据主导地位，但由于单晶硅成本价格高，如何大幅度降低其成本仍然是领域面临的巨大困难。为了节省生产硅电池的能耗和降低

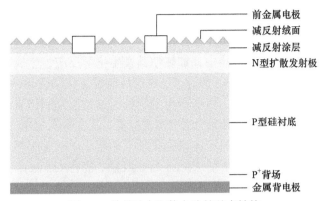

图 4.1　单晶硅太阳能电池的基本结构

成本，目前也发展了多晶硅薄膜和非晶硅薄膜等太阳能电池器件，作为单晶硅太阳能电池的替代产品。

4.1.2　单晶硅太阳能电池的制备工艺

制造单晶硅太阳能电池通常包括基底准备、透明导电氧化物(transparent conductive oxide，TCO)制备、晶硅薄膜沉积、扩散制结、涂覆减反射膜和制备电极等步骤。与其他半导体器件相比，太阳能电池需要一个大面积的 PN 结实现能量转换，电极用来输出电能，减反射膜的作用是提升光利用率。一般来说，结特性是影响电池光电转换效率的主要因素，电极除影响电池的电性能外，还关系到电池的可靠性和寿命的长短。常规单晶硅太阳能电池的制造工艺流程如图 4.2 所示。下面简单介绍单晶硅太阳能电池的相关制备工艺。

图 4.2　单晶硅太阳能电池的制造工艺流程

1. 基底及 TCO 制备

(1) 基底准备：选择适当的基底材料，如玻璃或塑料。基底应具有良好的光透过性和平整度，以提供电池的支撑和稳定性。

(2) 透明导电氧化物制备：为了实现电荷的输送和收集，通常在基底上制备 TCO 层，常用的 TCO 材料是氧化锡(SnO_2)或氧化铟锡(ITO)等。TCO 层可以通过物理气相沉积或磁控溅射等技术制备。

2. 单晶硅的制造

单晶硅一般通过化学气相沉积法(chemical vapor deposition，CVD)或单晶硅拉长法等方法制造。化学气相沉积法通过在气相中加入硅源气体和载气，利用化学反应在衬底表面沉积硅原子，逐渐形成单晶硅层。具体来说，化学气相沉积法的基本原理是将蒸发或气体分解的原料气体输送到反应器中，加热使其发生化学反应，生成所需的沉积产物。在气相反应中，原料气体通过热解、氧化、还原等反应发生化学变化，生成反应中间体或产物气体。而在表面扩散过程中，反应产生的物种通过扩散到固体表面上，重新组合为固态产物，即单晶硅层。化学气相沉积法有多种分类，其中常压化学气相沉积(APCVD)、低压化学气相沉积(LPCVD)和等离子体增强化学气相沉积(PECVD)都是常用的方法。单晶硅拉长法又称直拉法或柴可拉斯基法(Czochralski 法，简称 CZ 法)，也是目前制备单晶硅的主要方法之一。这种方法通过旋转的籽晶从坩埚中的熔体中提拉制备出单晶。具体过程如下：首先，将高纯多晶硅放入高纯石英坩埚中，在硅单晶炉内熔化。然后，将一根固定在籽晶轴上的籽晶插入熔体表面，待籽晶与熔体熔合后，开始缓慢提拉籽晶。随着籽晶的上升，硅在籽晶头部结晶，完成"引晶"步骤。之后，通过一系列工艺步骤，如缩颈、放肩、等径生长和收尾等，最终完成一根单晶硅锭的拉制。这个过程需要特殊的设备和环境，对温度、湿度等条件的要求非常严苛，以确保生长出的硅单晶符合制造要求。

单晶硅片的制造需要经过表面整形、定向、切割、刻蚀、抛光、洁净等工艺，加工成具有一定直径、厚度、晶向和高度、表面平行度、平整度、光洁度、表面光滑、无损伤层、高度完整、均匀的高质量硅片。只有符合技术要求的硅锭经切割成硅片，才能作为太阳能电池的原材料。

3. 硅片检测

硅片是单晶硅太阳能电池的原材料，硅片的质量直接决定太阳能电池片的性能，因此需要对硅片进行检测。该工序主要是对硅片的一些技术参数进行在线测量，如硅片表面平整度、少子寿命、电阻、裂缝等。在进行少子寿命和电阻率检测之前，需要先对硅片的对角线、微缝进行检测，筛选出残次品。现代化的硅片检测设备能够进行自动化筛选，及时剔除不合格的产品，从而提高了筛选精度和工作效率。

4. 表面处理

经过切割处理后，得到的硅片会留下一些污染杂质，如油脂、松香、金属、各种无机化合物及灰尘污垢等，这些杂质可以使用化学清洗剂去除。另外，机械切割会留下切痕和损伤层，这些可以借助表面腐蚀方式消除，常用的表面腐蚀主要有酸性腐蚀和碱性腐蚀两种方式。

酸性腐蚀主要利用硝酸(HNO_3)和氢氟酸(HF)的混合液腐蚀硅片，其中硝酸可以在表面形成一层致密的二氧化硅(SiO_2)，氢氟酸可以溶解二氧化硅，对表面进行图案化处理。通过调整腐蚀液的配比和温度，可以控制腐蚀的速度。一般酸性腐蚀液的配比为硝酸：氢氟酸：乙酸=5：3：3 或 5：1：1(体积比)，其中乙酸作为缓冲剂可以使硅片表面光亮。

碱性腐蚀是利用硅与氢氧化钠(NaOH)、氢氧化钾(KOH)等碱性溶液反应，对硅的表面进行硅酸盐化处理，其化学反应方程式为

$$Si + 2NaOH + H_2O == Na_2SiO_3 + 2H_2 \uparrow \tag{4.1}$$

一般来说，碱性腐蚀的硅片表面往往没有酸性腐蚀光亮平整，但制成的电池性能基本相同。此外，碱性腐蚀的成本较低，对环境的污染较小。因此，碱性腐蚀方法是目前大多数处理过程采用的方法。

5. 扩散制结

硅基太阳能电池的核心单元是 PN 结。太阳能电池需要一个大面积的 PN 结以实现光能到电能的转换，扩散炉常作为制造太阳能电池 PN 结的专用设备。扩散制结装置示意图如图 4.3 所示，它在 P/N 型硅片的表面掺入杂质磷/硼形成发射极。在发射极与衬底之间的过渡区域，由于多子的扩散运动，杂质离子留在该区域，形成一定厚度的空间电荷区，即 PN 结。太阳能电池的 PN 结是太阳能电池发电的关键，在光照作用下，光生电子-空穴对在 PN 结内建电场的驱动下有效分离。对于磷发射极，常使用液态源三氯氧磷(POCl₃)作为掺杂源。在制备过程中，将 POCl₃ 与氮气(N₂)混合后进入扩散炉。首先进行预沉积过程，在硅片表面形成一层磷硅玻璃，即含有五氧化二磷(P₂O₅)、二氧化硅(SiO₂)和磷(P)的混合物。然后是推进过程，在此过程中停止通入 POCl₃ 气体，P₂O₅ 与硅发生反应生成磷(P)原子，并通过热扩散作用使其渗透到硅内部，完成掺杂过程。扩散过程中，必须通入一定流量的 O₂ 以避免 PCl₃ 对硅片表面的损伤。对于硼发射极，通常使用溴化硼(BBr₃)作为掺杂源。在制备过程中，将 BBr₃ 与氮气混合后进入扩散炉。首先进行预沉积过程，在硅片表面形成一层硼硅玻璃，即含有三氧化二硼(B₂O₃)、二氧化硅(SiO₂)和硼(B)的混合物。然后是推进过程，在此过程中停止通入 BBr₃ 气体，B₂O₃ 与硅发生反应生成硼(B)原子，并通过热扩散作用使其渗透到硅内部，完成掺杂过程。虽然扩散剂的分布不像标准晶体硅材料那样容易控制，但多晶硅薄膜的扩散速度更快，晶界和位错等结晶缺陷会加快扩散的速度。

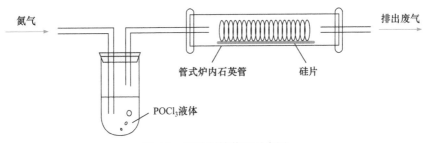

图 4.3　扩散制结装置示意图

另一种制备 PN 结的技术是在沉积基极的同时原位生长发射极。这种工艺已经成功应用于高温的等离子体增强化学气相沉积(PECVD)和固相晶化(SPC)方法。虽然原位生长发射极不需要外部的 PN 结制备步骤，可以大大简化工艺，但也降低了对掺杂分布的控制，特别是在高温沉积工艺中。

6. 腐蚀周边

在扩散过程中，硅片的所有表面，包括边缘，都将不可避免地扩散上磷元素。PN 结的正面收集到的光生电子沿着边缘扩散到有磷区域，并流到 PN 结的背面，造成器件短路。

因此，必须对太阳能电池周边的掺杂硅进行刻蚀，以去除电池边缘的非必要 PN 结。该刻蚀过程通常采用等离子刻蚀技术完成。等离子刻蚀技术是在低压状态下，反应气体四氟甲烷(CF_4)分子在射频功率的激发下产生电离并形成等离子体。等离子体由带电的电子和离子组成，反应腔体中的气体在电子的撞击下，除转变成等离子体外，还能吸收能量并形成大量的活性基团。活性基团由于扩散或电场作用到达二氧化硅表面，在那里与被刻蚀材料表面发生化学反应，并形成挥发性的产物脱离被刻蚀物质表面，从而被真空系统抽出腔体。

7. 制备电极

太阳能电池经过前面所述的工序后，已经制成 PN 结，可以在光照下产生电流。为了进一步将产生的电流导出，需要在电池表面上制备正、负两个电极。制备电极的方法很多，丝网印刷是目前制备太阳能电池电极最普遍的一种生产工艺。丝网印刷是用压印的方式将预定的图形印刷在基板上，按照设计好的图形进行电池背面银铝浆印刷、电池背面铝浆印刷、电池正面银浆印刷。其工作原理为：利用丝网图形部分网孔透过浆料，用刮刀给表面丝网施加一定的挤压作用，使浆料向另一个方向流动。油墨在移动中被刮刀从图形部分的网孔中挤压到基片上。由于浆料的黏性作用，印迹固着在一定范围内，印刷中刮板始终与丝网印版和基片呈线性接触，接触线随刮刀移动而移动，从而完成印刷过程。

8. 快速烧结

完成丝网印刷的硅片无法直接投入使用，需要通过烧结炉进行快速烧结。这一过程将有机树脂黏合剂燃烧掉，仅留下纯度较高紧密附着的银电极。当银电极和晶体硅达到共晶温度时，晶体硅原子以特定比例熔入熔融状态的银电极材料中，从而实现上下电极的欧姆接触。这有助于提高电池片的开路电压和填充因子两个关键参数，赋予其电阻特性，进而提高电池的转换效率。烧结过程可分为预烧结、烧结和冷却三个阶段。

预烧结阶段的目的是使浆料中的高分子黏合剂氧化分解，此阶段温度呈缓慢上升趋势。在烧结阶段，在烧结体内完成各种物理化学反应，形成电阻膜结构，使其真正具备电阻特性，该阶段温度达到峰值。最后，在冷却阶段，玻璃质材料冷却硬化并凝固，使电阻膜牢固地黏附于基片上。

9. 测试分片

太阳能电池片制备工艺(图 4.4)完成后，必须通过测试仪器测量最佳工作电压、最佳工作电流、最大功率、转换效率、开路电压、短路电流和填充因子等参数。根据性能测试结果对电池片进行分类，将性能相近的电池

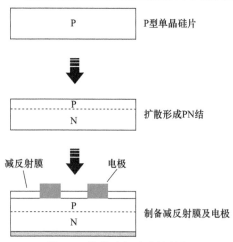

图 4.4 单晶硅电池片的制备

片连接并封装，以实现集成化并提高实用性。这一过程称为矩阵化。经过矩阵化后的集成电池称为组件或模块。

4.2 多晶硅太阳能电池

多晶硅是一种晶粒尺寸范围较大，从 0.1 μm 到 1 mm 不等的硅材料。相较于单晶硅，多晶硅的结晶度可能接近 100%，但由于其结构的无序性，其在较薄且相对稀疏的区域内受到限制。通常，多晶硅的厚度为 3～10 μm，而多晶硅薄膜的厚度不超过 30 μm。

4.2.1 多晶硅太阳能电池的结构和特点

1. 结构

多晶硅太阳能电池的结构与标准单晶硅太阳能电池相似，都采用 PN 结的半导体器件结构。然而，多晶硅太阳能电池的载流子集电机制主要是通过扩散而非漂移。常用的多晶硅太阳能电池的结构为衬底配置，即有源层沉积在具有支撑作用的不透明衬底上。如图 4.5 所示，多晶硅太阳能电池从上到下依次为：①表面反射层；②透明导电层；③N 型多晶硅层；④P 型多晶硅层；⑤通过高掺杂材料形成的背场；⑥金属网格及背电极。在多晶硅薄膜太阳能电池中，N 型发射极高度掺杂，基极中等或轻度掺杂。多晶硅薄膜太阳能电池的基极掺杂浓度很低，在 $10^2\,cm^{-3}$ 数量级，通常不需要掺杂。其收集光生载流子的主要机理是扩散，而非漂移。此外，多晶硅薄膜太阳能电池的背面都具有高度掺杂的背场，局部接触方式通过蚀刻将 P 型背场作为正极接触，从而收集周围较大面积的电流。

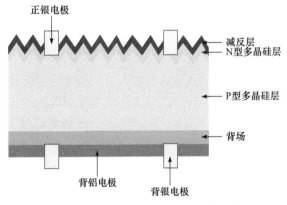

图 4.5 多晶硅太阳能电池基本结构示意图

2. 特点

随着对光伏模块需求的不断增加，硅供应短缺已成为一个严峻问题。因此，多晶硅光伏模块成为备受关注的领域。硅晶片的成本占模块制造总成本的 50% 以上。相较于昂贵的硅晶片，多晶硅光伏模块通过消除硅晶片的使用，有望改变当前光伏的成本结构。多晶硅因其制造成本相对较低且生产过程较为简单，在太阳能电池制造领域具有一定的优势。然而，与单晶硅相比，多晶硅的光电转换效率通常较低，这是由晶界和缺陷在其晶格结构中导致载流子复合损失所致。为了提高太阳能电池的效率，科研人员正在持续探索提高多晶硅性能的方法，如优化晶粒尺寸、减少晶界和缺陷等。多晶硅太阳能电池组件代表了新一代电池组件的发展方向，兼具单晶硅电池高转换效率和长寿命的特点，同时简化了非晶硅薄膜电池的制备工艺，具有诸多优势。

　　多晶硅太阳能电池具有巨大的发展潜力，因为它们充分利用了传统晶硅太阳能电池的优势。硅作为世界上储量丰富的元素之一，可以实现大规模生产。2008年，多晶硅太阳能电池占全球太阳能电池产量的48%。为提高多晶硅太阳能电池的效率，研究者正致力于引入高效结构。目前，德国弗劳恩霍夫太阳能系统研究所(Fraunhofer ISE)开发的钝化发射极背部局域扩散(passivated emitter and rear locally-diffused，PERL)电池是多晶硅电池中效率最高的，其能量转换效率达到20.3%。为了降低电池成本，研究者还尝试采用更薄的硅晶圆。例如，日本夏普(Sharp)公司在2009年报道了使用100 μm厚晶圆制造的高效多晶硅电池(18.1%)。此外，如图4.6所示，背接触多晶硅电池的新型结构，如金属包覆式(metallization-wrap-through，MWT)和发射极环绕穿通(emitter-wrap-through，EWT)电池，也在研究和开发中。

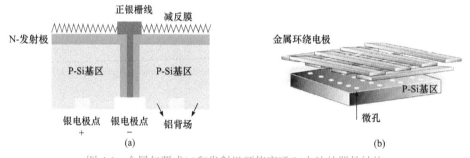

图4.6　金属包覆式(a)和发射极环绕穿通(b)电池的器件结构

　　为了提高多晶硅太阳能电池的效率，研究人员已经进行了大量的研究和开发工作，最近的高效多晶硅太阳能电池具备与单晶硅太阳能电池相近的性能。例如，日本三菱电机株式会社最近展示了蜂窝结构多晶硅太阳能电池，其效率超过19.3%，并且已应用于15 cm × 15 cm的大尺寸电池中。目前，多晶硅太阳能电池领域仍在持续研究和开发新技术，不断提高其性能和效率，降低成本，以满足未来光伏市场的需求。

4.2.2　多晶硅太阳能电池的制备工艺

　　与单晶硅类似，制造多晶硅太阳能电池同样包括扩散制结和制备电极等步骤，其区别主要在于硅材料制备工艺的不同。下面主要介绍目前较为成熟的多晶硅制备工艺。

1. 化学气相沉积

　　将气态反应物沉积成固体薄膜是化学气相沉积(CVD)方法的基本步骤，在微电子领域中，这种方法广泛用于生长外延层。CVD 是一种广泛应用于制造多晶硅薄膜的工艺，类似于上文提到的单晶硅制备方法。在 CVD 过程中，常用的气源化合物包括甲硅烷(SiH₄)、二氯甲硅烷(SiH₂Cl₂)和三氯甲硅烷(SiHCl₃)。在使用 CVD 制备多晶硅时，如图 4.7 所示，常通过用氢气稀释原料气体来控制多晶硅的生长。经过一系列气相反应后，分解产物到达基底并沉积。化学气相沉积的沉积温度取决于前体，通常为 $800 \sim 1200℃$。化学气相沉积制备多晶硅有多种技术，如常压化学气相沉积、低压化学气相沉积。这些技术都强调在特定的反应条件下，通过气源的热解和化学反应在衬底上沉积多晶硅。多晶硅的沉积也可以采用两步工艺，其中非晶硅通过化学气相沉积法沉积后，通过固相晶化(solid phase crystallization，SPC)、激光退火或化学退火等方法进行晶化。

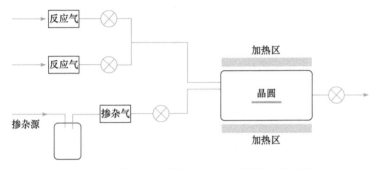

图 4.7 化学气相沉积制造多晶硅薄膜的工艺流程

化学气相沉积可以实现有源层较低的缺陷态密度，这一点已经在外延晶体硅薄膜太阳能电池和高温下制备的异质衬底硅薄膜太阳能电池中得到证实。到目前为止，化学气相沉积在高温条件下已被用于直接在异质衬底上沉积多晶硅太阳能电池。在异质衬底上直接沉积硅时，晶粒尺寸与沉积早期的成核有很大关系。在成核阶段，衬底表面自由的硅原子被形成的晶核俘获，新的晶粒在现有晶粒生长过程中形成。晶粒在凝固后进一步外延生长，直到形成完整的有源层。由于晶粒的不同晶向之间存在晶界接触，多晶硅薄膜的晶界得以形成。

在化学气相沉积中，掺杂也是可控的。将气相掺杂剂引入沉积区域，如乙硼烷(B₂H₆)或磷化氢(PH₃)等，可以控制外延层的电学特性。这种方法在多晶硅薄膜的制备中特别有用，因为它可以在沉积的同时进行掺杂，从而形成 P 型或 N 型多晶硅。另外，化学气相沉积可以控制晶硅的电学和光学特性，如掺杂和表面粗糙度。

因此，化学气相沉积在多晶硅薄膜制备中是一种成熟的方法。它不仅可用于生长较好质量的外延层，还可用于控制晶粒尺寸和缺陷态密度。随着对太阳能电池高效率和低成本的需求，化学气相沉积方法的进一步研究和发展将为多晶硅太阳能电池的制备提供更多的可能性。

2. 等离子体增强化学气相沉积

等离子体增强化学气相沉积(PECVD)是另一种多晶硅化学气相沉积工艺。在 PECVD 中，如图 4.8 所示，采用 $SiCl_4 + H_2$ 混合气体作为气源，并利用等离子体辉光放电将气体电离或激发,产生反应所需的活性基团。这些活性基团在基片表面发生化学反应并沉积形成多晶硅层。然而,采用此方法制备的多晶硅薄膜的沉积速率通常很低,一般小于 $0.1\,nm\cdot s^{-1}$。低沉积速率导致生产效率低,难以实现大规模生产,限制了其推广应用。因此,研究低温快速生长技术以及应用这些技术制备优质多晶硅薄膜材料成为当前国际上非常关注的课题。为了提高多晶硅薄膜的沉积速率,研究人员采用了一些改进措施。例如,调整气体混合比例、压力和功率等参数,优化等离子体条件,以提高活性基团的生成速率和浓度,从而加快沉积速率。此外,引入催化剂或添加剂也可以改善薄膜的沉积速率。通过研究低温快速生长技术,有望提高多晶硅薄膜的生产效率,并实现大规模生产和推广应用。这对于满足日益增长的太阳能电池和其他电子器件对高质量多晶硅材料的需求至关重要。

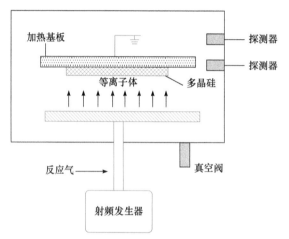

图 4.8　等离子体增强化学气相沉积制造多晶硅薄膜的工艺流程

3. 离子束辅助沉积

离子束辅助沉积(ion assisted deposition,IAD)镀膜是一种通过离子轰击基底表面来加快沉积速率和提高外延层质量的技术。如图 4.9 所示,通过电子枪蒸发和部分离子化的硅源,将离子加速并轰击到基底表面,提供能量使表面吸附原子迁移率增加,从而提高外延层质量。离子束辅助沉积镀膜在低温下可以实现较高的外延沉积速率,并且可以在多晶硅衬底上实现高质量外延层的生长。需要注意的是,表面污染和氢钝化是低温外延沉积过程中需要特别注意的问题,同时需要控制沉积速率以实现理想的晶粒外延生长。通过离子束辅助沉积镀膜制备的多晶硅薄膜太阳能电池具有较好的性能,经过快速热退火和氢化后,开路电压高达 420 mV。

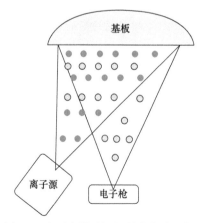

图 4.9　离子束辅助沉积制造多晶硅薄膜的工艺流程

4. 固相晶化

如图 4.10 所示,固相晶化是指以 SiH 或 Si$_2$H

等初始材料通过气相沉积辉光放电沉积等方式在平面或绒面衬底上沉积非晶硅,然后在真空高温下退火,非晶硅层进行固相晶化,形成多晶硅。通过固相晶化法制备的多晶硅薄膜的晶粒尺寸一般为 1~2 μm,与所得单晶硅薄膜太阳能电池的硅膜厚度大致相同。

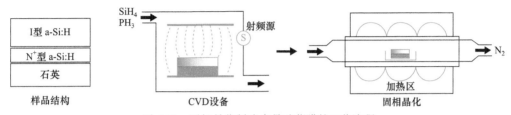

图 4.10 固相晶化制造多晶硅薄膜的工艺流程

目前,大晶粒多晶硅薄膜固相晶化通常需要采用籽晶层。籽晶层是指在基底上先形成一层有序的晶体,然后退火使晶粒尺寸扩大。这种方法可以控制晶界和晶粒取向,从而改善多晶硅薄膜的结晶性能。例如,单晶硅和多孔硅衬底上的非晶硅薄膜比石英衬底上的更容易晶化;具有硅晶格的衬底可以明显起到晶种的作用,在一定条件下可以生长出晶格取向一致的硅膜。大晶粒多晶硅薄膜具有较低的晶界密度和较好的晶体结构,这有助于减少载流子复合和提高光电转换效率。通过固相晶化方法制备的多晶硅薄膜还可以实现较高的电荷传输和较低的漏电流,进一步提高太阳能电池的性能。

5. 液相外延

液相外延(liquid phase epitaxy,LPE)方法是将硅衬底暴露在硅的饱和金属熔体溶液中,降低温度使硅从金属熔体溶液中析出,并沉积在衬底上形成外延生长薄膜。常用的金属溶质包括铟(In)、镓(Ga)、铝(Al)等。

液相外延方法的工艺温度范围为 700~950℃,相对较小的热力学驱动力使得该方法不会在沉积器具的侧壁上产生不必要的沉积。在硅衬底上使用液相外延方法可以获得较低的缺陷密度和少子寿命较长的外延层。然而,在非硅衬底上,由于驱动力不足,很难获得足够的晶核,导致硅晶粒比较孤立且晶粒之间的空间较大,无法形成连续的层,从而影响器件的制备。

相比之下,通过铝诱导非晶硅结晶,然后进行高温外延增厚制备的多晶硅膜能够获得更好的太阳能电池结构。这种方法先在非晶硅薄膜中引入铝元素,然后通过热处理促使非晶硅晶化为多晶硅。随后,在多晶硅层上使用液相外延方法进行增厚,可以获得更高质量的多晶硅薄膜,进而提高太阳能电池的性能。目前,液相外延技术主要采用几种工艺,包括浸渍系统、挤压划动舟系统和旋转坩埚系统,如图 4.11 所示。

6. 玻璃上的多晶硅

玻璃衬底多晶硅薄膜太阳能电池具有成本低廉的优点,因此引起了人们的广泛关注。在玻璃衬底上生长多晶硅薄膜的技术涉及高温处理,将最初的非晶硅层转换为多晶硅层。玻璃衬底多晶硅的基本制备流程可概括为:①玻璃制绒:增加多晶硅薄膜对光的吸收;

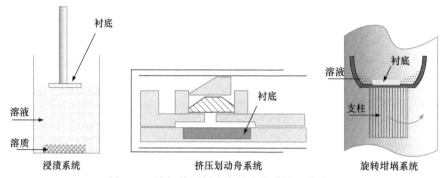

图 4.11 液相外延制造多晶硅薄膜的工艺流程

②沉积势垒层和减反层:势垒层用来阻挡杂质进入多晶硅薄膜,减反层可减少光入射到多晶硅薄膜时的反射;③利用化学气相沉积或电子束蒸发沉积籽晶层或非晶层;④多晶硅薄膜的制备:利用电子束蒸发外延增长籽晶层或晶化非晶层得到多晶薄膜;⑤快速退火及氢钝化:以获得更高质量的多晶硅薄膜。图 4.12 展示了制备在玻璃基板上的两种太阳能电池结构。其中,图 4.12(a)是使用籽晶层诱导制备多晶硅薄膜,图 4.12(b)是使用固相晶化或直接沉积(覆层构造)制备多晶硅薄膜。

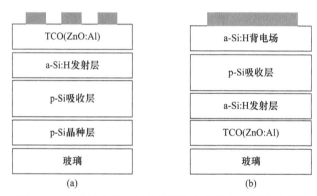

图 4.12 在玻璃基板上制备的两种太阳能电池结构示意图

  多晶硅薄膜太阳能电池仍然面临一些挑战。首先,需要进一步降低成本,提高生产效率。其次,需要进一步提高转换效率,并实现更高的稳定性和可靠性,以确保电池组件在整个使用寿命内的工作。此外,还需要探索新的材料和工艺方法,以实现更高效的电池性能和更低成本的制造。随着技术的进一步发展和成熟,多晶硅薄膜太阳能电池将继续作为太阳能电池市场中的重要组成部分,为清洁能源产业的发展做出贡献。

4.3 非晶硅太阳能电池

  区别于前文介绍的晶体硅太阳能电池(包括单晶硅太阳能电池和多晶硅太阳能电池),当光电转换层采用非晶硅时,即为非晶硅太阳能电池。与晶体硅太阳能电池相比,非晶硅太阳能电池的厚度不到 1 μm,不足晶体硅太阳能电池厚度的 1/100,这极大地降低了制造成本。此外,非晶硅材料的制造成本相较于硅材料有很大的降低。非晶硅太阳能电池的制造温度很低，通常情况下低于 200℃，具有易于实现大面积制造等优点，因此在硅基太阳能电池中占据重要地位。

4.3.1 非晶硅太阳能电池的结构和特点

1. 结构

非晶硅太阳能电池通常采用 PIN 结构，而非单晶硅太阳能电池的 PN 结构。这是因为轻掺杂的非晶硅费米能级移动较小。如果采用双侧轻掺杂或一侧轻掺杂和另一侧重掺杂的材料，则能带弯曲程度较小，从而限制了电池的开路电压。若直接使用重掺杂的 P^+ 和 N^+ 材料形成 P^+-N^+ 结，由于重掺杂非晶硅材料中缺陷态密度较高且少子寿命低，电池性能将受到影响。因此，通常在两个重掺杂层之间沉积一层未掺杂的非晶硅层作为有源集电区，如图 4.13 所示。

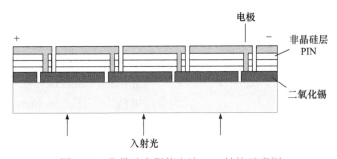

图 4.13 非晶硅太阳能电池 PIN 结构示意图

非晶硅太阳能电池中，光生载流子主要在未掺杂的 I 层产生，与晶硅太阳能电池中主要依靠扩散移动的载流子有所不同。在非晶硅太阳能电池中，光生载流子主要依靠电池内部的电场进行漂移运动。顶层的重掺杂层厚度非常薄，几乎为半透明，这有助于入射光尽可能地进入未掺杂层并产生光生电子和空穴。较高的内建电场也基本从这里开始，光生载流子产生后立即被引向 N^+ 侧和 P^+ 侧。

未掺杂的非晶硅实际上是弱 N 型材料，在沉积有源集电区时适当加入痕量硼，使其成为费米能级居中的 I 型材料，有助于提高太阳能电池性能。因此，在实际制备过程中，通常将沉积顺序安排为 P-I-N，利用沉积 P 层时的硼对有源集电区进行自然掺杂。这一沉积顺序决定了透明导电衬底电池总是以 P^+ 层迎光，而不透明衬底电池则以 N^+ 层迎光。

利用氢掺杂的非晶硅薄膜制作的太阳能电池存在一个严重的缺陷——光致衰退效应。这是氢掺杂非晶硅薄膜太阳能电池的一个显著缺点。当氢化非晶硅薄膜经过较长时间的强光照射或电流通过时，由于 Si—H 键(键能为 323 kJ·mol⁻¹)较弱，H 原子容易脱离，形成大量的 Si 悬挂键，从而导致薄膜的电学性能下降。此外，这种失去 H 原子的行为是一种链式反应，失去 H 原子的悬挂键又吸引相邻键上的 H 原子，使其周围的 Si—H 键松动，导致相邻的 H 原子结合为 H_2(H—H 键键能为 436 kJ·mol⁻¹)，易形成 H_2 气泡。其光电转换效率随着光照时间的延长而衰减，这将极大地影响太阳能电池的性能。同时，由于其光学带隙为 1.7 eV，材料本身对太阳辐射光谱的长波区域不敏感，从而限制了非晶硅太阳能电池的转换效率。

为解决这个问题，一种方案是减薄电池中绝缘层的厚度，同时为了避免厚度减薄带来的对入射光吸收的减弱，可以采用多个电池串联的方式，形成多级太阳能电池组以保证足够的光吸收。这样可以在一定程度上改善光致衰退效应对太阳能电池性能的影响。

对于单结太阳能电池，由于 S-Q 极限的限制，即使是由晶体材料制备的，其转换效率的理论极限在 AM 1.5 光照条件下通常仅为 35%左右。太阳光谱的能量分布较宽，任何一种半导体只能吸收其中能量高于自身带隙值的光子，其余光子或者穿过电池被背面金属吸收转换为热能，或者将能量传递给电池材料本身的原子使材料发热。这些能量都不能通过产生光生载流子转换为电能。而且，这些光子产生的热效应会导致电池工作温度升高，从而降低电池性能。为了最大限度地有效利用更广泛波长范围内的太阳光能量，人们将太阳光谱分成几个区域，用能隙与这些区域最佳匹配的材料制作电池，使整个电池的光谱响应更接近太阳光谱。而具有这样结构的太阳能电池称为叠层电池，如图 4.14 所示。

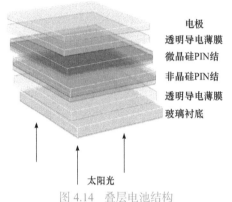

图 4.14　叠层电池结构

如图 4.15 所示，叠层电池在一个 PIN 结上又层叠了另一个 PIN 结。叠层非晶硅太阳能电池的工作原理如下：由于太阳光谱中的能量分布较宽，现有的任何一种半导体材料都只能吸收其中能量比其能隙值高的光子。太阳光中能量较小的光子将透过电池，被背电极金属吸收，转变成热能；高能光子超出能隙宽度的多余能量则通过光生载流子的能量热释作用传给电池材料本身的点阵原子，使材料本身发热。这些能量都不能通过光生载流子传给负载，变成有效的电能。如果太阳光谱可以分成连续的若干部分，用能带宽度与这些部分有最佳匹配的材料制成电池，并按能隙从大到小的顺序从外向里叠合起来，

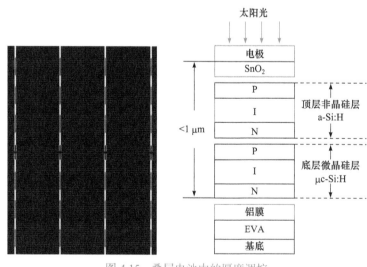

图 4.15　叠层电池中的厚度调控

使波长最短的光被最外层的宽隙材料电池利用，波长较长的光能够透射进去被较窄能隙材料电池利用，就有可能最大限度地将光能转换为电能。

研究还发现，由光致衰退导致的转换效率下降的非晶硅电池在130～175℃退火后，其中 H—H 键断裂，重新形成 Si—H 键，其效率可恢复到原始值的 80%～97%，这是其他电池所不具备的性能。这种特性使得非晶硅太阳能电池具有更高的应用潜力和优越性。

2. 特点

非晶硅太阳能电池的主要特点有：

(1) 光吸收系数高：要实现充分吸收光子，单晶硅需要 200 μm 的厚度，而非晶硅只需要 1 μm 的厚度。这是因为半导体层光吸收系数比晶体硅大一个数量级，电池厚度只需 1 μm 左右，约为晶硅太阳能电池的 1/300，可以节省大量硅材料。

(2) 制备成本低：非晶硅太阳能电池的常用主要原材料是硅烷气体，化学工业可大量供应，且价格低廉。制造 1 W 非晶硅太阳能电池的原材料成本为 3.5～4 元(效率高于 6%)。另外，电池的 PIN 结是在 200℃ 的温度下制造的，比晶硅太阳能电池 800～1000℃ 的高温低得多，且能源消耗少。

(3) 易于大规模自动化生产：非晶硅可以直接沉淀出薄膜，没有切片损失。此外，非晶硅薄膜太阳能电池可以采用集成技术在电池制备过程中一次完成组件，工艺过程简单。另外，其核心工艺适合制作特大面积无结构缺陷的非晶硅合金薄膜，只需要改变气相组分或气体流量便可以实现 PN 结及相应的叠层结构，生产可以实现全流程自动化。

(4) 易于实现大面积、集成化：由于非晶硅不要求周期性的原子排列，可以不用担心材料与衬底间的晶格失配问题，因此它可以沉积在任何衬底上。电池的单片面积可以达到 0.7～1.0 m²，这使得组装更方便，易实现大规模生产。此外，由于非晶硅薄膜的硅网结构力学性能优异，适合在柔性衬底上制备质量轻型的太阳能电池。基于其灵活多样的制造方法，可以用来制造建筑用集成的电池，适合户用屋顶电站的安装。

综上所述，非晶硅太阳能电池和晶硅太阳能电池在材料结构、光吸收能力、制造成本、灵活性及效率稳定性等方面存在明显的差异(表 4.1)，应根据特定的应用需求和成本效益选择适当的太阳能电池类型。目前，非晶硅太阳能电池的效率通常低于晶硅太阳能电池，但随着技术的不断改进，特别是在多层结构、纳米结构和光学增强层方面的优化，其效率正在不断提高。非晶硅太阳能电池具有广阔的应用前景，尤其适用于柔性、轻便和大面积应用，如太阳能电池板、充电器、可穿戴设备和建筑一体化光伏等领域。

表 4.1　非晶硅太阳能电池与晶硅太阳能电池的主要区别

特点	晶硅太阳能电池	非晶硅太阳能电池
材料结构	采用单晶硅或多晶硅材料作为光电转换层；晶体硅具有有序的晶格结构，原子排列有规律	采用非晶硅材料作为光电转换层；非晶硅是无定形结构的硅材料，其原子排列无规则
光吸收能力	对于较长波长的光吸收较弱，需要较厚的硅片来实现较高的光吸收	具有较高的光吸收系数，可以更加有效地吸收太阳光谱中的光子。在相同的厚度下，非晶硅太阳能电池可以提供更高的光电转换效率

特点	晶硅太阳能电池	非晶硅太阳能电池
制造成本	需要高纯度的硅材料和复杂的晶体生长工艺，制备过程较为复杂，制造成本较高	具有较低的制造成本，主要原因是非晶硅材料制备过程相对简单且使用的硅材料更为广泛
灵活性	通常制备成刚性的硅片形式，限制了其应用的灵活性	具有柔性，可以制备成柔性和可弯曲的薄膜形式，适用于各种形状和曲面应用
效率稳定性	具有较高的效率和较长的使用寿命	初始效率较低，在弱光环境下表现出较好的性能，适合在光较弱的条件下工作，如阴天或室内照明环境

非晶硅薄膜太阳能电池因其生产工艺简单、温度低和能耗小，其市场份额逐年提高。目前，超过一半的薄膜太阳能电池公司已经采用非晶硅薄膜技术，预计在未来几年，非晶硅薄膜将在薄膜太阳能电池市场占据主导地位。然而，光电转换效率低和光致衰退效应是非晶硅薄膜电池当前面临的两大主要问题。

为了提高效率和稳定性，研究人员在新器件结构、新材料、新工艺和新技术等方面加强探索。例如，在电池结构方面采用叠层式和集成式；在透明导电膜方面，采用电阻率低且具有阻挡离子污染、增大入射光吸收和抗辐射效果的透明导电薄膜代替目前的 ITO、ZnO、ZnO:Al 等导电膜；在窗口层材料方面，探索新型宽光学带隙和低电阻材料，如非晶硅碳、非晶硅氧、微晶硅、微晶硅碳等。

此外，为了延长薄膜光子寿命、提高载流子输运能力和薄膜的电子性能及稳定性，在非晶硅薄膜制备技术方面还可以采用射频增强 PECVD、超高真空 PECVD、高频 PECVD 和微波 PECVD 等技术。在界面处理方面，可以采用氢钝化技术及插入缓冲层以减少界面复合损失，提高电池短路电流和开路电压。

尽管目前非晶硅薄膜太阳能电池的效率低和性能不稳定是大规模工业化生产的主要障碍，但优化非晶硅薄膜电池的各种技术仍是切实可行的。随着科技的进一步发展，非晶硅薄膜太阳能电池将在未来得到大规模应用。

4.3.2　非晶硅太阳能电池的制备工艺

与单晶硅和多晶硅太阳能电池类似，非晶硅太阳能电池的制备涉及基底准备、透明导电氧化物制备、非晶硅薄膜沉积、掺杂处理、电极制备及封装等关键步骤，如图 4.16 所示。非晶硅太阳能电池与单晶硅和多晶硅太阳能电池制备过程的区别主要在硅薄膜沉积这一步。

下面简单介绍几种非晶硅薄膜主要的沉积技术。

(1) 化学气相沉积：是一种常用的制备非晶硅薄膜的方法。在 CVD 过程中，硅源气体(如硅烷)与掺杂气体(如磷氢化物或硼氢化物)一起在高温下通过化学反应在基底上沉积非晶硅薄膜。CVD 方法具有高沉积速率、较高的掺杂精度和较好的薄膜均匀性。

(2) 物理气相沉积(physical vapor deposition，PVD)：是另一种常用的非晶硅薄膜制备方法，包括热蒸发、电子束蒸发和磁控溅射等技术。这些方法是将硅源材料加热到高温，使其蒸发或溅射到基底上形成非晶硅薄膜。PVD 方法具有较高的薄膜质量和较好的界面

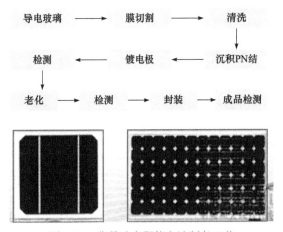

图 4.16　非晶硅太阳能电池制备工艺

特性，但沉积速率较低。

(3) 液相沉积(liquid phase deposition，LPD)：是一种溶液化学方法，在液相中使硅源材料溶解，并通过化学反应在基底上形成非晶硅薄膜。这种方法通常使用有机溶剂或水溶液，并在一定温度和 pH 条件下进行。LPD 方法具有较低的制备成本和较高的沉积速率，但对薄膜质量和掺杂均匀性的控制还存在挑战。

(4) 气溶胶沉积(aerosol deposition)：是一种将非晶硅颗粒或纳米颗粒悬浮在气溶胶中，然后通过喷雾、喷雾烘干或气溶胶燃烧等方法在基底上沉积的技术。气溶胶沉积方法具有较高的沉积速率和较好的均匀性，适用于大面积的薄膜制备。

这些制备技术的选择取决于具体的应用需求、实验条件和工艺优化。不同的制备技术有各自的优缺点，需要根据具体情况进行选择和调整。此外，还有其他一些制备方法和改进技术正在不断研究和发展中，以提高非晶硅太阳能电池的效率和稳定性。

4.4　微晶硅太阳能电池

微晶硅是多晶硅的一种，也称氢化微晶硅和纳米晶硅，主要结构是存在几十到几百纳米的晶硅颗粒嵌入非晶硅薄膜中，是一种介于非晶硅和单晶硅之间的混合相无序半导体材料。在实际制造非晶硅过程中，加长通氢气的时间就可以得到微晶硅，进而提高电子迁移率。图 4.17 显示了单晶硅、多晶硅、非晶硅与微晶硅的结构区别。

4.4.1　微晶硅太阳能电池的结构和特点

1. 结构

微晶硅太阳能电池的结构类似于非晶硅太阳能电池，主要包括 PIN 结构，其中 I 层为本征层。与传统的只有 PN 结构的单晶硅太阳能电池相比，I 层的加入有助于扩大耗尽区，并通过在该区的漂移运动收集光生载流子，从而克服了微晶硅扩散长度小带来的限制，大大提高了载流子的收集效率。

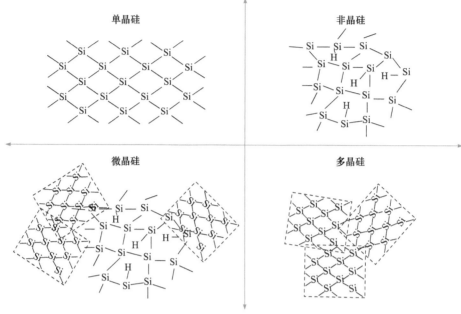

图 4.17　单晶硅、多晶硅、非晶硅与微晶硅的结构区别

微晶硅太阳能电池结构的层次可以简化为：基板上的透明导电层、微晶硅薄膜和背电极。在微晶硅太阳能电池中，顶层为 P 层，作为迎光面，光经过透明衬底进入电池。当太阳光照射到微晶硅薄膜上时，光子激发微晶硅中的电子，形成电流。这些电子通过透明导电层和背电极流动，形成太阳能电池的输出电流。

2. 特点

与其他硅基太阳能电池相比，微晶硅太阳能电池具有以下优势：

(1) 低成本：微晶硅薄膜太阳能电池的生产过程相对简单，能有效降低生产成本。

(2) 较高的电导率：微晶硅薄膜的电导率高于非晶硅，有利于提高太阳能电池的光电转换效率。

(3) 高的吸收系数：微晶硅薄膜对太阳光具有高吸收系数，使其在薄膜太阳能电池中具有较高的光电转换效率。

(4) 无明显光致衰减现象：与非晶硅太阳能电池相比，微晶硅太阳能电池没有明显的光致衰减现象，有利于提高太阳能电池的稳定性。

(5) 可实现大面积制备和集成化：微晶硅太阳能电池可以在大面积基板上制备，且容易实现集成化，有利于降低成本和提高产量。

(6) 在太阳光谱不同波段的有效光电转换方面，微晶硅太阳能电池与非晶硅太阳能电池具有很好的互补性。将这两种薄膜太阳能电池结合使用，可以进一步提高整体的光电转换效率，从而得到更高性能的太阳能电池。

4.4.2　微晶硅太阳能电池的制备工艺

与其他硅基太阳能电池的制备工艺类似，微晶硅太阳能电池的制备涉及基底准备、透明导电氧化物制备、微晶硅薄膜沉积、掺杂处理、电极制备及封装等关键步骤。微晶硅太阳能电池与单晶硅和多晶硅太阳能电池制备过程的区别主要在硅薄膜沉积这一步。

在制备微晶硅太阳能电池的过程中，关键的步骤是控制微晶硅薄膜的沉积过程和优化材料的选择，以提高光电转换效率和电池的性能。这需要对材料科学、化学气相沉积技术和光电器件工程等领域的知识和技术进行深入研究和优化。微晶硅薄膜一般使用化学气相沉积、物理气相沉积、热丝化学气相沉积(HWCVD)、等离子体增强化学气相沉积等方法在基板上沉积。在沉积过程中，通过调节沉积温度、气体组成和沉积时间等参数可以控制薄膜的成分和晶体结构，从而实现微晶硅薄膜的制备。这些技术可以根据实际需求和制备条件进行选择，以获得具有良好光电转换性能的微晶硅太阳能电池。

4.5　硅基太阳能电池的性能优化

前文对硅基太阳能电池的结构及制备方法进行了介绍，下面探讨提高硅基太阳能电池效率的方法。

4.5.1　薄膜沉积过程优化

硅基太阳能电池的性能主要通过薄膜沉积过程进行优化：优化晶硅薄膜的沉积过程可以改善晶体结晶度和杂质控制，从而提高光电转换效率。通过调节沉积温度、沉积速率、气体配比和沉积时间等参数可以对薄膜的性质进行调控。同时，选择合适的硅前体气体和掺杂气体可以优化薄膜的光电特性。

近年来，人们对晶硅薄膜的沉积机理进行了深入探索。以 PECVD 为例，研究发现，在 PECVD 生长硅薄膜的过程中，空间气相反应和表面反应对微晶硅的形成和生长具有重要影响。空间气相反应反映了等离子体中组分的状态，包括各组分的浓度和相互比例，从根本上决定了是形成非晶态还是微晶态材料。另外，生长表面对于薄膜的晶化程度起关键作用，因为在成膜过程中，等离子体中的活性基团首先到达生长表面，然后通过表面迁移和与已生成表面的交换反应等过程才能生成薄膜。实际上，表面反应成膜是对薄膜沉积影响最显著的因素，空间反应只是间接影响因素。

1. 晶硅薄膜的沉积机理

晶硅薄膜的沉积机理可以用三个主要的模型进行解释，包括表面扩散模型、选择刻蚀模型和化学退火模型。

(1) 表面扩散模型：该模型的原理是在等离子体中存在大量的氢，这些氢会完全覆盖生长表面。此外，薄膜生长表面发生的原子氢的复合反应也会对表面局部进行加热。这两个因素共同提高了反应前体 SiH_3 的表面迁移率和表面扩散长度，有利于找到热力学上的有利位置，从而实现薄膜的生长。

(2) 选择刻蚀模型：该模型的原理是在薄膜生长表面，大量的原子氢会打断硅网络中的 Si—Si 弱键。在断开的位置，新的薄膜前体取代原来的位置，进而产生一个更强的 Si—Si 键，有利于提高硅网络的有序度。简言之，原子氢会选择性刻蚀非晶相而留下晶相部分。

(3) 化学退火模型：该模型的原理是在氢等离子体处理过程中，大量原子氢渗入亚表面区域的非晶网络中形成柔性网络，而没有发生硅原子的刻蚀。然后，通过结构弛豫过程，非晶网络中束缚的 Si—Si 键被消除，实现晶化。这个过程类似于退火过程，因此称为化学退火。

需要注意的是，上述三种模型都是在一定的实验基础上提出的，并不具有完全的普遍性。晶硅薄膜的沉积机理仍然是一个活跃的研究领域，科学家正在不断深入研究以完善对其机理的理解。

2. 晶硅薄膜的生长模型

薄膜的生长过程可以根据其模式划分为三种类型。

(1) 层状生长(Frank-van der Merwe)模式：这种模式可以概括为二维扩展生长模式。在层状生长模式下，沉积物质与衬底之间具有较好的浸润性，因此两者之间更容易发生键合。

(2) 岛状生长(Volmer-Weber)模式：在岛状生长模式下，沉积物质与衬底之间的浸润性较差，二者不易键合。相反，沉积物质的原子或分子相互键合形成孤立的岛状结构，而不是形成连续的薄膜。这种模式下，薄膜表面有许多孤立的岛状结构。

(3) 中间生长(Stranski-Krastanov)模式：中间生长模式是一种过渡性的生长模式，最开始的一两个原子层厚度采取层状生长，随后转化为岛状生长，这种模式也称为层状-岛状中间生长模式。在开始阶段，薄膜以层状结构生长，之后由于表面能的增加或材料的扩散，形成孤立的岛状结构。

薄膜的结构和性能与其生长过程密切相关。薄膜生长过程的不同阶段和模式对于控制薄膜的晶体结构、晶粒大小和缺陷密度等性能具有重要影响，如图 4.18 所示。因此，了解薄膜生长的机理和过程是实现所需薄膜性能的关键。在薄膜形成的最初阶段，大量的气态原子和分子进入衬底表面。由于受到吸附作用的影响，它们在表面上凝聚并形成无规则分布的三维核，这标志着成核阶段的开始。在衬底表面，吸附的原子和分子迁移并形成稳定的原子团，继续生长。这些均匀细小且可以在衬底上移动的团簇称为岛，岛的数量很快达到饱和。岛的生长是以三维方式进行的，其生长速率在平行于基片表面方向上大于垂直方向。随着岛的增长，岛之间的间距缩小。小岛像液滴一样融合，形成更大的岛，同时在衬底表面留下许多空白区域。在这些空白区域，新的岛将形成并继续生长。

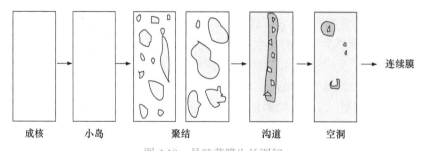

成核　　小岛　　聚结　　沟道　　空洞　　连续膜

图 4.18　晶硅薄膜生长图解

随着沉积过程的进行,空白区域中形成的小岛与大岛合并,使空白区域变得越来越小。最终,只剩下少数狭长的区域,称为沟道。沟道继续成核并增长,形成空洞。空白区域逐渐被填满,形成连续的薄膜。这个过程中的不同阶段包括成核、岛状生长、聚结、沟道和连续膜的形成。这些阶段的发展对于薄膜的晶体结构、晶粒大小和缺陷密度等性能具有重要影响。

因此,控制薄膜生长过程中的参数和条件可以实现所需的薄膜结构和性能。此外,通过杂质控制和缺陷修复技术,晶硅薄膜中的杂质和缺陷将影响电子和光子的传输效率。通过控制沉积过程、优化材料配方和引入合适的表面处理方法,可以减少杂质含量和缺陷密度,从而提高电池的性能。

4.5.2　光吸收增强技术

1. 光陷阱结构

目前,对于高效硅电池,可采用光刻倒置金字塔结构和化学腐蚀制绒面两种方法制备光陷阱结构。虽然倒置金字塔结构在光线利用方面具有优势,但光刻法成本较高,不太适合生产应用。相反,化学腐蚀法易于控制、成本低廉,并且便于大规模生产,因此目前高效硅基太阳能电池工业化生产大多采用这种方法制备绒面。

化学腐蚀常用的腐蚀剂分为两类:一类是有机腐蚀剂,包括 EPW(乙二胺、邻苯二酸和水的缩写)和联氨等;另一类是无机腐蚀剂,主要是碱性腐蚀剂,如氢氧化钾(KOH)、氢氧化钠(NaOH)、氢氧化锂(LiOH)、氢氧化铯(CsOH)和水合氨($NH_3 \cdot H_2O$)等。这两类腐蚀剂对硅晶体的不同晶面具有不同的腐蚀速度,对(100)晶面腐蚀较快,而对(111)晶面腐蚀较慢,这种现象称为各向异性腐蚀。太阳能电池通常将单晶硅(100)晶面作为表面,经过腐蚀处理后,表面出现(111)晶面的四方锥体结构,也称为金字塔结构。采用这种金字塔结构的电池,其表面反射率可以降至 10%以下。如图 4.19 所示,呈现出类似丝绒特性的材料表面,因此称为"绒面"。

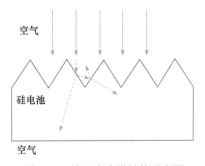

图 4.19　绒面光陷阱结构示意图

采用这种化学腐蚀方法制作的绒面结构,使太阳能电池在光利用方面表现出更高的性能,从而提高了太阳能电池的转换效率。

2. 减反射膜

在 AM 1.5 光谱条件下,理想太阳能电池的理论转换效率极限为 33%,对应的最佳带隙为 1.4 eV。硅的带隙 E_g 为 1.12 eV,接近最佳带隙 1.4 eV,因此硅的理论转换效率极限为 29%,仅比 33%低 4%。硅的折射率为 3.4,如果不进行任何处理,40%的入射可见光将在前表面发生反射。为了减少表面反射和提高电池转换效率,需要在电池表面沉积减反射膜。

减反射膜的基本原理是在介质和电池表面增加具有一定折射率的光学膜,使入射光产生的各级反射相互间进行干涉,从而完全抵消。减反射膜本身的折射率和厚度对其减反射效果具有决定性作用。对于单晶硅太阳能电池,一般可以采用氮化硅(Si_3N_4)、二氧化钛(TiO_2)、二氧化硅(SiO_2)、氧化锌(ZnO)、五氧化二钽(Ta_2O_5)等材料制作单层膜或双层膜。在制好绒面的电池表面蒸镀减反射膜后,可以将反射率降至2%左右。减反射膜不仅能减少光反射、提高电流密度,还可以保护电池不被污染、防止电极变色、提高电池的稳定性和使用寿命。

现在工业生产中常采用PECVD设备制备减反射膜。PECVD的技术原理是利用低温等离子体作能量源,将样品置于低气压下辉光放电的阴极,利用辉光放电使样品升温到预定的温度,然后通入适量的反应气体甲硅烷(SiH_4)和氨气(NH_3)。气体经一系列化学反应和等离子体反应,在样品表面形成固态薄膜,即氮化硅(Si_3N_4)薄膜。一般情况下,使用这种PECVD方法沉积的薄膜厚度在70 nm左右。利用薄膜干涉原理,可以使光的反射大大减少,从而提高电池的短路电流、输出和效率。

4.5.3 钝化与掺杂

1. 钝化层

钝化工艺是制造高效太阳能电池非常重要的步骤。在一定程度上,它是评判太阳能电池是否为高效电池的重要标志。对于没有进行钝化的太阳能电池,光生载流子运动到一些高复合区域(如表面和电极接触处)后,将很快被复合,从而严重影响电池的性能。采取一些措施对这些区域进行钝化后的太阳能电池(图4.20)可以有效地减弱这些复合,从而提高电池效率。一般来说,高效太阳能电池可采用热氧钝化、氢原子钝化,或者利用磷、硼、铝表面扩散进行钝化。

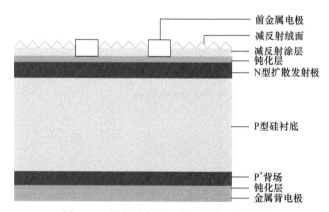

图 4.20　具有钝化层的单晶硅太阳能电池

热氧钝化是最普遍、最有效的一种方式,在电池的正面和背面形成氧化硅膜可以有效地阻止载流子在表面处的复合。此外,氧化硅层还可以起到减反射膜、防止硅片污染等作用。目前,采用三氯乙酸工艺生长的氧化硅层钝化效果较好。

此外，氢原子对太阳能电池也有很好的钝化作用。一般认为，硅的表面有大量的悬挂键，这些悬挂键是载流子的有效复合中心。氢原子可以中和悬挂键，从而减弱复合。原子氢钝化可以通过等离子体增强化学气相沉积等方法进行。

综上所述，采用不同的钝化方法可以有效地减弱载流子在太阳能电池表面和电极接触处的复合，从而提高电池的转换效率。为了实现高效太阳能电池，需要综合应用多种钝化方法。

2. 背场

增加背场是提高太阳能电池效率的有效途径。在 P 型材料的电池中，在背面增加一层 P^+ 浓掺杂层，形成 P^+/P 结构，这样在 P^+/P 界面就产生了一个内建电场。这个内建电场有助于分离光生载流子，从而提高开路电压。另外，背场的存在使光生载流子加速，相当于增加了载流子的有效扩散长度，因此短路电流也得到提高。背场的存在还迫使少数载流子远离表面，降低复合率，使暗电流减小。

制作背场的方法有很多，如蒸铝烧结、硼或磷扩散法等。在电池背面采用定域扩散具有较好的优越性，既产生了内建电场，又减少了电极与主体材料的接触，使金属与半导体界面的高复合区域大大减少。并且，相对于背面全扩散浓掺杂结构，定域掺杂由于大大减少了浓掺杂面积(一般只占全背面积的 1%～2%)，因此也大大降低了背面的表面复合，从而更好地提高了太阳能电池的性能。

总之，增加背场是一种有效提高太阳能电池性能的方法，包括开路电压、短路电流和暗电流等方面。采用定域扩散技术制作背场可以进一步提高电池性能，降低背面表面复合，从而实现更高的太阳能电池转换效率。

4.5.4　器件结构优化

1. 改善衬底材料

制备高效太阳能电池的关键是选择高质量的硅片衬底。许多实验室制作的高效电池都采用了区熔硅，但这种硅片的成本非常高，不适合大规模工业化生产。因此，降低硅片成本成为高效太阳能电池发展的重要方向之一。

虽然直拉单晶硅材料成本较低，但用于制作掺杂的 P 型硅片的电池效率相对较低，而且在光照或黑暗中储藏时，其性能会逐渐下降。这主要是因为这类材料中的氧含量较高，在光照条件下与掺杂的硼发生反应。解决性能退化问题的关键是避免硅片中大量氧原子和硼原子同时存在。

目前，有两种主要方法：第一种是利用磁聚焦直拉法生产单晶硅，这种直拉硅材料中的氧含量较低；第二种是采用其他掺杂源(如镓)替代硼进行硅材料中的掺杂。与区熔硅相比，使用这两种硅材料制作的电池性能有显著改善。此外，N 型硅材料也是一个很好的选择，具有诸多优点，如载流子寿命长、制结后硼氧化反应低、电导率高、饱和电流低等。一些国外厂家已经用 N 型硅生产出高效太阳能电池。随着太阳能电池的快速发展和 P 型单晶硅材料日益紧张，这种材料有望得到广泛应用。

2. 构建高效率的电池结构

为了不断提升太阳能电池的性能，全球各研究组织正积极探索各种高效电池结构，为太阳能电池技术的发展提供了重要支持。从当前的发展趋势来看，超薄、聚光和多结是高效太阳能电池的发展方向。由于硅片在电池成本中占有很大比例，因此降低硅片厚度能节约大量硅材料。然而，在使用薄硅片制作电池时，由于 PN 结非常接近背面，光生载流子复合速率增大，严重影响了电池性能。此时，高质量的钝化和优质背场的形成至关重要，可以有效地减弱载流子复合，从而保证电池效率。以钝化发射极和背面局域扩散(passivated emitter and rear locally-diffused，PERL)电池片为例，这种结构的单晶硅电池效率已经达到 24.7%。其主要特点包括：①使用高品质的 P 型区熔单晶硅片；②为提高电池片表面的光学封闭效率，形成倒金字塔型的蚀刻表面；③采用多层氧化膜结构以提高减反射膜的效率；④在硅片的表面和背面形成较薄的钝化层，减少表面缺陷密度并提高载流子的利用率。在表面开孔部位制备电极，可以减少金属和硅接触面积。此外，在背面孔周围进行高度喷雾处理，可以实现低电阻化并降低复合。近期，基于 PERL 结构的改进型钝化发射极和背面全扩散(passivated emitter and rear totally-diffused，PERT)结构也在研究中。

近几年，基于选择性载流子原理的隧道氧化物钝化接触(tunnel oxide passivated contact，TOPCon)硅太阳能电池技术也受到越来越多的关注。TOPCon 硅太阳能电池的结构特点是在电池的背面制备一层超薄的隧穿氧化层和一层高掺杂的多晶硅薄层，两者共同形成钝化接触结构。这种结构为硅片的背面提供了良好的表面钝化，超薄氧化层使多子电子能够隧穿进入多晶硅层，同时阻挡少子-空穴复合，进而电子在多晶硅层横向传输并被金属收集。TOPCon 硅太阳能电池具有低光损失和低表面复合的特点，这有助于提高电池的光能利用率和寿命。目前，某些先进的 TOPCon 硅太阳能电池组件经过认证，转换效率达到 24.76%，刷新了全球组件最高效率纪录。

另外，德国弗劳恩霍夫太阳能系统研究所开发的倾斜蒸发金属接触(obliquely evaporated contact，OECO)硅太阳能电池结构在尺寸为 100 cm^2 时，转换效率达到 20%。此外，高效表面场和背场反射器太阳能电池及高效低阻硅太阳能电池都具备很好的发展前景。

在过去 20 年中，硅基太阳能电池的光电转换效率几乎翻了一番，这主要得益于钝化、背场及电极设计等工艺技术的进步。卓越的结构设计和先进的制造技术相结合，使太阳能电池的效率不断提升。然而，目前最高效率距离晶体硅太阳能电池的理论转换效率上限 35%仍有相当的差距，仍需持续进行技术研发。

由于单晶硅片制造技术与大规模集成电路等半导体技术有许多共同之处，因此有可能从半导体领域引入新技术。最近受到关注的技术之一是快速热处理(rapid thermal processing，RTP)技术。在半导体领域的应用实例包括使用高功率红外激光对硅片进行快速加热(在数百毫秒内升温至 1000℃)，可形成厚度为 0.01 μm 以下的超薄硅氧化膜。PERL 结构和 OECO 结构的太阳能电池都可以考虑采用快速热处理技术制备薄氧化膜。另外，不仅单晶硅，多晶硅薄膜制造装置中也可使用快速热处理技术，将得到的光线用聚光镜聚焦，并缓慢移动位置，使多晶硅薄膜再晶化。

此外，开发太阳能电池聚光系统可以在较小的太阳能电池使用面积上实现较大的转换效率，并且比仅采用透镜或抛物面镜的聚光更节约成本。发展多结电池也是提高电池效率的一个重要途径，它有利于充分利用太阳光能，减少在聚光条件下串联电阻的影响。然而，目前的制作工艺仍然复杂，离产业化还有一定的距离，需要开发新技术进行改进。

总之，随着新理念和新设想的不断提出，以及制造技术的日益成熟，太阳能电池的效率将不断提高，而制造成本将进一步降低，更有利于产业化。高效硅基太阳能电池的发展将继续受到重视，前景充满希望。

4.5.5 硅基太阳能电池组件

单个硅基太阳能电池的输出功率相对较小，通常需要将多个电池进行组合排布，形成硅基太阳能电池组件(也称为光伏组件)。晶硅太阳能电池组件的制备工艺如图 4.21 所示，这一过程通过串焊、层叠和层压等工艺实现。首先，制备大面积的晶硅薄膜，并将其划分为多个相互独立的区域，形成独立的电池单元。然后将这些单元串联连接，形成电池片。目前，集成互联是制备电池片最常用和便捷的方法。集成互联技术不需要栅线，电流可以以分布方式从一个电池单元流向另一个电池单元，只有在电池片的两端才需要接触电极来收集大电流。这种集成互联方法极大地简化了生产过程，减小了串联电阻损失，是多晶硅薄膜太阳能电池组件相对于传统晶硅太阳能电池组件的重要优势。在集成互联中，金属条用于连接一个电池单元的正极接触和另一个电池单元的负极接触，通过填充隔离凹槽，可以避免互联金属导致的电池短路。绝缘树脂也可以用于填充隔离凹槽，以进一步确保互联的安全性。

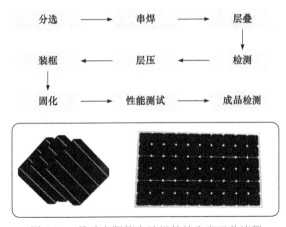

图 4.21 晶硅太阳能电池组件的生产工艺流程

硅基太阳能电池组件的结构如图 4.22 所示，除电池片外，组件的制造原料还包括玻璃、EVA 胶膜、背板、边框和接线盒。首先，根据效率和短路电流的值对电池片进行分选。分选好的电池片通过串焊工艺焊接在一起，然后在焊接好的电池片上下覆盖 EVA 胶膜、玻璃和背板。接下来，将组件放入层压机中，在高温和真空条件下将玻璃、EVA 胶膜、电池片和背板层压在一起。最后，安装边框和接线盒，并在一定时间内固化，成为最终的组件成品。目前多晶硅太阳能电池片的常见尺寸主要有 103 mm × 103 mm、125 mm × 125 mm 和 156 mm × 156 mm，厚度有 180 μm、200 μm 和 210 μm 三种规格。

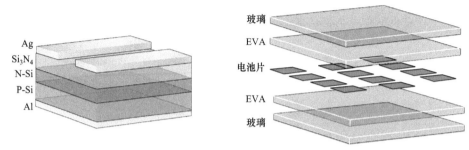

图 4.22   硅基太阳能电池的基本结构和组件结构示意图

思 考 题

1. 单晶硅太阳能电池的光谱响应如何？它在不同光谱范围内的表现如何？这对其在各种应用中有什么影响？

2. 在单晶硅太阳能电池的制造过程中，如何平衡提高效率和降低成本的目标？有什么创新的制造方法？

3. 多晶硅太阳能电池的性能如何受其晶体结构的影响？与单晶硅相比，多晶硅的晶格缺陷如何影响电池性能？

4. 表面涂层和反射控制技术对多晶硅太阳能电池有什么影响？它们如何改善光吸收和光电转换效率？

5. 非晶硅太阳能电池相对于晶体硅有哪些电学特性？这些特性如何影响电池的性能和效率？

6. 由于非晶硅的透明性，这种类型的太阳能电池在哪些应用领域有潜在的优势？例如，是否适合嵌入建筑材料中？

7. 微晶硅太阳能电池的晶体结构相对于其他硅基太阳能电池有哪些特点？这些特点如何影响电池的性能和效率？

8. 由于微晶硅的一些特性，这种类型的太阳能电池在哪些应用领域可能具有性能优势？例如，是否更适合柔性电子设备？

第5章　新型薄膜太阳能电池

新型薄膜太阳能电池在提高太阳能利用效率和拓展应用领域方面具有巨大潜力。它们具有轻薄、灵活的特性，使得太阳能电池可以更加方便地集成到建筑物、车辆和移动设备中，为可再生能源的推广和应用提供了更多可能性。随着技术的不断发展和成熟，这些新型薄膜太阳能电池有望在未来成为太阳能行业的主要技术之一。

新型薄膜太阳能电池的工作原理与传统的硅基太阳能电池类似，但其材料和制造方式有所不同。新型薄膜太阳能电池采用了多种材料，包括铜铟镓硒(CIGS)、有机半导体材料和钙钛矿等。这些光学活性材料能够通过化学反应或 PN 结将光能转换为电能。

下面详细介绍目前几种典型的新型薄膜太阳能电池。

5.1　碲化镉薄膜太阳能电池

碲化镉(CdTe)是一种 ⅡB-ⅥA 族化合物半导体材料，其禁带宽度约为 1.5 eV。这个禁带宽度与太阳光谱非常匹配，适合用于光伏能量转换。此外，CdTe 具有高达 5×10^5 cm^{-1} 的光吸收系数，即约 99%能量大于带隙的光子可以在 2 μm 的 CdTe 薄膜内被吸收。因此，CdTe 被广泛认为是薄膜太阳能电池中接近理想的材料。

CdTe 是少数能够实现双极性掺杂的 ⅡB-ⅥA 族化合物半导体材料。通过掺杂元素如铟(In)、铝(Al)、镓(Ga)、氯(Cl)、溴(Br)、碘(I)等，可以引入施主能级，使其成为 N 型半导体；而通过本征缺陷或磷(P)、砷(As)、锑(Sb)、铜(Cu)的掺杂，可以引入受主能级，使其成为 P 型半导体。这种特性使得太阳能电池的结构更加灵活。

CdTe 薄膜太阳能电池具有结构简单的优点，可以采用多种制备方法(包括近空间升华、气相输运沉积等多种 CdTe 薄膜制备工艺)，从而降低生产成本。与硅基太阳能电池相比，CdTe 薄膜太阳能电池的生产时间大大缩短，只需几小时就可以完成从原料到成品的制备。

CdTe 薄膜太阳能电池的理论转换效率可以达到约 30%。早在 1993 年，美国的布里特(Britt)和费雷基德斯(Ferekides)就已经制备出效率超过 15%的小面积 CdTe 薄膜太阳能电池。经过几十年的技术发展，目前实验室中的 CdTe 薄膜太阳能电池器件效率已经超过 20%，大面积单片 CdTe 组件的制作工艺也不断发展成熟。

5.1.1　碲化镉薄膜太阳能电池的发展历史

CdTe 在太阳能电池中的应用最先从单晶材料开始。随着研究的不断深入和技术的发展，CdTe 多晶薄膜太阳能电池被开发出来。由此，CdTe 薄膜太阳能电池的发展历史可以分为两个阶段：CdTe 单晶太阳能电池和 CdTe 多晶太阳能电池。

1. CdTe 单晶太阳能电池

CdTe 单晶太阳能电池的发展可以追溯到 1956 年，当时美国无线电公司(Radio Corporation of America，RCA)的洛弗斯基(Loferski)首次提出了使用 CdTe 单晶制造太阳能电池的想法。1959 年，RCA 的拉帕波特(Rappaport)制造出了第一个 PN 同质结 CdTe 单晶太阳能电池。通过向 P 型 CdTe 晶体中扩散 In 元素，形成 N 型 CdTe 层，从而得到 PN 结(图 5.1)。该电池的转换效率达到 2.1%，开路电压为 600 mV，短路电流密度为 4.5 mA·cm⁻²(在一个标准太阳光照下)，填充因子为 55%。

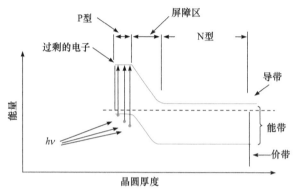

图 5.1　PN 同质结 CdTe 单晶太阳能电池的能带示意图

随后，法国国家科学研究中心研究组在 1979 年利用近空间气相输运沉积法在 N 型 CdTe 晶体表面生长了掺杂 As 的 P 型 CdTe 薄膜，制备的电池转换效率超过 7%。此后，关于 CdTe 同质 PN 结器件的研究相对较少。

相对于同质 PN 结器件，基于 CdTe 单晶的异质 PN 结太阳能电池的研究日益深入并被广泛报道。由于 CdTe 具有双极性掺杂的特性，基于 CdTe 单晶的太阳能电池异质结可以分为基于 N 型 CdTe 和基于 P 型 CdTe 两类。

第一类异质结以掺杂的 N 型 CdTe 为基础，与其他 P 型半导体结合形成 PN 结，主要集中在 N-CdTe/P-Cu₂Te 体系上，其中 Cu₂-VIA 化合物是本征 P 型半导体。1973 年，德国的贾斯蒂(Justi)等报道了转换效率超过 7%的 N-CdTe/P-Cu₂Te 电池。然而，在该体系中，Cu⁺会发生扩散，导致 CdTe/Cu₂Te 电池的稳定性较差。2016 年，美国亚利桑那州立大学的研究人员以 N 型 CdTe 为基础，开发出 CdTe/MgCdTe 双异质结太阳能电池，其最高功率转换效率达到 17.0%。

第二类异质结以掺杂的 P 型 CdTe 为基础，与其他 N 型半导体结合形成 PN 结。相较于 N 型导电膜，制备高质量的 P 型透明导电膜较为困难，因此研究人员广泛探索了作为 N 型层的材料，如 In₂O₃:SnO₂(ITO)、ZnO、SnO₂ 和 CdS 等。

1964 年，美国的穆勒(Muller)等在 P-CdTe 单晶上蒸镀了一层 N 型 CdS，制备出转换效率接近 5%的电池。1977 年，美国的米切尔(Mitchell)研究小组利用电子束蒸发法在 P-CdTe 单晶表面蒸镀了一层 ITO 薄膜，获得效率达 10.5%的电池。同年，日本的山口和文(Yamaguchi)等报道了基于 CdS 和 CdTe 单晶的 PN 结电池，其最高转换效率达 11.7%，开路电压达 670 mV。1987 年，日本的中泽(Nakazawa)等通过利用反应沉积法在 P-CdTe 单

晶表面生长一层 In_2O_3 薄膜，获得了效率高达 13.4%的电池。

然而，尽管 CdTe 单晶是最早发展起来的 CdTe 太阳能电池材料，但在其发展过程中一直面临两大难题：①PN 结接触面上的电子-空穴复合损耗；②难以获得与 P-CdTe 晶体接触电阻较小的 N 型层。这两个问题一直限制着 CdTe 单晶太阳能电池的进一步发展，但同时也推动了新型 CdTe 太阳能电池的研发。

2. CdTe 多晶太阳能电池

CdTe 多晶太阳能电池的发展标志着 CdTe 太阳能电池从单晶异质结器件向多晶薄膜异质结器件的转变。

薄膜 CdTe/CdS 异质结电池可以采用上衬底结构或下衬底结构。1969 年，乌兹别克斯坦的阿迪罗维奇(Adirovich)等将 CdTe 蒸镀到 CdS/SnO_2/玻璃上，首次获得了上衬底结构的多晶 CdTe/CdS 薄膜电池，其器件结构为 CdTe/CdS/SnO_2/玻璃，转换效率达到 2%。1972 年，法国的博内特(Bonnet)和拉本霍斯特(Rabnehorst)发表了一篇关于 CdTe/CdS 薄膜太阳能电池的会议论文，报道了一种具有下衬底结构的薄膜太阳能电池，其具体结构为 SnO_2/CdS/CdTe/Mo/玻璃，转换效率为 6%。

随着 CdTe/CdS 多晶薄膜太阳能电池的持续研究，研究人员发现，在特定的氯和氧环境下对 CdS 和 CdTe 薄膜进行后续的热处理能够显著提高电池的效率。此外，使用上衬底结构，在 CdS 上沉积 CdTe 也有助于提升电池的转换效率。这些改进措施使得 CdTe/CdS 多晶薄膜太阳能电池在转换效率方面取得了较大的突破。

CdTe 薄膜太阳能电池的转换效率在其发展过程中经历了多次显著提升(图 5.2)。以下是各次提升的关键点和效率结果。

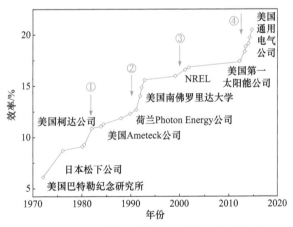

图 5.2　CdTe 薄膜太阳能电池的效率发展轨迹

第一次提升(1981 年前后)：美国柯达(Kodak)公司的泰恩(Tyan)等采用近空间升华法生长 CdTe 薄膜，并通过调控生长温度和环境中的氧含量，突破了 10%效率限制，实现了 12%的转换效率。

第二次提升(1992 年前后)：美国南佛罗里达大学的费雷基德斯(Ferekides)等采用近空间升华法制备 CdTe 薄膜，并在 CdTe 表面涂覆由石墨、HgTe 和 Cu 粉末组成的浆料。经过退火处理，成功降低了背电极接触电阻，使电池的效率提高到 15% 以上。

第三次提升(2000 年前后)：美国国家可再生能源实验室(National Renewable Energy Laboratory，NREL)的吴选之等利用气相 $CdCl_2$ 对 CdTe/CdS 薄膜进行处理，并采用 $CdSnO_4/ZnSnO_4$ 透明电极代替 ITO 作为窗口层，制备出效率 16.7% 的电池。这一效率纪录保持了 10 年，直到 2011 年。

第四次提升(2011 年以后)：美国第一太阳能(First Solar)公司利用气相输运法制备的 CdTe 薄膜太阳能电池获得了更高的效率。2011 年，他们制备了效率为 17.3% 的电池(V_{oc} = 845 mV，J_{sc} = 27 mA·cm^{-2}，FF = 75.8%)。次年，美国通用电气(GE)公司报道了效率为 18.3% 的器件。2013 年，第一太阳能公司再次取得进展，宣布获得 19.05% 的效率。2014 年，第一太阳能公司宣布获得 20.4% 的太阳能电池效率。

这些效率提升标志着 CdTe 薄膜太阳能电池的不断进步。然而，需要注意的是，这些效率结果是特定实验条件下获得的，对实际生产工艺和不同材料体系的薄膜器件不能完全复刻。但是，这些发现为 CdTe/CdS 多晶薄膜太阳能电池的性能优化提供了途径，为实现更高效的太阳能转换提供了重要的研究基础。

在 CdTe 薄膜太阳能电池效率不断提高的背景下，我国对 CdTe 薄膜太阳能电池的研究也逐渐兴起，并取得了一系列重要突破。以下是一些关键进展。

20 世纪 80 年代初，内蒙古大学和北京市太阳能研究所采用蒸发技术和电沉积技术最早开始了碲化镉薄膜太阳能电池的研发工作，其中北京市太阳能研究所制备了效率为 5.8% 的电池。

20 世纪 90 年代后期，四川大学太阳能材料与器件研究所的冯良桓团队采用近空间升华技术开展了 CdTe 薄膜太阳能电池的研究，并实现了转换效率突破 13% 的 CdTe 薄膜太阳能电池。他们制备的 54 cm^2 集成组件的转换效率达到了 7%。

2000 年以后，中国科学院上海微系统与信息技术研究所、中国科学技术大学和中国科学院电工研究所等多个科研单位也开始在 CdTe 薄膜太阳能电池领域进行研究，并取得了一系列重要突破。中国科学院电工研究所利用磁控溅射法在玻璃上制备了厚度仅 2 μm 的 CdTe 多晶薄膜，并于 2013 年实现了 14% 的转换效率。2014 年，中国科学技术大学王德亮课题组开发的 CdTe 薄膜太阳能电池转换效率达到 15.2%。龙焱能源科技(杭州)股份有限公司创造了 17.33% 的效率纪录，成为目前国内报道的最高水平。

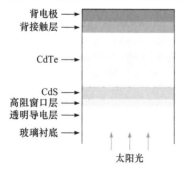

图 5.3　CdTe 薄膜太阳能电池的基本结构示意图

这些研究成果表明我国在 CdTe 薄膜太阳能电池领域取得了显著进展，并且逐渐接近国际领先水平。这些突破为我国在太阳能领域的可持续发展奠定了良好的基础，并有望推动该技术在实际应用中的推广和普及。

5.1.2　碲化镉薄膜太阳能电池的基本结构

碲化镉(CdTe)薄膜太阳能电池的基本结构通常采用上衬底结构，该结构相对于下衬底结构具有更高的效率。基本结构如图 5.3 所示，包括透明导电氧化物(TCO)、CdS 和 CdTe 层依次沉积在玻璃衬底上，玻璃衬底同时起到机械支撑作用，光线在到达异质结之前必须穿过支撑玻璃层。首先在玻璃衬底上沉积 TCO 薄膜。TCO 薄膜具有透明和导电的特性，在太阳能电池中用作正极电极，可以允许光线透过并到达下方的层。在 TCO 层上方再生长一层高阻透明膜，用于减少漏电。在高阻透明层上沉积一定厚度的 N 型 CdS 薄膜。N 型 CdS 层吸收短波太阳光，因此其厚度应尽量小，该层作为窗口层帮助电荷分离。CdS 层上是核心的 P 型 CdTe 层，即光吸收层。CdTe 层的厚度一般为 2～10 μm，它吸收光能并产生电子-空穴对。为了降低接触电阻，CdTe 表面覆盖一层背接触层，以降低背电极材料和 CdTe 之间的势垒，并减少串联电阻。背接触层的质量对 CdTe 电池的效率有重要影响。

　　以上是 CdTe 薄膜太阳能电池基本结构的层次和制备过程。这种结构的设计旨在最大限度地提高光的吸收和电荷分离效率，从而提高太阳能电池的转换效率。

1. TCO 和高阻层

　　TCO 作为 CdTe 薄膜太阳能电池的负极，需要具备良好的导电性能、在高温下的良好热稳定性，以及优异的透光率(至少 85%)。目前最常用的 TCO 材料是氟掺杂氧化锡(SnO_2: F，FTO)。氧化铟掺杂氧化锡(In_2O_3: SnO_2，ITO)具有更优异的电学性能，但在高温下，铟可能扩散进入 CdTe 层，形成 N 型掺杂，需要采取额外的工艺处理。此外，ITO 的成本较高，这对其在太阳能电池中的应用产生了一定的影响。FTO 的电阻率通常为 $(2～5) \times 10^{-4}\ \Omega \cdot cm$，透明度在 400～800 nm 波长范围内优于 90%，并且在高达 500℃的温度下能够保持稳定的性能。此外，FTO 的生长设备简单且成本低廉，可以使用 CVD 法进行生长。常用的锡源是 $SnCl_4$ 或四甲基锡(TMT)气体，反应温度约为 500℃。实验研究表明，使用 TMT 作为锡源生长的 TCO 的电导率是使用 $SnCl_4$ 的 2 倍，这主要归因于其显著提高的载流子迁移率。此外，以 TMT 为锡源生长的 TCO 也具有更好的透光性能。

　　除 FTO 外，还有一些具有低电阻率和高透光性的氧化物材料受到广泛关注和深入研究。例如，美国国家可再生能源实验室的研究小组在 1996 年左右报道了一种非常出色的 TCO 材料，即氧化镉锡(Cd_2SnO_4)。研究表明，Cd_2SnO_4 中的电子浓度可以达到氧化锡(SnO_2)的 2 倍，其电导率约为 SnO_2 的 3 倍。因此，在具有相同方块电阻时，所需的 Cd_2SnO_4 层厚度仅为 SnO_2 的 1/3，因此可以制备更薄的 TCO 层，有利于进一步提高基底的透光性。

　　研究表明，在 CdTe 薄膜太阳能电池中引入高阻窗口层可以有效地防止由于 CdS 层中孔洞导致的漏电现象。当 CdS 层没有完全覆盖 TCO 时，CdTe 层可能与 TCO 直接接触，形成 PN 结，导致低开路电压和较大的漏电流，从而影响电池的性能。在透明电极和 CdTe 层之间引入高阻窗口层，可以有效地减小 CdS 层中孔洞对电池性能的影响。

　　当使用 FTO 作为 TCO 时，常用的高阻窗口层材料是 SnO_2。未掺杂的 SnO_2 电阻率通常在 1 Ω · cm 左右，比 FTO 高 4 个数量级以上。图 5.4 显示了在不同 CdS 厚度条件下，CdTe 薄膜太阳能电池的开路电压与高阻窗口层厚度之间的关系。当 CdS 层厚度大于 60 nm 时，高阻窗口层对电池特性几乎没有影响。然而，当 CdS 层较薄(如 30 nm)时，高阻窗口层变得尤为重要。在没有高阻窗口层的情况下，电池的开路电压仅约为 500 mV，引入高阻窗口层后，电池的开路电压显著提高，尽管仍略低于 CdS 层较厚时的情况，但是通过在 TCO 上方引入高阻窗口层，可以有效改善 CdTe 薄膜太阳能电池的性能，减小 CdS 层中孔洞的影响，并提高开路电压。

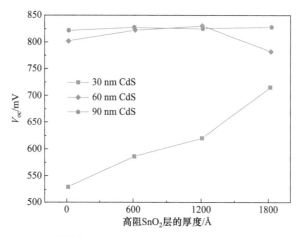

图 5.4　CdTe 薄膜太阳能电池的开路电压与高阻窗口层厚度的关系

2. N 型 CdS 层

作为 CdTe 薄膜太阳能电池中的 N 型层，CdS 层在器件中扮演着关键角色。CdS 是一种 N 型半导体材料，能够与 P 型 CdTe 形成异质 PN 结，从而构成二极管器件。CdS 具有一些优越的特性，如制备工艺简单、耐高温、能级和 CdTe 匹配等，因此被广泛选择作为 CdTe 薄膜太阳能电池的 N 型层。

制备 CdS 层的方法包括热蒸发法、磁控溅射沉积法、化学水浴沉积(CBD)法、近空间升华(CSS)法、气相输运沉积(VTD)法、原子层沉积(ALD)法等。利用化学水浴沉积法制备 CdS 层是在温度为 60～75℃ 的水浴条件下进行的。通常选择 $CdSO_4$ 或 $Cd(CH_3CO_2)_2$ 等化合物作为 Cd 源，硫脲作为 S 源，并添加适量的氨水以控制反应速率。化学水浴沉积法在制备 CdS 薄膜时具有一些优点，包括制备过程简单、操作相对容易，并且可以得到致密平整的薄膜。然而，需要注意的是，在工业化生产中，化学水浴沉积法可能面临废液处理和原料成本较高等问题。还有其他方法可用于制备 CdS 层，如热蒸发法、近空间升华法和气相输运沉积法，它们都是利用 CdS 在高温下可以分解的特性。这些方法通过在高温下分解 CdS，然后在较低温度的衬底上沉积，可以获得高质量的 CdS 薄膜。由于这些方法也适用于制备 CdTe 薄膜，因此常用于工业生产中的流水线操作。另外，使用原子层沉积法制备的 CdS 薄膜具有良好的表面覆盖性和薄膜致密性。然而，原子层沉积法的生长速率相对较慢，这限制了其大规模应用。相比之下，磁控溅射沉积法在制备 CdS 薄膜时相对容易实现大面积均匀镀膜。然而，使用该方法所得材料的晶体质量不如前述几种方法，因此并没有得到广泛应用。

在 CdTe 薄膜太阳能电池中，CdS 层除作为 N 型层外，还充当光透过的窗口层的角色。因此，CdS 层需要具有较高的透光率。在室温下，CdS 的禁带宽度为 2.5 eV(图 5.5)。

由于 CdS 的禁带宽度较宽, 对于波长小于 500 nm 的紫外光和可见光, CdS 表现出较高的吸收能力。然而, 对于波长为 500～800 nm 的光(主要是可见光的黄绿色区域), CdS 的吸收能力较弱, 导致较少的光子转化为电荷载流子, 从而降低了电池的电流密度。当使用 CdS 薄膜厚度大于 80 nm 时, 波长低于 500 nm 的太阳光的利用效率小于 50%。而当 CdS 薄膜厚度小于 30 nm 时, 对太阳光的吸收可以忽略不计。因此, 为了最大限度地吸收太阳光以提高电池的电流密度, 需要合理控制 CdS 层的厚度。

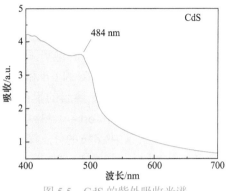

图 5.5　CdS 的紫外吸收光谱

　　然而, 减小 CdS 薄膜厚度在提高电流密度的同时也会导致电池的其他性能恶化。当 CdS 层厚度小于 70 nm 时, 电池的开路电压急剧下降, 最终导致电池效率降低。以近空间升华法为例, 当 CdS 层的厚度减小到与其表面的起伏在同一量级上时, CdS 层明显表现出不均匀性。在 CdS 层较薄的区域(非完美包覆区), TCO 有可能直接与 CdTe 接触, 从而降低整个电池的电压。通过随机沉积模型, 可以简单估算非完美包覆区的面积与薄膜厚度之间的关系。在随机模型中, CdS 的沉积包括成核和晶体生长两个过程。在成核过程中, CdS 分子首先在衬底表面移动并形成大小不同的团簇, 当达到一定数量时, 大于临界尺寸的团簇在 TCO 表面形成稳定的成核点并固定下来。经过成核步骤后, TCO 表面形成许多随机分布的 CdS 晶核。接下来是 CdS 晶粒的生长过程, CdS 分子更容易在晶核上生长, 因此到达衬底表面的 CdS 分子在晶核上沉积。假设 TCO 表面平坦均匀且忽略晶体生长时的各向异性, 可以模拟 CdS 的平均厚度与 TCO 表面覆盖比例之间的关系。当 CdS 的晶核密度为 100～150 μm^{-2} 时, 需要 CdS 层的厚度约为 60 nm, 才能完全覆盖 TCO 表面。这种晶核密度对应的晶粒平均尺寸约为几十纳米, 与目前实验结果相近。需要注意的是, 以上估算是基于 TCO 表面平坦均匀的假设, 而对于粗糙表面, 晶核密度会发生改变。如果衬底表面具有纳米级的微结构, 则可以增加晶核密度, 进而实现对 TCO 表面的完全覆盖。然而, 当 TCO 衬底表面的粗糙度大于薄膜厚度时, 可能产生无法覆盖的针孔, 增加漏电的风险。

　　综上所述, CdS 层的厚度选择需要综合考虑电流密度与其他性能之间的平衡, 以实现最佳的太阳能电池性能。

3. CdTe 吸收层

　　制备 CdTe 薄膜的方法包括近空间升华、气相输运沉积、电沉积、物理气相沉积、化学气相沉积、化学水浴沉积、丝网印刷、磁控溅射等多种物理和化学工艺。其中, 近空间升华法和气相输运沉积法是目前工业生产中应用最广泛的两种方法, 它们的本质都是在高温下分解 CdTe, 然后在低温衬底上沉积。在高温下的反应为 $CdTe \Longrightarrow Cd + 1/2\,Te_2$; 在衬底表面的反应为 $Cd + 1/2\,Te_2 \Longrightarrow CdTe$。下面详细介绍这两种方法。

1) 近空间升华法

图 5.6 展示了几种材料的温度与饱和蒸气压之间的关系曲线。从图中可以看出,CdTe 的饱和蒸气压比 Cd 和 Te$_2$ 的饱和蒸气压低。当温度超过 300℃时,Cd 和 Te$_2$ 开始强烈挥发,这确保了未生成 CdTe 的 Cd 和 Te$_2$ 不会残留在衬底上,从而有助于获得近理想计量比的 CdTe。另外,CdTe 薄膜的生长温度通常在 600℃左右。在这个温度下,CdTe 的饱和蒸气压接近 1 Torr(1 Torr = 1.333 22×10^2 Pa)。为了避免在生长过程中 CdTe 从衬底上挥发,需要使反应气氛中 CdTe 的分压接近饱和蒸气压。这样可以在抑制其分解的同时保持 CdTe 的沉积速率。因此,需要将 CdTe 蒸发源在高温下快速升华以提高气相中 CdTe 的分压。

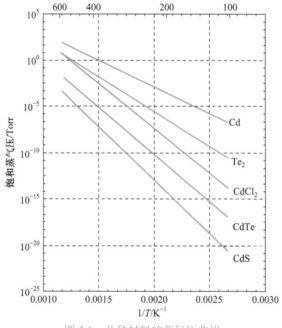

图 5.6　几种材料的蒸气压曲线

随着蒸发源温度的升高,CdTe 快速升华,蒸气压迅速升高。然而,蒸气压的增大会导致分子之间的碰撞频率增加。当 Cd 与 Te$_2$ 碰撞时,生成 CdTe 分子,导致分子运动的距离缩短,从而限制气体从蒸发源向衬底表面的迁移。为了在保持高气压的同时确保足够多的 CdTe 沉积在衬底表面,必须缩短衬底与蒸发源之间的距离,这就是近空间升华法用于制备薄膜的原理。近空间升华法的具体过程如下:首先,将盛放 CdTe 源材料的坩埚加热至 650~750℃,并在距离坩埚适当距离的上方放置衬底托和衬底。然后,将衬底加热至约 600℃,并使用适宜厚度的隔热材料将衬底托和坩埚隔开,以确保两者之间有一定的温度差。在 CdTe 的生长过程中,通常使用 N$_2$、Ar 或 He 等惰性气体作为保护气体,并混入少量的 O$_2$ 来提高 CdTe 薄膜的质量。利用近空间升华法,在 550℃以上可以制备具有与粒子尺寸和膜厚相近的晶体。此外,近空间升华法的沉积速率很快,可以达到 1 μm·min^{-1}。由于近空间升华法具有许多优点,因此被许多研究单位和公司广泛采用。

总的来说,近空间升华法缩短衬底与蒸发源之间的距离,使 CdTe 薄膜在高气压下生长,从而保证了 CdTe 的沉积量。这种方法具有高沉积速率、高质量薄膜和应用广泛等优势，因此在实际应用中得到广泛采用。

2) 气相输运沉积法

相较于近空间升华法，气相输运沉积法可以在更高的衬底温度和更大的压力条件下实现薄膜的快速沉积，同时允许衬底进行运动。在近空间升华法中，材料的沉积速率受到扩散过程的限制，而在气相输运沉积法中，Cd 和 Te 的饱和蒸气将由载气带至衬底表面进行沉积。衬底温度通常保持在约 600℃，而 CdTe 蒸发源的温度超过 800℃。当携带 Cd 和 Te 蒸气的载气与低温衬底接触时，在过饱和的情况下，Cd 和 Te 沉积到衬底表面上。在气相输运沉积法中，如图 5.7 所示，CdTe 源材料位于一个加热腔体中，载气进入腔体后与源材料受热分解产生的 Cd 和 Te 蒸气混合，然后通过一个狭缝状出口喷射到运动的衬底上。衬底与狭缝之间的距离约为 1 cm，衬底可以正面朝

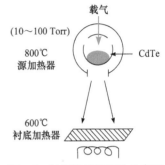

图 5.7　气相输运沉积法示意图

下或朝上，也可以竖立放置。在气相输运沉积过程中，狭缝的设计对薄膜的均匀性和材料的利用率具有重要影响。气相输运沉积法中的载气类型和作用与近空间升华法中使用的气体类似，通常需要掺入一定比例的氧气。采用气相输运沉积法也能够制备高质量的 CdTe 薄膜，且粒子尺寸与薄膜的厚度相近。由于气相输运沉积法可以实现在运动衬底上的快速沉积，因此适用于流水线作业。第一太阳能公司已经成功将气相输运沉积法应用于 CdTe 薄膜的生产。

总的来说，气相输运沉积法在高温和高压条件下实现了快速沉积，允许运动衬底，适用于大规模生产。该方法已经在实际应用中取得成功，并能够获得高质量的 CdTe 薄膜。

4. CdCl$_2$ 热处理工艺

在 CdTe 薄膜太阳能电池的探究过程中，人们发现对制备的 CdTe 薄膜进行 CdCl$_2$ 处理是提高太阳能到电能转换效率的关键步骤。这一观点在 1976 年后得到越来越多科研界的认同。随着研究的深入，人们发现在 CdCl$_2$ 处理中，氯(Cl)元素的存在至关重要。后续研究还发现，适量的氧气存在也能有效提高薄膜的效率，因此在一般的 CdCl$_2$ 处理过程中会引入一定量的氧气。CdCl$_2$ 处理的工艺并不复杂，通常是将 CdTe 薄膜浸在 CdCl$_2$ 的甲醇溶液或水溶液中，然后进行烘干，形成一层 CdCl$_2$ 薄层。此外，CdCl$_2$ 薄层的沉积也可以通过热蒸发法实现。由于在 CdCl$_2$ 处理过程中，氯元素是关键因素，因此也可以使用含氯气体，如 Cl$_2$、HCl、ZnCl$_2$ 和 HCF$_2$Cl 等，对 CdTe 薄膜进行处理。当然，除后处理外，还可以在 CdTe 薄膜生长过程中直接引入氯元素。通常，CdCl$_2$ 处理的温度为 380～450℃，处理 15～30 min 即可，具体参数需要根据 CdTe 层厚度及生长条件进行调整。

为了进一步探索 CdCl$_2$ 处理对器件性能的微观影响，研究人员进行了全面的研究，发现 CdCl$_2$ 处理后，CdTe 的晶体学性质、电学性质以及 CdS/CdTe 界面都发生了显著变化。在晶体学方面，研究发现 CdCl$_2$ 处理能够促进 CdTe 薄膜的再结晶过程。对于由小尺寸(小于 1 μm)晶粒组成的薄膜，CdCl$_2$ 处理能够促进大尺寸晶粒的形成。对于本身晶粒尺

寸较大的薄膜，虽然表面上观察 CdCl₂ 处理似乎对晶粒尺寸没有显著影响，但 X 射线衍射(XRD)测试结果表明晶粒的内部发生了重大变化。其中，最明显的一个结果是高取向性的 CdTe 薄膜在 CdCl₂ 处理后取向基本消失。这表明 CdCl₂ 处理对薄膜的表面和晶界产生了影响，并且能够重新构建晶粒内部的结构。

电学性质方面，CdCl₂ 处理对 CdTe 产生了显著影响。对比处理前后的电导率-温度关系图(图 5.8)，可以观察到处理前 CdTe 材料的激活受主所需能量较高(324 meV)，而经过 CdCl₂ 处理后，激活受主所需能量下降至 142 meV，符合理论预测。这表明引入 Cl 有助于提高空穴浓度。理论计算结果显示，CdTe 薄膜中的受主(Te 空位)可以被 Cl 占据，形成一个较深的施主级(ClTe)。同时，Cl 的引入还促进了浅受主缺陷对(VCl-ClTe)的形成。这种缺陷对的存在确保载流子寿命不受缺陷影响。类似于 Cl，O 的引入也对薄膜的电学性质产生了显著影响。当 O 占据 Te 空位时，形成等电子中心(OTe)。虽然 OTe 并不能引入新的缺陷能级，但它可以减少 Te 空位的非辐射浓度。此外，OTe 与 Cd 空位形成的复合缺陷对(VCd-OTe)是比 Cd 空位更浅的受主。因此，O 的引入有助于提高空穴浓度。研究还表明，O 可以与 Cd 反应生成 CdO，进而促进晶体内 Cd 空位的形成，增加空穴浓度。

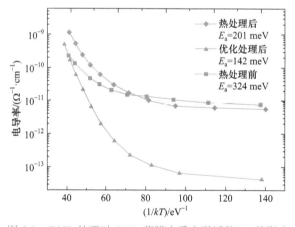

图 5.8　CdCl₂ 处理对 CdTe 薄膜中受主激活能(E_a)的影响

除晶体学和电学性质外，CdCl₂ 处理引入的 Cl 会影响 CdS/CdTe 界面的性质。在 CdTe 薄膜太阳能电池中，CdS 与 CdTe 的晶格并不完全匹配(失配度高达 11%)，导致大量缺陷在两层界面形成。为了减小缺陷的影响，往往需要引入一个过渡层，而由 CdS 与 CdTe 反应形成的合金($CdTe_xS_{1-x}$)正好扮演了这一角色。通常情况下，CdS 通过晶界扩散进入 CdTe 层，因为这个过程的能量更低且扩散速度更快。而氯和氧的引入可以促进 CdS 与 CdTe 反应形成中间的过渡层。合金相的形成不仅可以减小缺陷浓度，还可以有效减小 CdS 层的厚度，从而降低其对光的吸收，增加电池的电流密度。然而，这种扩散过程对工艺要求较高，需要确保 CdS 层仍然是连续的薄膜，并且尽可能均匀。如果某些区域的 CdS 层完全扩散进入 CdTe 层，相当于在 CdS 层中形成大量孔洞，将导致电池漏电、开路电压和填充因子降低。此外，$CdTe_xS_{1-x}$ 合金相的带宽小于 CdTe，这也会导致电池的电压降低，影响器件的性能。

综上所述，CdCl$_2$ 处理引入的氯可以帮助形成 CdTe$_x$S$_{1-x}$ 合金相，减小界面缺陷，并降低 CdS 层的厚度，从而提高电池的电流密度。然而，这种扩散过程需要精确控制，以避免过度扩散导致孔洞形成和电压降低。同时，CdTe$_x$S$_{1-x}$ 合金相的形成也会对电池的电压产生影响。因此，在工艺设计中需要综合考虑这些因素，以优化器件的性能。

5. 背接触层及电极

CdTe 的电子亲和能为 4.5 eV，电子逸出所需能量较大，需要功函数大于 6 eV 的金属才能与其形成较好的欧姆接触(图 5.9)。然而，大部分常见材料(如 Au、Ni、石墨等)的功函数无法达到这个要求，因此选择合适的背接触层成为 CdTe 薄膜太阳能电池发展的关键。为了克服这个难题，许多研究人员进行了持续的努力。1992 年，美国南佛罗里达大学的研究团队首次取得了突破。他们在 CdTe 薄膜表面涂覆一层石墨、铜和 HgTe 粉末混合成的浆料，并在 250℃下进行退火。这种方法制得的电池具有较小的接触电阻，使电池的转换效率突破了 15%。这项突破为 CdTe 薄膜太阳能电池的发展创造了新的可能性。随着研究的进一步进行，科学家继续努力寻找更适合的背接触层材料，以进一步提高 CdTe 太阳能电池的性能和稳定性。

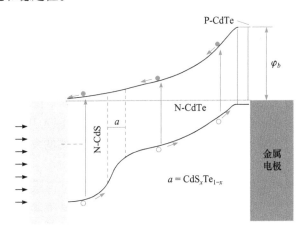

图 5.9　结构为玻璃/FTO/N-CdS/N-CdTe/P-CdTe/Au 的薄膜太阳能电池能带图

深入研究发现，在富 Te 的 CdTe 表面，Cu 易与 Te 反应生成高空穴浓度的新相(Cu$_{2-x}$Te)，以此降低接触电阻。随着工艺的发展，目前已经开发出三种 Cu 处理工艺来降低接触电阻：

(1) 美国南佛罗里达大学研究人员提出 CdTe 表面含 Cu 化合物的涂覆及后续退火工艺。

(2) 富 Te 的 CdTe 表面沉积一层薄的 Cu 层，然后进行退火并涂覆石墨浆料。相对于第一种方法中从浆料中扩散出来的 Cu，这种方法中 CdTe 表面沉积的 Cu 数量可以实现精确调控，有利于提高稳定性，因此在工业生产中更为适用。

(3) 富 Te 的 CdTe 表面沉积 P 型 ZnTe:Cu 薄膜。这种方法利用了 ZnTe 的高空穴浓度，也能够有效降低接触电阻。该方法的优点是可以引入一个电子势垒以抑制电子扩散至背电极，但 ZnTe 薄膜生长工艺会增加生产成本，并且当 ZnTe 与 CdTe 之间的界面处理不好时，反而可能加速电子的扩散，导致电池性能下降。

这些方法为 CdTe 薄膜太阳能电池降低接触电阻提供了有效的途径,但在应用时需要注意选择合适的工艺,并对界面处理进行优化,以确保电池性能的提升。

为了得到表面富 Te 的 CdTe 薄膜进行下一步的 Cu 处理,一般需要通过化学腐蚀,选择性除去 Cd 留下 Te。通常用溴甲醇溶液(0.1%)对 CdTe 薄膜进行表面刻蚀 8~15 s。虽然该方法制备的电池效率为 16.5%,但溴甲醇易氧化和挥发,不利于产业化。除溴甲醇外,磷酸-硝酸混合溶液也是一种较稳定的腐蚀液,可以获得良好的刻蚀效果。通常该溶液的配比为硝酸∶磷酸∶水= 0.5∶70∶29.5(体积比),室温下腐蚀 1 min 即可。降低硝酸浓度和腐蚀温度会导致刻蚀时间的增加。虽然这种工艺相对于溴甲醇工艺更为温和,但刻蚀液会对晶界产生腐蚀,容易形成短路和漏电通道。改进工艺采用硝酸-冰醋酸溶液,能缓解对晶体的腐蚀,从而得到更好的刻蚀效果。

5.1.3 碲化镉薄膜太阳能电池的技术发展趋势

由于 CdTe 薄膜太阳能电池的生产不需要特别昂贵的半导体基底,制备工艺简单,生产成本低,器件性能稳定,因此在过去十几年中得到迅速发展。同时,实验室中的 CdTe 薄膜太阳能电池效率已经超过了单晶硅太阳能电池。随着时间的推移,大规模大面积 CdTe 薄膜太阳能电池的生产工艺也逐渐趋于成熟。CdTe 薄膜太阳能电池以其较高的转换效率、较低的成本和较好的器件稳定性成为目前太阳能电池市场的第二大产业体系。例如,德国西门子公司开发的面积达 3600 cm^2 的 CdTe 薄膜太阳能电池的光电转换效率已达 11.1%。2010 年,美国第一太阳能公司的 CdTe 薄膜太阳能电池产量已经达到 2.2 GW,平均效率为 11.7%。由于 CdTe 薄膜太阳能电池具有诸多优势,国内外投资者对其越来越感兴趣,许多国家如日本、意大利和德国都投入了大量精力深入开展 CdTe 薄膜太阳能电池的研发工作。CdTe 薄膜太阳能电池在全球范围内具有广阔的发展前景,并引起了全球太阳能行业的关注与投资。

随着对 CdTe 薄膜太阳能电池产业的研究,我国的 CdTe 薄膜太阳能电池产业取得了显著的突破。我国已成功建成第一条具有自主知识产权的 CdTe 薄膜太阳能电池中试生产线。龙焱能源科技(杭州)股份有限公司于 2012 年建立了第一条薄膜太阳能电池生产线。目前,他们制备的 CdTe 薄膜太阳能电池已达到最高效率 17.33%。2018 年,四川阿波罗太阳能科技有限责任公司实现了新型 CdTe 薄膜太阳能电池核心材料的产业化,进一步推动了我国 CdTe 薄膜太阳能电池产业的发展。这些成果标志着我国在 CdTe 薄膜太阳能电池领域取得了重要进展,为行业未来的发展奠定了坚实的基础。

目前,大部分 CdTe 薄膜太阳能电池采用上衬底结构,但采用柔性基底在下层制备 CdTe 薄膜太阳能电池具有巨大的潜力和未来发展方向。这种下衬底结构的应用将推动 CdTe 薄膜太阳能电池在可穿戴设备领域取得更大的进步,也拓宽了其应用和发展空间。最近,美国托力多大学的研究人员成功地采用透明聚酰亚胺作为衬底,在柔性基底上制备了效率达 14%的柔性 CdTe 薄膜太阳能电池。这一成果为柔性 CdTe 薄膜太阳能电池的研究和应用开辟了新的途径。

除制备工艺和电池效率外,CdTe 薄膜太阳能电池的发展还面临 Te 储量和环境污染等问题。作为一种稀有元素,Te 的储量对于未来 CdTe 薄膜太阳能电池的规模生产和应用有一定的限制。目前地球上已探明的 Te 储量约为 14.9 万 t，这限制了 CdTe 薄膜太阳能电池的大规模应用。此外，CdTe 薄膜太阳能电池中使用的重金属元素 Cd 可能对环境造成污染，并对生物体的健康产生危害，这也是目前需要解决的问题之一。因此，在发展 CdTe 薄膜太阳能电池的过程中，除了需要关注 Te 元素的储量问题外，还需要追求环境友好和对生物健康影响较小的发展方式。

5.2　铜铟镓硒薄膜太阳能电池

铜铟镓硒(CIGS)薄膜太阳能电池是一种新型的薄膜太阳能电池，其具有可调的禁带宽度、高光学吸收系数、高效率、高稳定性、宽响应光谱范围和在阴雨天气下高效工作等众多优势，因而备受关注。CIGS 薄膜太阳能电池的设计灵感源自多晶 $CuInSe_2$(CIS)半导体薄膜的研发。在这个过程中，研究人员用金属镓(Ga)替代铟(In)，从而成功地实现了对禁带宽度的调节，使得 CIGS 能够更加精确地控制材料的光电特性。CIGS 是一种 I B-ⅢA-ⅥA 族四元化合物半导体，具有黄铜矿的晶体结构。自从 20 世纪 70 年代提出以来，CIGS 薄膜太阳能电池引起了广泛的研究关注，并且迅速取得了显著的发展。其在太阳能电池领域已经成为炙手可热的研究热点，并不断朝着产业化的方向迈进。

CIGS 薄膜太阳能电池具有以下主要特性：

(1) 禁带宽度可调：CIS 的禁带宽度为 1.02 eV，当一定量的铟被镓取代形成固溶体相($CuIn_{1-x}Ga_xSe_2$)后，可以在 1.02～1.67 eV 调节禁带宽度。

(2) 高吸收性能：CIGS 对可见光有很强的吸收能力，其光吸收系数可达 10^5 cm^{-1} 量级。仅需 1.5～2.5 μm 的 CIGS 层厚度就能实现对太阳光的完全吸收，因此制备的器件厚度仅为 3～4 μm。

(3) 低成本和短能量回收时间：与厚重的晶硅太阳能电池相比，CIGS 薄膜太阳能电池具有更低的生产成本和更短的能量回收时间。

(4) 辐射耐受性强：CIGS 薄膜太阳能电池具有良好的辐射耐受能力，可作为高效空间电池的候选。

(5) 高光电转换效率：2019 年 7 月，美国米亚绍高科技公司(MiaSolé Hi-Tech Corp)和欧洲索利恩太阳能研究所(Solliance Solar Research)合作推出的柔性 CIGS 薄膜太阳能电池的能量转换效率达到 23%。2020 年，比利时的科研团队称已将柔性 CIGS 薄膜太阳能电池的转换效率提高到 25%。

(6) 高稳定性：CIGS 薄膜太阳能电池具有较高的工作稳定性。

基于上述优势，CIGS 薄膜太阳能电池的发展备受关注。

5.2.1　铜铟镓硒薄膜太阳能电池的发展历史

自德国海德堡大学的哈恩(Hahn)等在 1953 年首次合成了 CIS 半导体材料后，其独特的光电特性引起了研究人员的兴趣。1974 年，美国贝尔实验室的瓦格纳(Wagner)等以 P 型 CIS 单晶为基础，结合 N 型 CdS 薄膜形成 PN 异质结，成功将 CIS 应用于太阳能电池。随后，基于 CIS 单晶的太阳能电池光电转换效率达到 12%，大幅超过非晶硅薄膜太阳能电池，引起了广泛关注。基于 CIS 单晶电池的研究基础，美国国家可再生能源实验室的卡兹梅尔斯基(Kazmerski)于 1976 年开始着手研究基于薄膜技术的 CIGS 太阳能电池。他们成功制备了薄膜厚度仅为 1.2~4.04 μm 的 CIGS 薄膜太阳能电池，并将其效率提升到 4.5%，这一薄膜厚度相较于传统的晶硅太阳能电池(厚度为 170~200 μm)已经非常薄。1990 年，美国杜克大学的德瓦尼(Devany)等对 CIGS 中铟(In)掺杂分数与带隙之间的关系进行了系统研究。他们通过增加四元 CuInGaSe$_2$ 层的带隙，提高了电池的开路电压，并将 ZnO 层的红外吸收损失降至最低，从而实现了高达 12.5%的效率。

此后，CIGS 薄膜太阳能电池的转换效率不断提高。1993 年，哈尔滨工业大学的 Chen 等利用 CIGS 作为 P 型层，CdZnS 混合合金作为 N 型层，成功制备了转换效率达 13.7%的薄膜电池。1994 年，美国国家可再生能源实验室的加博尔(Gabor)等报道了利用(In$_x$Ga$_{1-x}$)$_2$Se$_3$ 薄膜前体制备的 CIGS 薄膜太阳能电池，其效率达到 15.9%。塔特尔(Tuttle)等于 1996 年报道了采用 Mo 作为背接触的 CIGS 薄膜太阳能电池，其转换效率达到 17.7%。进入 21 世纪，CIGS 薄膜太阳能电池取得了更具突破性的发展。德国太阳能和氢能研究中心于 2010 年报道了创纪录的 20.3%的 CIGS 电池效率，而且包括金属背电极在内的电池总厚度仅为 4 μm。2014 年，美国莱布尼兹研究所的赫尔曼(Herrmann)等报道了效率为 21%的 CIGS 薄膜太阳能电池，并认为效率提高归因于 CIGS 沉积速率的提高。此外，德国巴登符腾堡太阳能和水研究中心的杰克逊(Jackson)等在 2014 年对电池进行了碱处理，成功制得效率达 21.7%的电池。通过改进 CIS 吸收层和 PN 结制备工艺，日本太阳能前沿(Solar Frontier)公司实现了 22.3%的高效率。2013 年，瑞士艾帕(Empa)研究中心利用聚酰亚胺衬底成功制备了柔性 CIGS 薄膜太阳能电池，并首次将柔性太阳能电池的效率提高到 20% 以上。这一结果表明柔性 CIGS 薄膜太阳能电池具有巨大的发展潜力和研究价值。

与欧美和日本相比，我国对 CIGS 薄膜太阳能电池的研究相对较晚。1990 年左右，南开大学率先开展了关于 CIGS 薄膜太阳能电池的相关研究。随着研究的深入，我国科研机构逐渐取得了一些重要成果。例如，中国科学院深圳先进技术研究院于 2013 年成功制备了光电转换效率高达 19.4%的 CIGS 薄膜太阳能电池。这一成果展示了我国在 CIGS 薄膜太阳能电池领域的研发实力和进展。

随着 CIGS 薄膜太阳能电池的不断发展，其电池结构也经历了一系列变化。最早的 CIS 薄膜太阳能电池结构如图 5.10 所示。早期的 CIS 薄膜太阳能电池采用 CIS 单晶作为基底，其中一面镀 Au 层作为背电极，另一面沉积 CdS 薄膜作为 N 型层，形成 PN 异质结。CdS 薄膜上还沉积金属 In 作为栅电极，从而构建出完整的 CIS 薄膜太阳能电池结构。现代的 CIGS 薄膜太阳能电池在此基础上进行了许多改进，以进一步降低成本和提高效率。如图 5.11 所示，首先，背电极的材料由 Au 改为 Mo 薄膜，以降低成本。其次，为避免 CdS 薄膜对短波长太阳光的吸收，使用了更薄的 CdS/ZnO/AZO 结构，厚度仅为 50 nm。在这种结构中，CdS 薄膜被更薄的 CdS/ZnO 和具有宽禁带的掺铝氧化锌(Al: ZnO)所替代。Al: ZnO 作为导电膜窗口层，能够收集电荷并保证电池的导电性。此外，相对于 CIS 薄膜太阳能电池中使用 In 作为栅电极，CIGS 薄膜太阳能电池采用了更经济的 Ni/Al/Ni 材料，以进一步降低成本。这些改进措施的引入使得现代 CIGS 薄膜太阳能电池具有更低的成本和更高的效率。

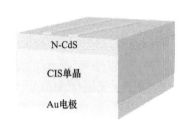

图 5.10　最早的 CIS 薄膜太阳能电池结构

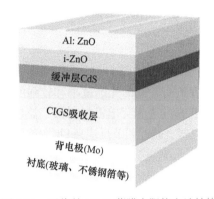

图 5.11　现代的 CIGS 薄膜太阳能电池结构

CIS 薄膜太阳能电池与 CIGS 薄膜太阳能电池的最大区别在于光吸收层的改变。尽管 CIS 已经具备良好的光电特性，但为了增加其禁带宽度以更好地匹配太阳光谱，人们提出了构建含有镓的 CIGS，其刚问世便广泛应用于薄膜太阳能电池领域。在 CIGS 薄膜太阳能电池的发展过程中，人们发现钠对电池性能具有意想不到的优化作用。用成本更低且与电池材料的热膨胀系数更匹配的钠钙玻璃替代价格相对较高的硅硼酸玻璃或陶瓷衬底，制备在钠钙玻璃上的 CIGS 薄膜太阳能电池，其性能显著优于在后者上制备的电池。深入研究后发现，钠可以渗透 Mo 背电极进入 CIGS 层，少量钠的存在有利于提高 CIGS 层的晶体质量和光电特性，从而提高了整个电池的性能。除钠的作用外，优化薄膜制备工艺和调控禁带宽度等措施也有效地提高了 CIGS 薄膜太阳能电池的性能。这些改进措施可以提高电池的开路电压、增大短路电流并提高光电转换效率，进一步推动了 CIGS 薄膜太阳能电池的发展。

5.2.2　铜铟镓硒薄膜太阳能电池的基本结构

经过长期探索和优化，CIGS 薄膜太阳能电池的最佳结构基本已经确定。从图 5.11 中可以看出，其多层膜结构由衬底、Mo 背电极、CIGS、CdS、i-ZnO、Al:ZnO，以及栅电极和减反膜组成。下面对每一层的材料、性质及制备方法展开详细介绍。

1. 衬底

与 CdTe 薄膜太阳能电池中衬底的作用相近，CIGS 薄膜太阳能电池中也需要衬底作为支撑材料。钠钙玻璃、不锈钢箔、钛箔及聚酰亚胺膜等都可以作为 CIGS 薄膜太阳能电池的衬底。

在选择 CIGS 薄膜太阳能电池的衬底时，热膨胀匹配是首要考虑的因素。此外，衬底的绝缘性和生产工艺也需要考虑在内。对于绝缘性较高的玻璃和聚酰亚胺衬底，可以直接通过分片制备电池，并通过内联组装形成模组，简化了生产工艺。当选择金属衬底时，为了满足绝缘性的要求，通常需要在金属衬底上先沉积一层绝缘膜(SiO₂ 或 Al₂O₃)，制备好 CIGS 薄膜太阳能电池后再进行内联组装。这种方法需要更高的操作精度和严格的工艺要求。除镀绝缘膜的方法外，还可以先在金属衬底上制备大规模的 CIGS 薄膜太阳能电池，然后进行切割，并通过外联的方式组装成模组。

2. Mo 背电极

由于钼(Mo)具有良好的导电性和高温下不易扩散到 CIGS 层的特性，且一定厚度的 Mo 薄膜具有较低的光透过率和较强的反射能力，可以增强 CIGS 对光的吸收，因此 Mo 作为 CIGS 的理想背电极材料被广泛应用。通常，采用直流磁控溅射法沉积约 1 μm 厚的 Mo 背电极，通过调节反应条件(如溅射功率和氩气压力等)，可以控制 Mo 膜的致密程度。为了既保证背电极的导电性又增强其与衬底的附着强度，提出了高阻/低阻双层 Mo 工艺。其中，具有疏松结构的 Mo 层虽然电阻较高，但与衬底的附着性强；而致密的 Mo 金属层具有较小的电阻率，可以促进光生电流的收集和传导，并降低电池的串联电阻。采用这种双层 Mo 接触层，可以同时具备与衬底良好的附着性和较高的电导率。

3. CIGS 吸收层

CIGS 薄膜的制备方法多种多样，不同方法得到的薄膜在结晶质量和光电性能等方面存在差异，对成本、设备和工艺的要求也不尽相同。为了实现低成本高质量的 CIGS 薄膜制备，需要在多种方法之间进行权衡和筛选。常见的实验室制备 CIGS 薄膜的方法包括共蒸发法、溅射/硒化法、电镀/硒化法和纳晶印刷/硒化法等。

1) 共蒸发法

共蒸发法是一种常用的制备多组分薄膜的方法，其基本过程是将不同的蒸发源放置在独立的蒸发器中，经加热后产生蒸气，然后将蒸气引入衬底上方进行沉积，并在衬底上发生化学反应。这种方法也可以用于制备 CIGS 薄膜。在共蒸发法中，通常可以采取两种方式进行 CIGS 薄膜的制备。一种方式是一步共蒸法，即将铜(Cu)、铟(In)、镓(Ga)和硒(Se)四种单质同时加热蒸发，然后将四种元素的蒸气引入衬底上方，直接在衬底上进行沉积。通过控制不同元素的蒸发速率和衬底的温度，可以实现所需的元素比例，从而在一步过程中形成 CIGS 薄膜。另一种方式是多步共蒸法，即分别控制 Cu、In、Ga 和 Se 的蒸发，先在衬底上沉积部分元素(通常是 Cu 和 Se)，然后进行反应和再生长，形成 CIGS 晶相，最后沉积剩余的元素。这种方法可以提高 CIGS 薄膜的质量和晶格匹配性，生产过程中常采用三步共蒸法以得到较高质量的 CIGS 薄膜。

三步共蒸法的基本过程如下：

第一步：在足量 Se 气氛中蒸发 In 和 Ga，并在衬底上沉积 In_2Se_3、Ga_2Se_3。在反应温度为 260～400℃时，In 和 Ga 与 Se 反应生成 CIGS 合金相。这一步的目的是形成 CIGS 薄膜的前体材料。

第二步：在足量的硒(Se)气氛下，蒸发铜(Cu)并在衬底上沉积 Cu_2Se。在 550～600℃ 的条件下，Cu_2Se 与之前形成的 In_2Se_3 和 Ga_2Se_3 合金相进一步反应，形成多晶 CIGS 薄膜。在这一步骤中，引入的铜量大于第一步中引入的(In + Ga)的量，以确保 CIGS 中富含铜，从而获得晶体质量更好的 CIGS 薄膜。富铜相的 CIGS 中存在液态 Cu-Se，有助于晶粒边缘的粒子生长和晶体质量的提高。

第三步：为了将第二步反应生成的富铜相 CIGS 转变为具有光电效应的 CIGS 薄膜，需要进行 In 和 Ga 的补充。因此，在足量 Se 气氛中再次蒸发 In 和 Ga，并在 CIGS 薄膜表面补充这些元素。这一步骤可以调整 CIGS 薄膜的成分，使其具有良好的光电特性。

采用三步共蒸工艺具有显著的优点。首先，通过在富铜相 CIGS 形成过程中对衬底温度的监测，可以确保富铜相 CIGS 薄膜具有更高的质量，提高产品的稳定性和合格率。这是其最独特的优势之一。其次，分别控制铟和镓的含量，可以有效调节 CIGS 薄膜的禁带宽度，实现对光电性能的优化。然而，三步共蒸工艺也存在一些明显的缺点。首先，它需要较高的能耗，且对设备要求高。金属单质的蒸发需要较高的温度，且需要有较大的蒸气压，这对设备的性能和稳定性提出了挑战。其次，在工业化生产中如何均匀地在大面积衬底上沉积 CIGS 薄膜仍然是一个需要解决的难题。

2) 溅射/硒化法

溅射/硒化法本质上仍然属于磁控溅射法，将金属溅射到衬底上，然后在 Se 气氛中进行硒化处理，可以得到 CIGS 薄膜。在溅射金属的过程中，需要注意的是 Ga 是一种低熔点金属，不适合制备单独的金属靶。因此，通常需要将 Ga 掺入 Cu 靶或 In 靶中，并与 Cu 或 In 同时进行溅射。但这样无法单独控制 Ga 的含量。当 Cu、Ga、In 在衬底表面沉积形成薄膜后，进行硒化处理，即可得到合适的 CIGS 薄膜。在进行硒化处理时，可以通过两种方法产生 Se 气氛：气态 H_2Se 和 Se 固体蒸发。使用气态 H_2Se 处理时，能耗较低，气体易通过管道控制，并且反应产物具有良好的均匀性。然而，H_2Se 的价格较高且有剧毒，因此在使用时需要采取安全防护措施。Se 固体蒸发法是通过加热 Se 并获得蒸气，然后与金属薄膜反应。这种方法相对安全，但 Se 与金属薄膜的反应速率较慢，会导致 Se 的大量流失。为了提高 Se 的利用率，可以采用快速退火法，即迅速加热衬底与 Se 反应，避免 Se 的流失。然而，快速退火法可能导致各组分在短时间内无法充分扩散，从而影响 CIGS 薄膜的质量。特别是 Ga 的扩散速度较慢，导致表面 Ga 含量较低，使得薄膜均匀性不好，进而导致 CIGS 薄膜的禁带宽度变窄。为了弥补这个缺陷，可以在后期通入 H_2S，使其与 CIGS 反应，从而拓宽禁带宽度。

除金属靶外，还可以采用化合物靶(如 In_2Se_3、Ga_2Se_3)与 Cu 靶混合或直接溅射 CIGS 靶制备金属薄膜，然后进行硒化处理，获得 CIGS 薄膜。研究表明，对制备好的 CIGS 薄膜进行退火处理可以有效提高其质量。

3) 电镀/硒化法

电镀/硒化法与溅射/硒化法类似，也是一种制备 CIGS 薄膜的方法。在该工艺中，金属前体通过电镀的方式沉积到衬底上，然后进行硒化处理，形成 CIGS 薄膜。一般情况下，可以使用电镀工艺在衬底表面依次沉积 Cu、In、Cu-Ga、In-Ga、In-Se 和 Cu-Se 等叠层。需要注意的是，由于金属 Ga 的电镀电位较高，通常不会直接电镀 Ga-Se。这种方法具有较低的能耗和相对简单的工艺路线，但需要获得稳定的电解液以控制 Cu 与(In+Ga)和 Ga 与(In+Ga)的比例。优化电解液、电镀工艺和电镀条件可以提高金属薄膜的质量。

4) 纳晶印刷/硒化法

在纳晶印刷/硒化工艺中，首先通过化学合成制备 CIGS 纳米颗粒，然后将其制成浆液，均匀地印刷在衬底上。随后，在高温下去除浆液中的有机物，并在 Se 氛围中进行硒化，从而形成多晶 CIGS 薄膜。虽然高温处理可以将有机物转化为二氧化碳，但完全去除有机物并不容易，因此通过这种方法制备的 CIGS 薄膜质量通常较低。

对比这四种方法，后三种方法都不能有效控制 CIGS 膜的组分，而且制备得到的 CIGS 薄膜的质量也不高。因此，实验室通常使用第一种方法制备 CIGS 薄膜，而效率最高的 CIGS 薄膜太阳能电池中的 CIGS 薄膜也是通过三步共蒸发法制备的。

4. CdS 过渡层

对于 CIGS 薄膜太阳能电池，高质量的 CdS 过渡层的生长至关重要。尽管现代 CIGS 薄膜太阳能电池中的 CdS 层已不再充当 N 型层的角色，但它仍然对电池的性能有重要影响。CdS 层具有钝化 CIGS 表面、防止短路和电池漏电、提供正电荷以使 CIGS 在 CIGS/CdS 界面处反型以及保护 CIGS 薄膜等作用。

CdS 薄膜的生长方法众多，其中化学水浴沉积法是目前生长高质量 CdS 薄膜的最佳工艺。该方法中，原料的选择、浓度、配比、温度、压力及反应时间等都会对薄膜的质量产生影响。生长好的 CdS 薄膜厚度应该在 50 nm 左右，均匀覆盖在 CIGS 薄膜表面且没有小孔，以确保器件表现出优异的性能。

5. 本征 ZnO 层

为了避免可能存在的小孔洞导致的电池漏电，通常在 CdS 薄膜上沉积一层本征 ZnO 层。本征 ZnO 层的导电性较差，因此需要使用射频溅射或中频溅射进行沉积。为了避免对 CdS 层的破坏，沉积温度也需要控制在适当的范围内。研究表明，厚度为 50 nm 的本征 ZnO 层能有效防止电池漏电，提高器件性能。尽管引入本征 ZnO 层会增加电池的内阻，但整体来看，它对电池的性能有利。此外，与增加 CdS 层厚度相比，使用本征 ZnO 层可以减少对光的吸收，从而提高电池的电流密度。

6. Al: ZnO 透明电极

在 CIGS 薄膜太阳能电池中，透明电极层 Al: ZnO(AZO)作为 PN 结的 N 型层。在 ZnO 中掺杂 2%(摩尔分数)的铝原子，可以有效提高电子浓度。AZO 层的厚度通常很薄，因为 AZO 中的电子浓度已经很高。为了高效收集电荷，AZO 需要具有较高的导电性。增加厚度可以提高 AZO 的导电性，但过大的厚度会对红外光产生吸收，从而降低电池的电流密度。在实际生产中，需要对本征 ZnO 和 AZO 的总厚度进行优化，以减少反射光子的数量，从而提高电池的性能。优化结果表明，厚度约为 200 nm 的 AZO 层能够实现最佳性能。由于 AZO 具有较高的导电性，因此可以使用直流磁控溅射法制备 AZO 膜。在镀膜过程中，可以先用低功率溅射，然后用高功率溅射，以免损坏已有镀层。此外，将衬底温度控制在约 200℃，既能提高 AZO 膜的质量，又不会对器件造成损坏。

在实验室中，厚度约为 200 nm 的 AZO 膜是制备小面积 CIGS 薄膜太阳能电池的首选。这样的厚度可以减少光的吸收和反射，但由于面电阻较高，会阻碍电荷的高效收集，因此常需要通过金属栅电极层补充电荷收集。一般采用 Ni/Al/Ni 的多层膜作为栅电极结构，其中 Ni 可以增加黏附性并防止氧化，而 Al 主要用于电荷收集和导电，其厚度通常大于 2 μm。设计栅电极时，需要合理考虑遮光金属的影响，以确保高效电荷收集的同时避免对太阳光的遮挡。

5.2.3　铜铟镓硒薄膜太阳能电池的技术发展趋势

与晶硅太阳能电池相比，薄膜太阳能电池具有诸多优势。首先，薄膜太阳能电池耗材少，制备所需能耗低，成本更具优势。其次，薄膜太阳能电池具有轻质的特点，可以在各种廉价易得的衬底上进行制备，从而实现大规模工业生产。这一特性使得薄膜太阳能电池具有更广阔的应用前景。最后，薄膜太阳能电池成本降低意味着其能源回收周期也缩短，可以在更长时间内提供更多清洁无污染的能源。柔性薄膜太阳能电池还具备与大型建筑表面相互贴合的能力，实现光电转化与建筑的一体化。这为能源的可持续发展提供了更多可能性。

作为第二代太阳能电池，CIGS 薄膜太阳能电池具有高转换效率、高稳定性和强抗辐照能力，无论在大规模发电还是小型或穿戴设备领域都具有广阔的应用前景。德国太阳能和氢能研究中心指出，CIGS 薄膜太阳能电池是太阳能电池体系中能够兼顾高效率和低成本最好和最现实的体系。全球商业情报(GBI)的研究报道也指出，CIGS 有可能成为薄膜太阳能电池的主导技术。

然而，尽管 CIGS 具有出色的性能，却没有像 CdTe 薄膜太阳能电池那样早早实现产业化。其中一个原因可能是 CIGS 薄膜太阳能电池所需的材料类型更多，原料制备工艺更为复杂。但随着技术的进步，多种制备方法已经实现工业生产，CIGS 薄膜太阳能电池走上了产业化发展的快车道。日本、德国的许多大型企业已经投入大量精力建设 CIGS 薄膜太阳能电池组件生产线。我国的中国汉能控股集团有限公司、凯盛科技集团有限公司等企业也纷纷部署 CIGS 薄膜太阳能电池的开发。

虽然 CIGS 薄膜太阳能电池在产业化道路上取得了显著进展，但仍然存在一些需要改进的问题，包括提高电池组件的效率、降低成本、优化制备工艺及改善资源利用等。例如，如何将实验室中设计的高效率电池放大到量产规模并转移到工业生产中，尽量减少电池组件大规模生产过程中的效率损失等。在 CIGS 薄膜太阳能电池的大规模生产应用中，铟资源的供应也成为一个迫切需要解决的问题。此外，尽管 CIGS 薄膜太阳能电池中只使用了 50 nm 厚的 CdS 层，但其对环境造成的压力也不可忽视。因此，亟须开发更环保和可持续的新技术，推动 CIGS 薄膜太阳能电池进一步发展。

5.3　染料敏化太阳能电池

染料敏化太阳能电池(dye-sensitized solar cell，DSC)为目前的 PN 结光伏器件提供了技术和经济上可行的替代方案。与传统的半导体光伏技术不同，DSC 技术可以认为是"人工光合作用"这一概念的成功尝试。顾名思义，它的运行过程类似于叶绿素吸收光子的光合作用过程，不同的是，整个过程的发生伴随着电荷转移。DSC 的主要优点可归纳如下：①在标准条件下具备良好的器件性能；②在非标准温度、辐照和太阳入射角条件下具备良好的运行稳定性；③制造成本低；④使用的原料较为环保；⑤器件可具有多个颜色甚至是半透明色。这些优点使得 DSC 比传统器件具有更好的发展前景。

5.3.1 染料敏化太阳能电池的发展历史

1887 年，奥地利的莫泽(Moser)报道了光电极的第一次敏化。但这一报道当时并未引起人们足够的重视。19 世纪末，随着卤化银彩色摄影技术的出现，人们才开始逐渐尝试了敏化技术。半个多世纪后，敏化开始用于光电电化学。20 世纪 60 年代，德国的格里舍尔(Gerischer)和特里布奇(Tributsch)首次提出将来自光激发染料分子中的电子注入 N 型半导体衬底的导带中的操作机制。他们在原电池的电解质中添加了合适的染料作为敏化剂，如罗丹明 B、核黄素和玫瑰红，并且用仅被染料吸收的波长的光照射其表面。他们发现，当 ZnO 晶体作为原电池的阳极并且与电解质接触时，可以在 ZnO 晶体上观察到敏化的光电流。加入还原剂，如氢醌、Na_2SO_3 或 H_2O_2，也可产生敏化反应。这项研究首次阐述了染料敏化半导体产生光电流的机理，为光敏化机制提供了新的可能性。此后，研究人员对这一领域开始了深入的研究，1977 年提交的一项美国专利已经包含了当今染料敏化太阳能电池几乎所有的特性，并正式将这一技术命名为染料敏化太阳能电池。

由于具有较好的热稳定性和光稳定性，宽带隙的氧化物半导体被广泛应用于 DSC 技术，但它们的光谱灵敏度仅限于紫外波段。因此，生色团化合物(敏化剂)被吸附到半导体表面，扩大了吸收光谱范围，这大大增加了光吸收的效率。不同于传统的半导体材料，光的俘获和光生载流子的输运在 DSC 中被隔离开。首先光敏剂用来吸收入射的光子，而后发生的电荷分离是通过传输层提取载流子完成的。这项工作与植物的光合作用非常相近，因此又称为"人工光合作用"。虽然人们已经了解了 DSC 的运行机制，但是过低的光电转换效率仍使 DSC 与实际应用相距甚远。1976 年，研究人员发现较差的光电流主要归因于电极表面的少量敏化剂。为此，他们使用一个直径为 1 cm 的氧化锌烧结盘(由商用高档氧化锌粉末经压缩成型)作电极，然后将圆盘置于浓缩的玫瑰红水溶液中染色，这一过程可极大地提高染料的附着面积。基于此工作，他们成功地构建了一个开路电压约 0.4 V、短路光电流为 28 μA 的电池。随后，逐渐形成了利用分散的半导体粒子提供足够的界面面积，在半导体表面化学吸附染料这一通用做法。尽管如此，此时 DSC 的光电转换效率依然很低，在 20 世纪 90 年代之前，人们获得的最高光电转换效率不过 2.5%。

直到 1991 年，瑞士的格雷策尔(Grätzel)等报道了一项 DSC 领域的重大突破。氧化钛纳米颗粒，特别是介孔材料的氧化钛纳米颗粒，由于在视觉上是完全透明的，并且可以很容易地附着光敏材料，因此非常适合用作电极材料。同时，这种氧化钛材料具有高的比表面积，尽可能地提高太阳光的吸收率，因此可实现高的能量转换效率。格雷策尔等采用这种极具潜力的电极材料，将器件的转换效率进一步提升至 7.9%。这一工作使 DSC 的实际应用成为可能。1993 年，格雷策尔的团队以顺式二硫氰酸二(2,2-双吡啶-4,4-二羧酸盐)钌(Ⅱ)作敏化剂，包覆在纳米 TiO_2 薄膜上，发现其吸收阈值约为 800 nm，从而将 DSC 的光电转换效率再次推向一个高峰。在此之前，DSC 的电解质大多为水溶性的，影响了敏化剂在半导体电极上的包覆效果，他们创造性地在碘化锂/三碘化锂或乙腈/3-甲基-2-噁唑烷酮混合物体系中使用乙腈，该系统实现了 10% 的光电转换效率。

在格雷策尔取得突破性进展后的 20 余年里，众多研究团体开始了 DSC 的研究。DSC 的认证光电转换效率逐步发展，到目前为止，效率最高可达 13%。在此期间，二氧化钛是首选的半导体材料。该材料在敏化光化学和光电化学方面具有许多优点：它是一种低成本、广泛可用、无毒和生物相容的材料，可用于保健产品甚至是油漆着色。制约 DSC 光电转换效率进一步提升的一个重要原因是缺乏有效的全色敏化剂(400～1200 nm)，目前大多数有效敏化剂的吸收光谱为 400～800 nm。迄今，高效率的敏化剂通常有大约–5.0 eV 的最高占据分子轨道(HOMO)，这与常用氧化还原电对 I^-/I_3^- 的 HOMO 能级(–4.9 eV)相比稍低，而最低未占分子轨道(LUMO)能级比 TiO_2 的导带(CB)能级(–4.0 eV)高得多，通常为 –3.5 eV。因此，合理地降低敏化剂 LUMO 能级，扩大敏化剂的吸收区域，将增大能量转换效率。然而，一个棘手的问题是这会降低电子注入效率并显著增加电荷复合，反过来又会对效率产生负面影响。为了进一步提高 DSC 的效率，一项必要的工作是减少电荷复合并提高电子注入效率。此外，电荷复合和电子注入效率与开路电压(V_{oc})密切相关，这意味着 V_{oc} 成为众多影响效率的因素中极其重要的一环。此时的研究重点主要集中在敏化剂改性，使用合适的添加剂、共吸附剂和新颖的氧化还原电对等工作上。最近，快速发展的有机敏化剂通过精细的分子设计提供了增强 V_{oc} 的新机会。此外，串联式 DSC 因提高 V_{oc} 和效率的巨大潜力也受到极大关注。更为惊喜的是，当前研究人员用具有钙钛矿结构的甲胺铅碘化合物作为新型敏化剂，并结合固态传输层，获得了超过 15% 的光电转换效率固态 DSC。这在一定程度上促进了另一类光伏技术——钙钛矿太阳能电池的发展，关于钙钛矿太阳能电池的相关内容将在其他章节详细介绍。DSC 几个重要的光电转换效率及其时间节点如图 5.12 所示。

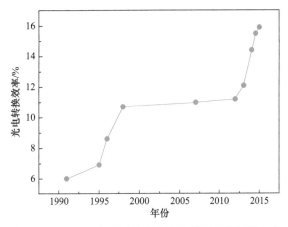

图 5.12　DSC 几个重要的光电转换效率及其时间节点

5.3.2　染料敏化太阳能电池的基本结构

典型的 DSC 由两片涂有 TCO 的玻璃组成(图 5.13)。其中，一块涂覆半透明半导体颗粒的玻璃板(工作电极)覆盖着一层染料，另一块玻璃板(反电极)涂有催化剂。两个板夹在一起，电解质(通常是有机溶剂中的氧化还原电对)填充它们之间的间隙。

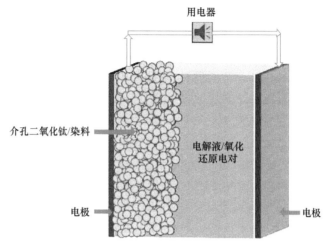

图 5.13　DSC 器件结构示意图

如图 5.14 所示，光吸收由染料分子 D 进行，光子引起染料光激发为 D*，D*快速释放电子并渗透传导到半导体。在该过程中注入的电子通过胶体 TiO₂ 颗粒并到达集电极 (TCO)。然后，电子通过外部电路到达另一个 TCO 层(在反电极处)，在途中进行电气工作。在电池的另一端，经外电路到达反电极的电子转移到电解质中，然后发生氧化还原反应，并完成一个电子循环过程。常用的电解质是含有氧化还原电对(如 I⁻/I₃⁻)的有机溶剂。通过碘化物再生敏化剂截断氧化染料重新俘获导带电子。在反电极处，氧化还原电对被还原，I₃⁻ 再生，在外加用电器的情况下完成一个循环过程。总的来说，该装置从光产生电力而不发生任何永久性化学转变。

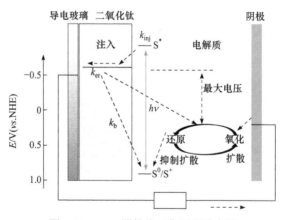

图 5.14　DSC 器件的工作原理示意图

值得注意的是，所有这些动态过程都是动力学过程而不是热力学过程。例如，在光激发后，电子可以注入半导体，也可以弛豫回基态释放能量，这是两个可能同时存在的过程。通常注入电子的过程时间尺度在飞秒范围内，而弛豫在皮秒范围内。类似的现象会阻止扩散的电子与染料或电解质重新结合，这两种过程都是以微秒为基础的。这与光合作用非常相似，为了防止叶绿素的减少，一个电子迅速从被激发的反应叶绿素中心转移到较低能量的远处受体处。

5.3.3 染料敏化太阳能电池的技术发展趋势

1. 纳米结构金属氧化物电极

1991 年，研究人员开始使用具有高比表面积的介孔 TiO_2 吸附敏化材料，这使得 DSC 器件的效率取得了突破性的进展。通常，在 DSC 中，介孔电极的表面积相较于氧化物单晶增加了约 1000 倍。迄今，TiO_2 的效率仍然是最高的，一些简单的金属氧化物(如氧化锌和氧化锡)也用作电极材料。除这些简单的氧化物外，研究人员又将目标转向了三元体系的复杂氧化物，如 $SrTiO_3$ 和 Zn_2SnO_4 等。

近年来，人们在优化纳米结构电极的形貌方面做了大量的工作，许多纳米形貌，如纳米颗粒、纳米管和纳米棒都用作改进电极材料。下面简要总结用于 DSC 的纳米 TiO_2、ZnO 和其他金属氧化物的发展。

TiO_2 的几种晶体形式是自然形成的：金红石型、锐钛矿型和板钛矿型。金红石型是热力学最稳定的形式；锐钛矿型是 DSC 的首选结构，因为它具有更大的带隙和更高的导带边缘能量。在相同的导带电子浓度下，DSC 中费米能级和 V_{oc} 较高。因此，下面主要讨论研究中使用的锐钛矿结构的 TiO_2。

对于染料敏化太阳能电池，研究人员通常采用水热法生长 TiO_2 纳米颗粒。该方法的前体通常为钛醇盐。通过改变溶剂的酸碱度，还可以改变 TiO_2 颗粒的几何形状。通过调节水解速率、温度和含水量可以产生不同大小的颗粒。透射电子显微镜(TEM)观察表明，在酸性条件下锐钛矿颗粒主要在[101]表面生长。与硝酸制剂相比，乙酸制剂使[101]面增加了约 3 倍。这种差异可以用生长速度的不同来解释：在乙酸中，[001]方向的生长速度比在硝酸环境中的生长速度更快。为了产生介孔结构，通常加入聚合物添加剂，纳米颗粒在糊状的聚合物中形成。在下一步骤中，该复合物常通过转印技术转移至导电玻璃基板上。最后，将薄膜在 450℃左右的空气中烧结，去除有机成分，使纳米颗粒与电极直接接触。与酸催化 TiO_2 相比，碱性催化条件下的介孔 TiO_2 在 DSC 中复合较慢，V_{oc} 较高，但得到的介孔电极层的孔隙率过低，降低了染料的吸附量。通过改变聚合物的数量有望控制孔隙率，理想情况下为 50%～60%。孔隙率越高，粒子间的相互连接越少，电荷收集效率越低。

对于最先进的 DSC，采用介孔 TiO_2 电极结构如下：

(1) TiO_2 阻挡层(厚度为 50 nm)覆盖在 FTO 板上，这是为了防止氧化还原介质与导电玻璃接触，通过化学沉积、喷雾热解或溅射制备。

(2) 10 μm 厚的介孔 TiO_2 薄膜组成光吸收层，其粒径为 20 nm。

(3) 在介孔膜的顶部有一层光散射层，由一个包含 400 nm 大小 TiO_2 颗粒的多孔层组成。在介孔薄膜中，多个大小相似的孔洞也能产生有效的光散射。

(4) 在整个结构上覆盖一层 TiO_2 的超薄涂层，通过化学镀液沉积(使用 $TiCl_4$ 水溶液)，然后进行热处理。

自 1993 年瑞士洛桑联邦理工学院的纳泽鲁丁(Nazeeruddin)等发表文章以来，TiCl₄ 处理一直在使用，主要用于改善相对不纯的 TiO₂ 纳米颗粒的性能。美国犹他大学的卡万(Kavan)等开发了一种基于 TiCl₃ 的电沉积方法，该方法的结果基本相同，但操作流程更为复杂。经 TiCl₄ 处理后，在介孔 TiO₂ 上沉积了一层超纯 TiO₂ 外壳(1 nm)。尽管面积减小，但由于粗糙度增加，该过程导致染料吸附增加，提高了注入效率。此外，其还显著延长了电子寿命，从而增加了电子扩散长度。

近年来，研究人员开发了几种用于介孔 TiO₂ 薄膜低温沉积的方法，这些方法在使用柔性聚合物基板时具有特殊的应用价值。瑞典的研究团队等开发了一种商用 P25 粉末的压缩技术，在 500～1500 kgf·cm⁻² 压力下压缩粉状薄膜，得到力学性能稳定的 TiO₂ 薄膜，无需烧结即可获得约 3%的太阳能电池效率。程一兵带领团队进一步优化了这项技术，在 ITO/PEN 的柔性衬底上实现了 7.4%的效率。日本的米努拉(Minoura)和同事开发了一种含有钛前体的 TiO₂ 颗粒糊体，将其应用于 FTO 衬底并在 100℃下进行水热结晶，得到了稳定的介孔薄膜，效率高达 4.2%。韩国的朴南圭(Nam Gyu Park)等开发了一种使用无黏结剂的高黏性 TiO₂ 膏体的方法，在 150℃ 干燥的 4 μm 厚电极上获得了 2.5%的效率。

在氟化钛电解液中对钛金属进行电位阳极氧化，可以制备出有序的垂直定向 TiO₂ 纳

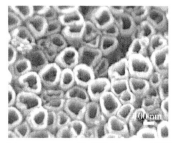

图 5.15　TiO₂ 纳米管的 SEM 图像

米管阵列。TiO₂ 纳米管通常是用钛箔生长的，但也可以从沉积在 FTO 涂层导电玻璃上生长。纳米管的长度(<1000 μm)、壁厚(5～34 nm)、孔径(12～240 nm)和管间距(0～10 nm)可以由制备条件控制，如阳极氧化电位、时间、温度和电解质组成(含水量、阳离子大小、电导率和黏度)。TiO₂ 纳米管通常是无定形的，经热处理后结晶。通过纳米管 TiO₂ 电极的扫描电子显微镜(SEM)图像如图 5.15 所示。

在钛衬底上制备的 TiO₂ 纳米管基 DSC 已经获得 6.9%的光电转换效率(N719 染料)。在 FTO 衬底(厚度 1.1 μm)上生长的纳米管，经 TiCl₄ 处理和强吸收染料处理后的效率为4.1%。文莱的詹宁斯(Jennings)等对基于纳米管的 DSC 中电子的输运、俘获和转移进行了详细的研究。他们发现 TiO₂ 纳米管电池对光注入电子具有很高的收集效率，并估计其电子扩散长度约为惊人的 100 μm。这意味着可以制备出相对较厚的纳米管薄膜，在不损失载流子的情况下提高光俘获效率，从而在它们被收集到背面触点之前进行重组。利用氧化铝模板也可以制备 TiO₂ 纳米管。在 FTO 上对铝膜进行阳极氧化，将其浸入钛前体溶液中，然后在 400℃的熔炉中烧结，最后将样品浸入 6 mol·L⁻¹ NaOH 溶液中，去除氧化铝模板。用这种方法可以制备纳米管和纳米棒。这些研究中材料的粗糙度因子相对较低。然而，在 N719 染料敏化后，纳米线 DSC 的总转换效率为 5.4%，纳米管为 4.5%，纳米颗粒为 4.7%。

原子层沉积(ALD)是一种制备精细有序纳米结构的新技术。ALD 能够将金属氧化物一层一层地沉积在模板(如二氧化硅气凝胶)上，也可以沉积在纳米颗粒和纳米棒组件上，形成核-壳结构。例如，ALD 可以用亚纳米级的精度将不同厚度的 TiO₂ 规整地涂覆在气凝胶模板上。美国的哈曼(Hamann)等使用了孔隙率大于 90%的气凝胶模板，允许 TiO₂ 层

的体积增长且不堵塞孔隙，所制备的 DSC 效率为 4.3%。

从历史上看，ZnO 是最早用于染料敏化太阳能电池的半导体之一。ZnO 的带隙和导带边缘与 TiO_2(锐钛矿型)相似。ZnO 比 TiO_2 具有更高的电子迁移率，有利于电子迁移。与 TiO_2 相比，ZnO 的化学稳定性较差，它在酸性和碱性条件下都能溶解。从发表量来看，虽然 ZnO 的应用远远落后于 TiO_2，但近年来 ZnO 在 DSC 中的应用显著增加。这主要归因于合成具有不同形貌(如纳米颗粒、纳米线、纳米棒、纳米管、纳米片和支化纳米结构)的高结晶 ZnO(在纤锌矿结构中)相对容易。纳米 ZnO 的合成是通过一系列技术实现的。

由含有 ZnO 纳米颗粒的浆料制备介孔 ZnO 电极，然后在 FTO 基板上进行刮刀涂布或丝网印刷并烧结。迄今最好的结果是使用工业 ZnO 粉末(20 nm 大小的颗粒)和 90 min 染料吸附时间，在 60℃下(0.3 mmol·L^{-1} N719 乙醇溶液)，在 AM 1.5G 太阳光照射下，获得了 6.6%的效率。在早期的工作中，染料吸附时间较长，发现染料吸收异常。日本的庆太(Keita)等发现染料沉淀可以发生在 ZnO 介孔结构中。敏化剂的酸性羧基可以使 ZnO 发生一定程度的溶解。所得到的 Zn^{2+} 与 N3/N719 染料形成不溶性配合物，导致这些配合物在膜孔中沉淀。这就产生了滤光效果(非活性染料分子)，使得注入电荷载体的净收率降低，而由于膜中染料分子数量较多，在敏化过程中光俘获效率提高。因此，对 ZnO 基 DSC 染料吸附条件的控制是十分必要的，应开发具有不含质子的锚定基团的敏化剂。值得注意的是，一些有机染料在 Zn^{2+} 存在下不会沉淀，因此更容易与 ZnO 结合使用。也有团队提出只有一个羧基双吡啶配体的 Ru 配合物，发现与先前材料相比，在 ZnO 电极上染料沉淀大大减少，获得了 4.0%的太阳能电池效率。韩国的朴南圭团队通过在 ZnO 胶体上添加一个 SiO_2 外壳提高 ZnO 的化学稳定性。在酸性溶液中，SiO_2 包覆 ZnO 膜对 Zn^{2+} 的浸出量较少，在相同的实验条件下，SiO_2 改性材料制备的太阳能电池效率可达 5.2%，而初始 ZnO 的浸出率小于 1%。

电沉积是一种低温沉积方法，ZnO 直接在基底上形成。吉田和他的同事开发了一种成功的方法，在氧化剂和水溶性染料分子存在下，从锌盐水溶液中阴极电沉积 ZnO。该方法制备出有序多孔 ZnO 纳米结构，非常适用于染料敏化太阳能电池。最好的结果是先脱附(模板)染料，再吸附实际的敏化剂。采用电沉积制备的 ZnO 膜与有机染料 D149.281 联用，效率可达 5.6%。

SnO_2 是一种化学性质稳定的氧化物，其导带边比 TiO_2 低 0.5 eV 左右。因此，它可以与 LUMO 能级较低的染料结合使用，这些染料通常不能很好地将电子注入 TiO_2，如一些苝(perylene)敏化剂。对于用有机染料 D149 敏化的细胞，SnO_2 基 DSC 的最佳报道效率为 2.8%(在同一研究中，N719 的报道效率为 1.2%)。与碘化物/三碘化物氧化还原偶联剂结合，在基于 SnO_2 的 DSC 中开路电压较低，最高约为 400 mV。通过用另一种金属氧化物(如 ZnO、MgO 和 Al_2O_3)非常薄的外壳覆盖介孔氧化锡，可以显著提高 V_{oc} 和效率。迄今，使用 ZnO 涂层的氧化锡获得的最高效率可达 6.3%。在这种情况下不确定是否形成 ZnO 壳层，也有可能形成 Zn_2SnO_4 壳层。锡酸锌(Zn_2SnO_4)是一种化学性质稳定的宽禁带材料。在 DSC 测试中，这种材料的效率高达 3.8%。光电化学特征表明，它具有更高的导带底能量。

$SrTiO_3$ 的导带位置比 TiO_2 的导带位置高 0.2 eV，具有良好的 V_{oc}，但效率低于 TiO_2

基 DSC, 效率分别为 1.8% 和 6.0%。此外, Nb_2O_5 也表现出较高的 E_c。

2. 光敏剂

光敏剂作为 DSC 的关键组成部分, 需要具备以下基本特性:

(1) 吸收光谱范围广: 光敏剂应具有广泛的吸收光谱范围, 能够覆盖整个可见光区, 甚至部分近红外光区。这样可以充分利用光能, 提高太阳能电池的光吸收效率。

(2) 牢固附着性: 光敏剂应具有固定的基团(如—COOH、—H_2PO_3、—SO_3H 等), 使染料能够牢固地附着在半导体表面。这样可以确保光敏剂与半导体之间的良好接触, 提高电子转移效率。

(3) 适当的能级对齐: 光敏剂的激发态能级应高于 N 型半导体的 LUMO 能级, 以促进有效的电子转移过程。对于 P 型 DSC, 光敏剂的 HOMO 能级应比 P 型半导体的 HOMO 能级具有更高的正电势。这样可以实现光生电荷的分离和传输, 从而产生电流。

(4) 氧化还原特性: 对于染料再生过程, 光敏剂的氧化电位必须高于电解质的氧化还原电位。这样可以确保光敏剂在光照后迅速恢复到其初始状态, 接受新一轮的光吸收。

(5) 光稳定性和化学稳定性: 光敏剂应具有良好的光稳定性, 能够长时间保持其光电转换性能。此外, 光敏剂还需要具有良好的电化学和热稳定性, 以确保太阳能电池在工作条件下的稳定性和长寿命。

基于上述要求, 科学家已经设计和应用了许多不同类型的光敏剂, 包括金属配合物、卟啉、邻苯二甲酸盐和无金属有机染料等, 用于染料敏化太阳能电池。这些光敏剂的设计和优化旨在提高光电转换效率和稳定性, 推动染料敏化太阳能电池技术的进一步发展。

3. 电解质和空穴导体

(1) 液态氧化还原电解质: 最初选择有机碳酸盐作为电解质溶剂, 并报道了有机碳酸酯的混合物以及其他混合物和各种类型的染料及电池构造。早期对单层电池的研究包括对较高沸点腈类混合物的研究, 以最大限度地减少蒸发并解决电池密封问题。通过与塑料基材结合, 发现 3-甲氧基丙腈(MPN)具有良好的性能, 并且是目前最常用的电解质溶剂之一。研究人员对大量常见有机溶剂进行了研究, 包括四氢呋喃、N,N-二甲基甲酰胺(DMF)、二甲基亚砜(DMSO)、各种腈类和醇类, 以评估它们对溶解 LiI/I_2 电解质的影响。这些溶剂在光电转换效率方面表现非常相似。研究还发现, 基于碳酸亚丙酯、γ-丁内酯(GBL)、N-甲基吡咯烷酮和吡啶的纯电解质和混合电解质具有更强的供体溶剂, 可以增强光电压, 但光电流降低。

(2) 凝胶和聚合物电解质: 基于有机溶剂和离子液体的电解质可以通过聚合材料的凝胶化、聚合或分散实现。这两种液体都用作初始材料, 通过添加凝胶剂或聚合剂将电解质转变为准固态。由于含有氧化还原介质(主要是碘化物/三碘化物偶极体), 电荷传输主要通过分子扩散而非电荷跳跃实现, 因此这种电解质可以与空穴导体区分开。通常, 准固态电解质的转换效率略低于液态氧化还原电解质, 这可能是因为准固态电解质中氧化还原偶联物的迁移率受到限制。一种方法是使用聚甲基氢硅氧烷形成网状结构将有机碳酸盐混合物凝胶化，这样可以达到 3%的效率。研究人员还使用 5%(质量分数)的聚偏氟乙烯-共六氟丙烯(PVDFHFP)将 3-甲氧基丙腈电解质凝胶化，在热稳定性和电荷传输效率损失相对较低的情况下实现了相当高的效率(约为 6%)。

(3) 离子液体电解质：离子液体最初在格雷策尔实验室中用于染料敏化太阳能电池的测试，主要目的是寻找新的非挥发性电解质溶剂。最初测试的离子液体属于咪唑类，这些离子液体是电化学应用中最常用的，也用于太阳能电池中。结果表明，这些材料具有良好的光电性能和稳定性。最近，离子液体电解质分为纯离子液体和基于离子液体的准固态电解质两类。咪唑类电解质在这个领域占据主导地位，一些主要结论是光化学稳定性和低黏度的结合。此外，离子迁移率仍然是一个重大挑战。

经过 20 多年的深入研究，学界对 DSC 中的几种基本物理化学性质仍未完全掌握。虽然对于特定的模型和参考系统以及受控条件下有相当详细的能量学和动力学描述，但仍无法准确预测系统的微小变化对 DSC 性能的影响，如更换组件或改变电解质组成。随着时间的推移，DSC 的化学复杂性变得越来越明显，未来研究的主要挑战是理解和掌握这种复杂多变性，特别是在氧化物/染料/电解质界面上。因此，对于未来的研究，重要的是仔细选择几个参考系统，强调设备的不同关键方面，并利用可用的各种技术对这些系统进行深入描述。通过比较和建模，可以更好地总结基本理解。目前，DSC 技术一个具有挑战性但可实现的目标是实现超过 15%的效率。已知目前最先进的 DSC 器件的主要损失在于再生过程中的电位下降和 TiO_2 中电子与电解质中受体物质的复合损失。将潜在的电压降低到 0.3 V 左右，可以实现 15%的效率。挑战在于开发染料和电解质系统，使得在 0.2~0.4 V 的驱动力下，氧化染料可以高效再生。这种体系可能需要与介孔氧化物膜和 TCO 衬底的有效阻挡层相结合。染料敏化太阳能电池的潜力在于开发出比目前使用的设备具有更好的个体特性的组件。然而，在完整的 DSC 设备中使这些组件相互匹配并将其优化到其全部潜力范围内仍然具有挑战性。

5.4　有机太阳能电池

有机太阳能电池是一种基于有机化合物光活性层的太阳能光伏器件，它具有许多优势，包括以下几方面：

(1) 活性层种类丰富：有机太阳能电池可以利用各种类型的活性层，如有机小分子、有机金属配合物和高分子聚合物等，具有较高的灵活性和可调性。

(2) 材料毒性较小：与其他太阳能电池相比，有机太阳能电池使用的材料毒性较小，不易造成重金属污染等环境问题。

(3) 制备工艺简单且成本低廉：有机太阳能电池的合成和制备工艺相对简单，成本较低，有利于大规模制备和柔性器件的制造。

(4) 易于制备大面积电池和柔性器件：由于制备工艺的特点，有机太阳能电池可以方便地制备大面积的电池，并且适合制作柔性器件。

在科学家的不断努力下，有机太阳能电池的转换效率已经超过了 18%，接近商业化要求。然而，有机太阳能电池在产业化方面仍然面临一些障碍。一个问题是稳定性差，传统的硅基太阳能电池使用寿命可达 25 年，而有机太阳能电池的稳定性仍需改进；另一个问题是效率偏低，传统的单晶硅和钙钛矿太阳能电池的效率已经达到 25%以上，有机太阳能电池的效率亟须提高。

尽管有机太阳能电池存在上述问题，但由于其具有材料来源广泛、可设计性强、价格低廉、制备工艺简单等优点，有机太阳能电池具备良好的发展前景，并吸引了许多研究人员投身于该领域的研究。

5.4.1 有机太阳能电池的发展历史

20 世纪 50 年代，美国科学家波普(Pope)将 10 μm 的单晶蒽置于两个电极之间进行试验，测得开路电压为 200 mV。然而，由于其光电转换效率太低(2×10^{-6})，当时并没有引起足够的关注。

20 多年后，美国华裔科学家邓青云采用酞菁铜和苝酐衍生物作为原料，利用真空沉积的方法制备了一种双层异质结的光伏电池。该电池在 AM 2.0 模拟光照下，光电转换效率约为 1%，填充因子值高达 0.65，短路电流密度(J_{sc})为 2.3 mA · cm^{-2}，开路电压(V_{oc})为 0.45 V。同时，他指出这两种有机材料之间的界面类似于 PN 结，这是决定该电池光伏特性的关键。酞菁铜作为给体、苝酐作为受体的结构在有机光伏(OPV)的发展过程中具有里程碑式的意义，之后平面异质结结构逐渐得到科学界的广泛认可。

1992 年，美国加利福尼亚大学圣巴巴拉分校的乌德尔(Wudl)等研究发现，导电聚合物作为电子给体、C$_{60}$ 作为电子受体的电池结构可以加速电荷的转移。他们的研究还表明，导电聚合物中的光致发光通过与 C$_{60}$ 的相互作用而猝灭，从数据可以看出激发态的电荷转移发生在皮秒时间尺度，速率远高于逆过程。3 年后，在这一理论的指导下，他们的研究团队制备了 MEH-PPV 和 PCBM 双层异质结电池，其转换效率高达 2.9%。在双层异质结结构中，界面处产生内建电场，推动电流向正负极传输。然而，由于激子在有机材料中扩散长度有限，容易在传输过程中复合或辐射，因此对光电流没有贡献。

1995 年，俞刚等发展了一种新型的异质结电池，其中给体和受体混合形成光活性层，极大地增加了两者之间的接触面积，使激子产生后更有效地传输到受体，从而贡献更多的光电流。随后，人们使用 P3HT 和富勒烯衍生物将效率提高到 4%。然而，这种体系存在能级不匹配和较大能隙导致开路电压过低的问题，因此开发具有窄带隙和更深能级的给体分子以及具有更高能级的导带和较低能级的受体材料成为有机光伏的主要研究方向。21 世纪，有机光伏进入快速发展阶段，其转换效率如图 5.16 所示。

2010 年，中国科学院化学研究所李永舫课题组采用茚双加成 Co 衍生物作为电子受体、P3HT 作为给体材料，采用本体异质结结构，电池效率高达 6.48%。随后，他们将效率提升到 6.7%，这是 P3HT 体系的最高效率。2012 年，华南理工大学吴宏滨课题组创造了单结太阳能电池效率的世界纪录，电池效率达到 9.2%，并通过了中国计量科学研究院的认证。2013 年，日本三菱化学公司宣布使用小分子苯并卟啉，其电池效率达到 11.7%。中南大学邹应萍课题组设计合成了一种以苯并噻二唑为核心的 DAD 结构，制备的单结有机太阳能电池在正向和反向器件中光电转换效率均达到 15.7%。

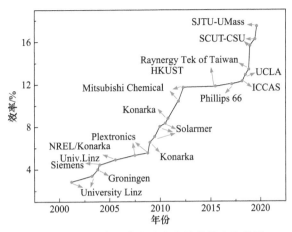

图 5.16 有机太阳能电池光电转换效率的发展

SJTU-UMass：上海交通大学-美国马萨诸塞大学；SCUT-CSU：华南理工大学-中南大学；Raynergy Tek of Taiwan：台湾瑞能技术公司；UCLA：美国加利福尼亚大学洛杉矶分校；ICCAS：中国科学院化学研究所；Phillips 66：美国菲利普斯 66 公司；HKUST：香港科技大学；Mitsubishi Chemical：日本三菱化学公司；Konarka：美国康纳卡科技公司；Solarmer：美国朔荣有机光电科技公司；Plextronics：美国普乐士创科技公司；NREL/Konarka：美国国家可再生能源实验室/美国康纳卡科技公司；University Linz：奥地利林茨大学；Siemens：德国西门子公司；Groningen：荷兰格罗宁根大学

5.4.2 有机太阳能电池的基本结构

1. 器件结构

本体异质结是目前使用最多的异质结结构。其为典型的三明治结构，两个电极分别将给体和受体相互混合构成光活性层夹在中间，如图 5.17 所示。阳极一般为透明的 ITO，阴极一般为金属薄膜，常见的有 Al、Ag 等。活性层和阴、阳两极之间的界面层一般需要加入界面修饰层，如 PEDOT: PSS、氧化钼、氧化镍、氧化锌等，用来改善器件串联电阻和能级匹配的问题。有机太阳能电池的工作原理不同于无机太阳能电池，给体材料吸收光子以后不会直接产生可以自由移动的电子和空穴，而是产生电子-空穴对，也称激子。这些激子在一定条件下解离为可以自由移动的电荷，然后被相应的电极俘获收集后才能产生光电流。

图 5.17 正置(a)和反置(b)本体异质结电池

2. 器件工作原理

有机太阳能电池的工作原理包括以下过程：太阳光的吸收，光激发产生激子，激子的分离，空穴和电荷的收集，如图 5.18 所示。

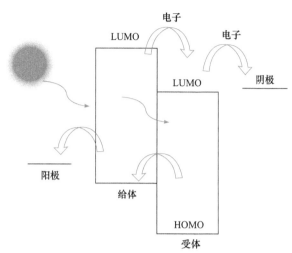

图 5.18　有机太阳能电池光电转换示意图

(1) 活性层材料：活性材料吸收光子从价带跃迁到导带，产生激子。材料本身应对全光谱的太阳光有较好的吸收，并且具有较窄的带隙和较高的吸收系数。

(2) 激子从给体扩散到受体的界面：激子在扩散运动过程中较易复合，并通过辐射和非辐射跃迁的形式跃迁回基态。只有在界面的激子才可以分离成自由载流子，进而产生电流。因为有机材料中激子的扩散长度较小，所以活性层中给体和受体的相分离尺寸应小于 20 nm。

(3) 电荷分离：受体界面处的激子解离成电子和空穴，电子进入受体的 LUMO 能级，空穴进入给体的 HOMO 能级。这要求所选电子给体材料的 LUMO 能级略高于电子受体的 LUMO 能级(通常高达 0.3～0.5 eV)。在该电势差驱动下，电子很容易从给体中转移。类似地，受体的 HOMO 能级也略高于给体的 HOMO 能级，以实现空穴的传输。

(4) 电荷转移：分离的空穴沿着由给体材料形成的导电路径传输到正电极，电子沿着由受体材料形成的导电路径传输到负电极。该方法需要给体和受体混合物形成相分离并以纳米级渗透整个网络结构，从而避免在输运过程中电子和空穴重新结合，并且要求给体具有高空穴迁移率和受体具有高电子迁移率，从而实现电荷的有效抽提和传输。

3. 有机太阳能电池常用的给体材料

给体材料在有机太阳能电池中起重要作用，可以大致分为两类：小分子材料和聚合物材料。

1) 小分子材料

小分子材料通常具有平面结构和自组装能力，可以形成有序的多晶薄膜，从而提高光活性层的迁移率。常见的小分子给体材料(图 5.19)包括以下几种：

(1) 有机染料(organic dye)：有机染料具有丰富的结构和光学性质，可以通过调节分子结构实现吸收光谱的调控。常用的有机染料包括卟啉类(如酞菁)、噻吩类(P3HT)等。

(2) 富勒烯衍生物(fullerene derivative)：富勒烯衍生物(如 PCBM)常用作电子受体材料，但是也可以作为电子给体材料。PCBM 在有机太阳能电池中具有良好的电子传输性能。

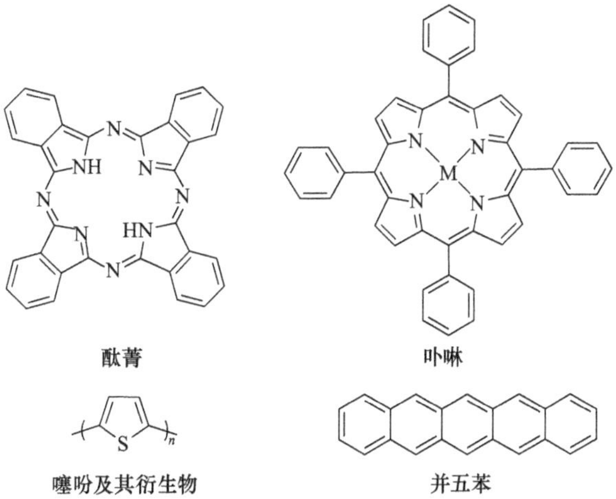

酞菁　　　　　　　　　　卟啉

噻吩及其衍生物　　　　　　并五苯

图 5.19　几种典型的小分子给体材料

2) 聚合物材料

共轭聚合物作为有机太阳能电池中的给体材料，具有较长的 π 共轭体系，有助于激子和载流子的传输。可以通过设计聚合物结构调节其光吸收能力等物理性质，使其具有良好的溶液和成膜性，适用于旋涂工艺。常见的聚合物给体材料包括以下几种：

(1) 聚噻吩类(polythiophene)：聚噻吩类(如 P3HT)是最早应用于有机太阳能电池的聚合物之一，具有良好的光电性能和稳定性(图 5.20)。

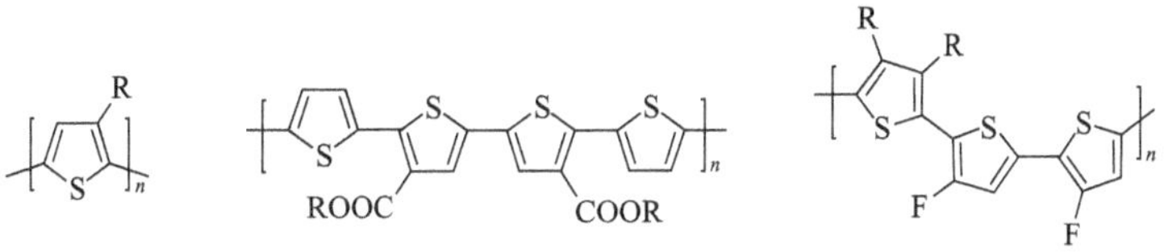

图 5.20　几种聚噻吩类

(2) 共轭聚芳烃类(conjugated polyaromatic)：共轭聚芳烃类(如 PBDTTT)具有较宽的光谱响应范围和高的光电转换效率(图 5.21)。

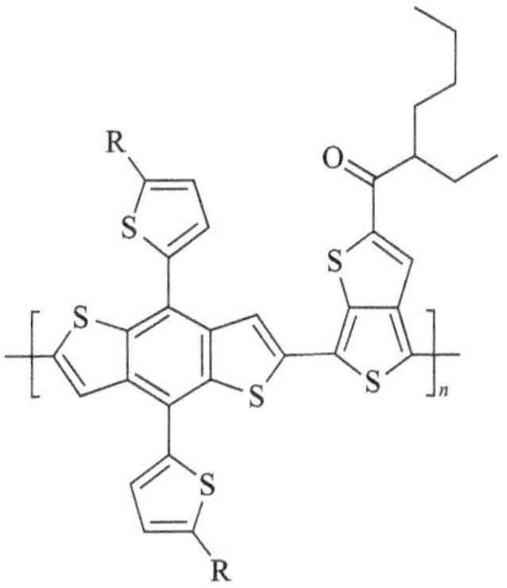

图 5.21　PBDTTT 衍生物的化学结构式

近年来，研究者不断探索新的给体材料结构、合成方法和理论预测等，以提高有机太阳能电池的性能。随着技术的不断进步，越来越多高性能的给体材料被发现和应用，使得电池的光电转换效率不断提高。

4. 有机太阳能电池常用的有机受体材料

用于有机电子应用的电子(受体)材料，即 N 型有机材料，具有各种特定应用的设计要求。理想的有机受体材料的基本要求包括：高纯度；良好的溶解性和成膜性；大而宽的带宽吸收；高电子迁移率；相对于 P 型电子供体的合适的 HOMO / LUMO 能级，以确保它们之间的光致电子转移；受体的 LUMO 和给体的 HOMO 之间的差异应尽可能大，以增加太阳能电池的开路电压。以下是一些常用的有机受体材料及其特点。

(1) 富勒烯衍生物受体(图 5.22)：富勒烯及其衍生物的 LUMO 能级较低，因此具有较高的电子亲和性。富勒烯衍生物与给体共混时，复合膜往往具有良好的形貌，形成与激子扩散长度相似的相分离尺寸。并且富勒烯的三维结构导致各向同性，有利于三维方向的激子分离和传输。然而，富勒烯及其衍生物由于其固有的缺陷，如吸收窄而弱、能级不易调控、合成成本高、提纯困难、光和热稳定性差，限制了有机太阳能电池器件性能的进一步突破。

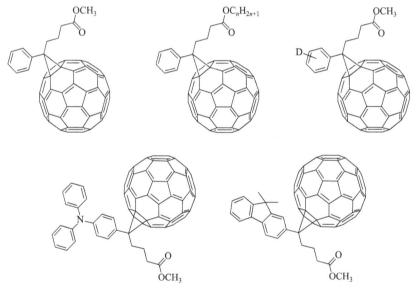

图 5.22 常见富勒烯衍生物受体的化学结构式

(2) 小分子有机受体：非富勒烯受体材料包括聚合物和小分子，与聚合物受体材料相比，小分子受体材料具有确定的结构，合成易提纯，且批次重复性好，越来越受到广泛关注和深入研究。随着核工程、侧链工程及端基工程对小分子受体化学结构的不断调控，光伏器件能量转换效率迅速提高。

苝二萘酰亚胺(PDI)衍生物是一类特别有趣的电子受体。它们在可见光中具有高摩尔吸收系数，并且其 LUMO 能级与[60]PCBM 相似，有利于有机太阳能电池器件中的电子转移(图 5.23)。

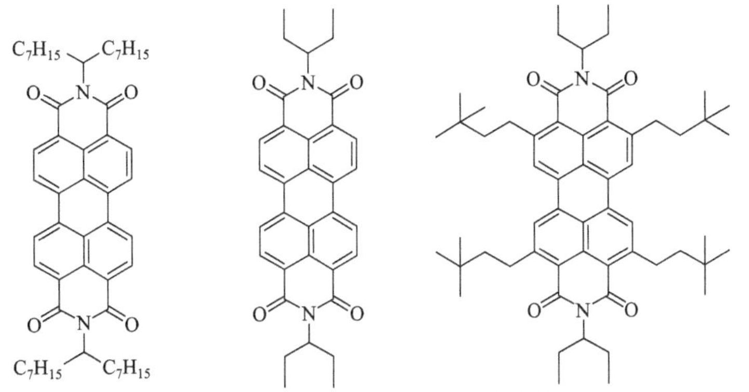

图 5.23　PDI 衍生物的化学结构式

(3) 共轭聚合物受体：常见的共轭聚合物受体有氰基-PPV 共聚物、聚噻吩共聚物(图 5.24)
等。非富勒烯聚合物受体材料的发展起步较晚，但共轭聚合物受体材料能有效弥补富勒烯型
材料的诸多缺点，如自身的结构调整缺陷、制备复杂和价格高昂等，体现出更加丰富的分子
结构设计、更宽阔的光学与电学性能的调节范围以及更稳定的活性层形貌等优点，因此活性
层材料均为聚合物的全聚合物本体异质结太阳能电池获得越来越广泛的关注和研究。

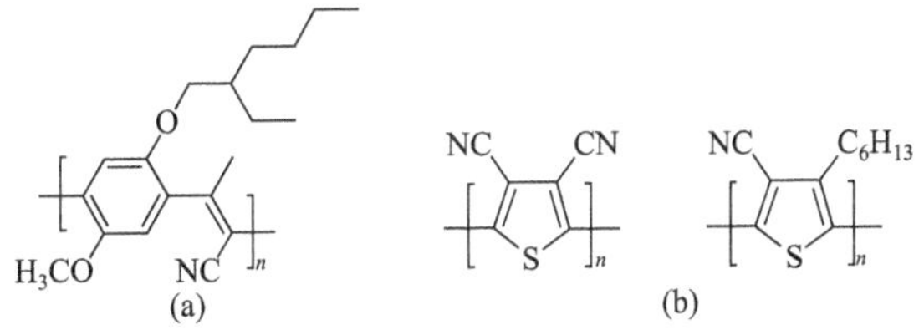

图 5.24　氰基-PPV 共聚物(a)和氰基官能化的聚噻吩共聚物(b)的化学结构式

(4) 其他有机受体材料：其他重要的电子受体材料主要包括聚萘二酰亚胺共聚物、苯
并噻二唑基共聚物、丙二腈烯基类、苯并噻二唑、苯并酰亚胺、纯碳类的电子亲和能较强
的结构或其他染料类，其中不乏与 P3HT 共混时产生较高效率的受体材料。

作为有机光伏器件的关键组成部分，活性层电子的受体材料选择非常重要，开发电
子受体材料的分子工程在提高有机光伏器件的光电转换效率方面起重要作用。近年来，
随着有机受体材料的不断创新，有机太阳能电池的光电转换效率得到飞速提升。

5. 有机太阳能电池制备工艺

有机薄膜的制备非常重要，薄膜成膜性和薄膜的质量直接影响器件的光电转换效率。
有机小分子一般使用真空蒸镀的方法获得一层致密的薄膜，而有机聚合物材料一般通过
旋涂制备薄膜。随着科学的进步和商业化的需要，后来出现了一些新的制备工艺，如喷
墨打印、有机蒸气喷印、有机气相沉积和丝网印刷等。

1) 真空蒸镀镀膜

真空蒸镀一般用来制备有机小分子材料薄膜，制的薄膜均一致密。真空蒸镀具有操
作简捷、成膜均一致密、生产效率高等特点，成为制备薄膜应用较为广泛的技术。真空蒸
镀包含以下过程：首先，原料在舟内在一定的真空度下升华；然后，气体从蒸发源向挡板
输运；最后，气体分子遇到基底受冷凝华，渐渐生长成膜。真空蒸镀过程中要求具有很高

的真空度，保证分子在低温状态下升华，避免因为高温发生氧化反应。

有机材料的蒸镀过程：将有机材料置于石英舟中，抽真空，加热至特定温度，通过控制温度调节材料的蒸发速度，利用晶体振荡器监控生长厚度。在蒸镀过程中，由于有机材料具有热不稳定性，因此要严格控制蒸镀温度。为避免薄膜的质量对器件性能的影响，在有机材料的蒸镀过程中，要严格控制升温速率，确保蒸发速率保持稳定，薄膜厚度均匀变化。

2) 旋涂制膜

旋涂制备聚合物薄膜具有工艺简单、成本低廉、便于操作等优点。旋涂通常包括三个步骤：前驱液的配制，高速旋转，溶剂蒸发形成薄膜(图 5.25)。静态旋涂是将溶液直接滴在导电玻璃片上，前驱液的用量可以根据溶液的浓度和玻璃的面积确定。动态旋涂是在低速旋转的同时滴加前驱液。前驱液滴加完成后，将旋转提速，使溶液铺展开。高速旋转后，通常在真空下干燥薄膜以增加薄膜的物理强度。

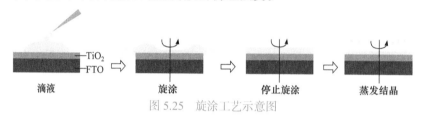

图 5.25　旋涂工艺示意图

旋涂在单层聚合物膜的制备中具有其独特的优点，但是在多层聚合物膜的制备中有一些问题，因为当旋涂第二层聚合物时很可能溶解前一层。解决方案是选择不同的有机溶剂，使前一层聚合物不溶或难溶于第二种聚合物的有机溶剂。

3) 喷墨打印

在高分子材料制备技术中，喷墨打印不需要掩模板，并且非接触式印刷图案可以提高原材料的利用率来降低成本。喷墨打印技术(图 5.26)早在 19 世纪就已被应用，但实际上到 20 世纪 70 年代后才被广泛使用。在喷墨印刷过程中，控制溶剂的挥发非常重要，因为溶剂的挥发决定薄膜的均一性。由于尺寸效应，喷墨液滴的蒸发机理与宏观液体的蒸发机理完全不同，并且喷墨液滴的干燥时间非常短。同时，由于液滴与界面的接触角以及边缘和中心挥发速度之间的差异，由液滴形成的聚合物膜的厚度不能令人满意。通过准备用于多次液滴沉积的缓冲层，优化蒸发条件和后续处理，可以提高膜厚度的均匀性。

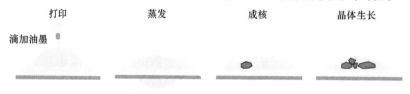

图 5.26　喷墨打印工艺示意图

4) 有机蒸气喷印

有机分子和溶剂的不相容性及其他问题限制了喷墨打印和旋涂等技术的应用，有机蒸气喷印作为新的膜制备方法能规避这些问题。与真空蒸镀和旋涂相比，有机半导体薄膜的制备简单，节省原料。与喷墨打印相比，它是一种干气相成膜工艺，使用惰性气体代替液体溶剂，将有机气体分子直接喷涂到基材上。

有机蒸气喷印无需掩模板即可直接印刷图案。膜的厚度和面积可以通过改变空腔外部的喷嘴直径、喷嘴与基板的距离、空腔内部与外部之间的压力差以及有机分子和传输气体分子的质量来调节。当其他条件恒定时，通过大喷嘴直径获得的膜的厚度和宽度较大，并且从喷嘴到基板的距离越小，膜的均匀性越好，边界效应也越小。有机蒸气喷印不仅用于制备有机太阳能电池，还用于制备有机薄膜晶体管、有机发光二极管(OLED)等。

5) 有机气相沉积

关于有机气相沉积的最早文献是有机盐 DAST 非线性光学膜在大气压下的沉积，这是一种经济快速并可用于生长小分子和聚合物大面积有机薄膜的方法。沉积薄膜的原理类似于有机蒸气喷印，有机分子在高温室中升华，并从室外注入热的惰性输送气体(如 N_2)。惰性输送气体将有机蒸气分子输送到较冷的旋转基板，然后有机气体分子被冷沉积到薄膜中。当接近升华点时，有机材料的蒸气压随温度快速变化，很难通过改变蒸发源的温度来精确控制有机气体分子的传输速率。如果将蒸发源的温度控制在预定范围内，则可以精确地控制惰性输送气体的流速以改变气流中有机分子气体的含量。

在有机气相沉积中，影响薄膜厚度的因素主要是蒸发源温度、空腔中的蒸气压、惰性输送气体的流量、基板温度以及基板与蒸发源的距离。

6) 丝网印刷

丝网印刷是印刷工业中使用的印刷工艺之一，后来应用于印刷电路和太阳能电池等(图 5.27)。当使用旋涂制备聚合物膜时，大部分材料被浪费了，丝网印刷解决了旋涂过程中有机材料利用率低的问题。丝网印刷必须选择合适的丝网，然后根据印刷浆料选择丝网的材料、厚度和目数。筛网材料必须耐有机溶剂，丝网的厚度和网眼尺寸直接决定了印刷有机膜的厚度和图案精度。屏幕的直径不超过所打印最细线宽度的1/3，筛网的开口至少是浆料介质粒度的 2.5 倍，确保印刷浆料的良好渗透性和附着力均匀性。制版是在屏幕、掩模、曝光等上面施加光刻胶以获得所需的印刷图案。浆料的制备也很关键，具有合适黏度的浆料是获得均匀膜的先决条件之一。

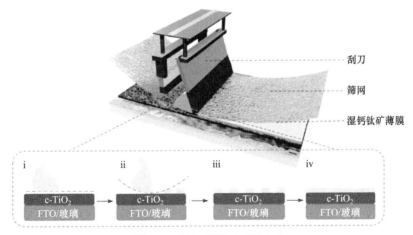

图 5.27　丝网印刷工艺示意图

为了印刷高质量的有机膜，除了上述提到的丝网和浆料外，在印刷过程中还有很多因素需要注意，如刮刀的速度、角度和强度，刮板的张力和清洁度，以及筛网、刮板与筛网之间的距离、基板的平整度等。

6. 金属电极的形成工艺

有机太阳能电池器件的金属电极制备是在真空镀膜设备内，通过高真空低温蒸镀完成的。为了得到连续的高质量的金属薄膜，腔体压力一般控制在一个合适的数值，膜的厚度一般控制在 100 nm 以上，这样才能均匀地覆盖整个电池表面，得到相对高质量的金属电极，保证金属电极具有良好的导电性。在金属蒸镀的过程中，使用掩模板选择性地控制器件的光活性位置。

根据有机太阳能电池能带模型，有机物的 LUMO 能级与金属费米能级的能量差决定了电子注入的能力，因而采用功函数较低的金属改善电子注入情况。常用的金属电极一般为 Au 和 Ag。

5.4.3　有机太阳能电池的技术发展趋势

有机太阳能电池自问世以来，已经经历了快速发展阶段，尤其是在最近十年中，其效率已经提高到 19%左右。然而，目前仍存在一些需要解决的问题，如进一步提高效率、优化给体和受体的化学结构设计模型、处理器件异质结界面在工作状态下的变化，以及电池的稳定性等。未来，有机太阳能电池的研究将主要集中在以下方面：

(1) 提高光电转换效率：尽管有机太阳能电池的效率已经得到显著提升，但与传统的硅基太阳能电池相比，其效率仍有待进一步提高。因此，研究者将继续致力于开发新的有机半导体材料和器件结构，以提高光电转换效率。

(2) 延长使用寿命：除效率问题外，有机太阳能电池的寿命和稳定性也是需要重点关注的方面。研究者将努力提升有机材料的稳定性，以减少电池在使用过程中的性能衰减，从而延长其使用寿命。

(3) 降低成本：尽管有机太阳能电池相比硅基太阳能电池具有成本优势，但随着市场的扩大和技术的成熟，进一步降低成本仍是研究者追求的目标，包括开发更高效的制造工艺、使用更廉价的原材料及提高生产规模等。

(4) 探索新的应用领域：随着技术的不断进步，有机太阳能电池将逐渐应用于更多的领域。研究者将探索其在可穿戴设备、建筑集成光伏、移动电源等领域的应用，以满足不同领域对可再生能源的需求。对有机太阳能电池的研究也开始朝着大面积、实用、低成本和美观化等方向发展。

随着电池结构的改进、新材料的发展及电池制备技术的优化，有机太阳能电池效率低和寿命短的问题终将被科学家解决。相信有机太阳能电池将给人们的生活带来革命性的变化。将来，它可能应用于屋顶发电、墙壁装饰、半透明玻璃、汽车、笔记本电脑、移动电话和其他便携式电子设备领域。

5.5　钙钛矿太阳能电池

钙钛矿是以俄罗斯矿物学家佩罗夫斯基(Perovski)的名字命名的，代表一类具有特定晶体结构的化合物，其化学式为 ABX_3。在钙钛矿的结构中，较大的 A 阳离子位于立方晶格的角顶，被 12 个 X 卤素阴离子包围成配位八面体，配位数为 12；较小的 B 阳离子稳定位于 6 个 X 阴离子共享的八面体位点。近年来，有机金属卤化物 $CH_3NH_3MX_3$(M = Pb 或 Sn，X = Cl、Br 或 I)作为钙钛矿太阳能电池中的关键材料受到了广泛关注，其结构在环境温度下表现出稳定的立方钙钛矿结构。以 $CH_3NH_3PbX_3$ 为例，随着卤素阴离子 X^- 从 Cl^- 到 Br^- 再到 I^-，晶格常数 a 从 5.68 Å 增加到 5.92 Å 和 6.27 Å。通过混合卤化物可以简单地调节立方相中的晶格常数。例如，$CH_3NH_3PbBr_{2.3}Cl_{0.7}$ 的晶格常数 a 为 5.98 Å，$CH_3NH_3PbBr_{2.07}I_{0.93}$ 的晶格常数 a 为 6.03 Å。

钙钛矿太阳能电池(perovskite solar cell，PSC)的早期研究与染料敏化太阳能电池的研究密切相关。2009 年，日本桐荫横滨大学的宫坂(Miyasaka)等将 3D 钙钛矿 $CH_3NH_3PbX_3$(X = Br、I)作为染料敏化太阳能电池的无机敏化剂。他们证明，X = Br 时的光电转换效率为 3.1%，而 X = I 时为 3.8%。韩国成均馆大学的朴南圭等报道了使用 $CH_3NH_3PbI_3$ 作为吸收层，在给定的 TiO_2 膜厚度约为 3.6 μm 的情况下获得 6.5%的光电转换效率。$CH_3NH_3PbI_3$ 钙钛矿的吸收系数比常规钌基分子染料大 10 倍。由于有机卤化钙钛矿是离子晶体，因此很容易溶解在极性溶剂中，方便薄膜器件的制备。早期发展的基于液体电解质的敏化钙钛矿太阳能电池具有较差的稳定性。随着技术的发展，使用固体空穴导体取代液体电解质，解决了这种稳定性较差的问题。朴南圭等首次报道了具有长期稳定性的钙钛矿太阳能电池，其光电转换效率高达 9.7%。英国牛津大学的斯奈思(Snaith)等提出了一种非敏化钙钛矿太阳能电池，其中混合卤化物钙钛矿 $CH_3NH_3PbI_{3-x}Cl_x$ 覆盖在 Al_2O_3 膜上，其光电转换效率为 10.9%。如图 5.28 所示，经过近几年的发展，使用有机卤化钙钛矿材料的太阳能电池效率迅速提高，接近最高效的硅基太阳能电池。钙钛矿太阳能电池技术被 *Science* 和 *Nature* 选为 2013 年最大的科学突破之一。目前，经过认证的单结钙钛矿太阳能电池的最高效率已经达到 26.0%。

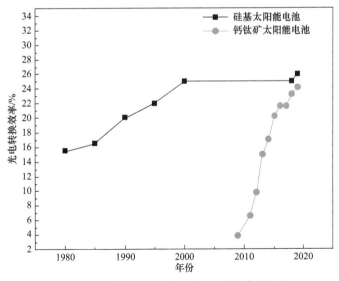

图 5.28　两类太阳能电池的光电转换效率发展

5.5.1　钙钛矿太阳能电池的基本结构

1. 晶体结构

有机金属卤化物钙钛矿结构简式为 ABX_3(图 5.29)，其中 A 为有机阳离子(如甲基铵 $CH_3NH_3^+$、乙基铵 $CH_3CH_2NH_3^+$、甲脒 $NH_2CH=NH_2^+$)，B 为金属阳离子(Ge^{2+}、Sn^{2+}、

Pb^{2+})，X 为卤素阴离子(F^-、Cl^-、Br^-、I^-)。其中，甲基铵碘化铅($MAPbI_3$)是使用最广泛的钙钛矿吸光层。由于铅毒性的问题，一些最近的研究工作将铅替换为其他金属离子。此外，构筑 A 位点阳离子的合金策略，如有机阳离子($CH_3NH_3^+$ 和 $NH_2CH=NH_2^+$)和无机阳离子(Cs^+ 和 Sn^{2+})的混合，或者 X 位点卤素合金策略，如采用混合卤素阴离子(Cl^-、Br^-、I^-)也已经用于提高效率和稳定性。

图 5.29　ABX_3 形式的钙钛矿结构

钙钛矿材料在不同温度下表现出不同的晶相。当温度低于 100 K 时，钙钛矿呈现稳定的斜方晶相(γ)。当温度升高到 160 K，四方相(β)开始出现，并取代原始的斜方晶相(γ)。温度进一步升高至约 330 K，四方(β)相开始被另一种稳定的立方相(α)取代。高温下的立方相变部分影响了钙钛矿材料的热稳定性。例如，$HC(NH_2)_2PbI_3$ 具有较高的相变温度，相对于普通的 $MAPbI_3$ 更稳定。最近的研究还表明，光照也可能引发钙钛矿材料的可逆相变。

2. 器件结构

钙钛矿器件最初是基于染料敏化太阳能电池的结构设计的。然而，钙钛矿在液体空穴传输层中快速溶解，无法稳定地作为"染料"使用。因此，最早报道的钙钛矿器件仅能维持几分钟的效率，其效率为 3.1% 和 3.8%(取决于不同的卤素阴离子)。后续的研究改进了器件结构，将 TiO_2 层减薄至 3 μm，并将效率提高到 6.5%。与染料分子(如 N719)相比，钙钛矿具有更好的光吸收性能。然而，在液体电解质中仍然会发生腐蚀现象，导致器件在 10 min 后失效。为了避免这种降解，研究人员采用了固态空穴传输材料(HTM)，显著提高了器件性能。香港大学的 Li 等通过改变钙钛矿的生长条件，将效率提高到 11.4%，但仍然使用 TiO_2 作为电荷阻挡层。图 5.30 展示了介孔结构和平面结构的钙钛矿太阳能电池示意图。

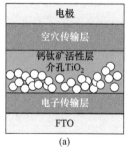

图 5.30　介孔结构(a)和平面结构(b)的钙钛矿太阳能电池示意图

介孔结构钙钛矿太阳能电池起源于典型的染料敏化太阳能电池。除上述液体电解质

腐蚀的问题外，染料敏化太阳能电池中的钙钛矿器件性能较差的主要原因是活性层中介孔 TiO_2 的占比过高。TiO_2 纳米颗粒广泛分布于钙钛矿层内，抑制了钙钛矿晶体的生长，并减小了自由载流子之间的分离距离，导致 TiO_2 与空穴传输层之间载流子的复合增加。研究结果表明，薄介孔层的钙钛矿器件具有更高的效率。因此，在介孔结构钙钛矿太阳能电池的 NIP 结构中，介孔层通常小于 300 nm。这种结构允许钙钛矿形成在介孔层顶部作为光敏感的固有层，并减少载流子的复合过程。介孔结构是目前制备钙钛矿太阳能电池最常用的结构之一，其光电转换效率可达到 20%以上。此外，有报道使用其他材料(如 Al_2O_3 和 ZrO_2)实现了优异的器件效率。

与介孔结构不同，由于采用了薄膜光伏结构并借助钙钛矿优越的光电性能，平面结构钙钛矿太阳能电池也取得了巨大的成功。这种结构是介孔结构的一种极端情况，其中介孔层的厚度为零。与介孔结构相比，平面结构不需要高温工艺即可制备。要实现这种结构，需要更好地控制钙钛矿吸收层的形成，并选择合适的空穴传输材料与电子传输材料(ETM)。

3. 电子传输层

在钙钛矿太阳能电池中，N 型电子传输层对性能起重要作用。钙钛矿内部形成的电子-空穴对在电子传输层/钙钛矿界面处发生电荷分离，并产生输出电流。选择适当的电子传输材料还可以影响钙钛矿的生长和覆盖范围。合适的电子传输材料应具有适当的能带排列：电子传输层与钙钛矿之间的 LUMO 或导带底之间的能带位置应当足够低，以促进电子分离和传输，并且具有足够的带隙阻挡空穴。此外，电子传输材料还应具有足够的稳定性，以保护内部钙钛矿层和空穴传输层，避免外部环境因素造成的损害，特别是水和空气的影响。

金属氧化物(如 TiO_2、SnO_2 等)是最常用的电子传输材料。TiO_2 源自染料敏化太阳能电池的成功应用，成为钙钛矿太阳能电池制造中最早采用的电子传输材料，目前仍然在许多高效钙钛矿太阳能电池中广泛使用。研究表明，TiO_2 具有理想的能带结构和出色的电子迁移率，并且易于制备介孔结构以增大与钙钛矿的接触面积。根据不同的器件结构，TiO_2 层可以分为双层致密层和单层平面结构。研究人员发现 TiO_2 在紫外光下对钙钛矿的稳定性不高，因此可以尝试使用紫外线吸收剂提高基于 TiO_2 的钙钛矿太阳能电池的稳定性。其他具有类似能带结构的无机电子传输材料(如 SnO_2 等)也被报道用于提高电压和电荷注入速度，以获得更高的光电转换效率。通过对 SnO_2 的能级调控能够获得良好的效率，如使用锂掺杂的 $Li-SnO_2$ 制造的钙钛矿太阳能电池已经实现了 21.2%的光电转换效率。利用不同形貌的电子传输层结构，如纳米棒结构，可以增强电子的传输，并在一定程度上提升光电转换效率。

有机电子传输材料作为金属氧化物的替代品也被应用于钙钛矿太阳能电池中。与无机氧化物相比，有机电子传输材料的制备通常更简便。常用的有机电子传输材料是 C_{60} 的衍生物 PCBM。最近，一些自合成的 N 型有机小分子也在高效钙钛矿太阳能电池中得到应用。尽管有机电子传输材料已被证明是合适的空穴阻挡层，但其与 ITO/FTO 基板之间可能存在低密实度的问题，这可能导致较低的光电转换效率。

石墨烯/氧化石墨烯在电子传输材料中的应用也引起了研究关注。石墨烯具有出色的载流子迁移率和透光性,能够在电子传输层中发挥增效作用并提升器件运行稳定性,相关研究获得了 14.5%的光电转换效率。尽管与顶级钙钛矿太阳能电池仍有一定差距,但石墨烯相关组分在电子传输材料或空穴传输材料中的应用仍值得更多关注和努力。

4. 空穴传输层

空穴传输层在钙钛矿太阳能电池中起空穴提取的作用。最早展示的固态空穴传输材料是 2,2′,7,7′-四(N,N-对甲氧苯胺基)-9,9′-螺二芴(spiro-OMeTAD),其取代了具有腐蚀性的液体电解质。这种化合物在许多高效率的钙钛矿太阳能电池中得到了广泛应用。此外,还有其他具有适当电子结构的空穴传输材料用于制造钙钛矿太阳能电池,如聚(3,4-乙烯二氧噻吩)-聚苯乙烯磺酸(PEDOT/PSS)、聚[双(4-苯基)(2,4,6-三甲基苯基)胺](PTAA)、氧化镍(NiO$_x$)、硫氰酸亚铜(CuSCN)等。其中,PTAA 正在成为 spiro-OMeTAD 的出色替代品,并已在当前高效、高稳定器件中得到广泛应用。这些报道中的空穴传输材料主要可以分为三类:有机聚合物、无机化合物和小分子。与电子传输材料类似,掺杂也是提高空穴传输材料传输性能的常见方法。对于 spiro-OMeTAD,广泛采用的掺杂剂包括 LiTFSI、4-叔丁基吡啶(TBP)和一系列有机钴盐。然而,LiTFSI 对钙钛矿的稳定性可能会产生副作用。一些文献还报道了其他改进方法,如分子结构的修饰。

目前,还开发了不包含电子传输层或空穴传输层结构的钙钛矿太阳能电池,以避免电子传输层和空穴传输层合成和制造的高成本。在这些设计中,电子传输层或空穴传输层被具有修改后能带结构的触点所取代,以实现载流子的提取。钙钛矿层也可以混合,从而可能增强电荷分离。这些器件已经获得了 14.07%的光电转换效率。然而,由于缺乏有效的载流子提取器,这些器件的性能仍然相对较低。尽管如此,这些材料的应用有助于加深对钙钛矿太阳能电池内部物理过程的理解。

5. 钙钛矿活性层制备方法简介

1) 一步沉积法

一步沉积法因其易于操作和低成本而广泛应用于钙钛矿太阳能电池的制造。通过一步沉积法制备的钙钛矿薄膜通常具有均匀无针孔的特点,并且可以精确控制化学计量。通常情况下,钙钛矿前体溶液由有机卤化物(如 MAI / FAI,即甲基铵/甲酰碘)和无机卤化物(如 PbI$_2$)在 γ-丁内酯、N,N-二甲基甲酰胺、二甲基亚砜或以上溶剂的组合中溶解而成。将混合的前体溶液旋涂于基板上,并在温度范围为 100～150℃的条件下进行退火,以形成纯相、无针孔且致密的钙钛矿层。

香港大学的研究人员报道了一步沉积法的高效率器件,光电转换效率达到 10.9%。他们将合成后的 MAI 和市售的 PbCl$_2$ 以 3∶1 的摩尔比溶解在 DMF 中,以调节卤化物阴离子的比例。将混合的前体溶液旋涂 30 s,并在 100℃的温度下进行退火,形成了钙钛矿层。该器件还展示了超过 1 V 的高开路电压(V_{oc})。之后,人们通过溶剂工程开发了多种溶剂。研究人员发现,使用 DMSO 作为溶剂时会形成中间态 MAI · PbI$_2$ · DMSO,这有助于形成均匀且致密的钙钛矿活性层。针对这种现象,研究人员进行了各种溶液调配,试图形成特定的中间态。荣等报道了在 DMSO/GBL 混合溶剂(3∶7,体积比)中形成非化学计量的 MA₂Pb₃I₈(DMSO)，他们认为这种相有助于形成平滑的钙钛矿层。此外，他们的研究还发现，工艺条件对器件性能有很强的依赖性：在不同的退火温度和时间下，其效率从 8.07%到 15.29%不等。郭等展示了 PbI₂-MAI-DMF 复合物的形成，温度范围为 40～80℃。在高于 100℃的温度下，制备的钙钛矿薄膜表现出更好的相纯度。

2) 两步沉积法

通过两步沉积法，钙钛矿不需要完全制备前体，而是分为两个步骤处理 PbX₂(X = Cl、Br 或 I)和 MAI/FAI 层。首先，在基板上形成 PbX₂ 种子层(旋涂或刮刀刮涂)。然后，将覆盖 PbX₂ 的基板浸入 MAI/FAI 溶液(溶剂通常为异丙醇)，或者使用旋涂法将 MAI/FAI 溶液涂覆在 PbX₂ 上。经过适当的退火后，最终形成钙钛矿薄膜。尽管步骤变得更加复杂，但通过在每个步骤中调整条件参数，可以更好地控制钙钛矿薄膜的形貌和质量，从而提高工艺的可重复性。

1998 年，美国华盛顿大学的普利卡斯(Prikas)首次在玻璃基底上成功合成了钙钛矿。2013 年后，瑞士洛桑联邦理工学院的格雷策尔通过该方法成功制造出效率为 15%的钙钛矿太阳能电池。由于一步沉积法和两步沉积法的原理类似，其溶剂工程和中间相调控策略也可以适用于两步沉积法制备的钙钛矿太阳能电池。据报道，DMSO 与 PbI₂ 相互配合更好，并且 DMSO 与 MAI 之间存在额外的分子间交换作用，这有助于中间态的分解和钙钛矿的形成。通过将 DMSO 与 DMF 混合，钙钛矿太阳能电池的效率提高到 17.16%。图 5.31 展示了 DMSO 辅助的两步沉积法合成 MAPbI₃ 和薄膜生长的示意图。

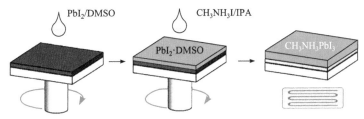

图 5.31　DMSO 辅助的两步沉积法合成 MAPbI₃ 和薄膜生长示意图

由于两步沉积法依赖于第二次 MAI 浸入层，因此它的一个缺点是钙钛矿的形成可能不像在单一前体溶液中那样完整。有研究认为，由于低温和旋涂过程中的混合时间短(少于 1 min)，MAI 扩散到 PbI₂ 晶格中的速度难以发生充分的结晶。钙钛矿晶体首先在表面形成，先生成的钙钛矿层阻止了 MAI 进一步扩散到 PbI₂ 的内部。另一个缺点是在第二步中钙钛矿的部分溶解。这可能导致在两步沉积法过程中容易形成表面粗糙、带有针孔或孔隙的薄膜。为了改善钙钛矿晶体的生长条件，可以添加适当的配体或使用低浓度的 MAI/FAI 溶液。

3) 蒸气辅助溶液法

蒸气辅助溶液法可以看作是对两步沉积法的改进。在第二步过程中，气化的 MAI/FAI 与第一步生成的 PbI₂ 反应形成钙钛矿相。这种方法可以保证两种前体之间的接触比溶液中更好。此外，该方法成功地避免了钙钛矿的反复溶解，特别是在浸渍过程中。中国科学技术大学的研究人员通过在旋涂的 PbI₂ 上蒸镀 MAI 并在 150℃退火的方式，成功应用了这种方法。整个钙钛矿的制造在手套箱中完成。他们报道了微米级晶粒的形成，实现了完全反应和高覆盖薄膜，其中最好的平面器件的光电转换效率为 12.1%。但是该方法具有反应时间长的缺点，整个反应周期需要数小时。后来，有研究在该方法基础上进行了改进，首先在 ITO/PEDOT: PSS 衬底上沉积了两步制备的 MAPbCl₃₋ₓIₓ，然后将其转移到封闭的培养皿容器中，从 100℃开始与 MACl 粉末一起加热。这种改进使得光电转换效率提高到 15.1%，并且具有 60 天的稳定性。蒸气辅助溶液法制备的钙钛矿太阳能电池已经接近最高效率的太阳能电池设备。如果能够将热处理时间缩短到与一步沉积法或两步沉积法相同的水平，则有望在未来取得重大突破。

4) 热蒸气沉积法

热蒸气沉积(hot vapor deposition)法是大面积钙钛矿薄膜制造中最常用的方法之一。如图 5.32 所示，有机或无机盐前体通过热蒸发以气态的形式沉积在基底上，然后晶化成膜。通过简化源控制(元素/化合物)以及调节沉积时间、电流/电压等参数，可以确保薄膜的成分和表面均匀性。研究人员通过在旋转基板上共蒸发 MAI 和 PbCl₂/PbI₂ 源，制造出平面结构的钙钛矿太阳能电池，其光电转换效率达到 15.4%。实验结果表明，经真空沉积的样品在退火后仍能保持相同的晶体结构。进一步研究表明，在共蒸发过程中，PbCl₂ 和 MAI 之间的反应起初倾向于形成 PbI₂，然后在连续的 MAI 掺入下转化为 MAPbI₃。最后，残留的 MAI 以 MAPbI₃ · MAI 的形式存在。这种成分变化可以通过明显的颜色变化进行观察。双源热蒸发方法也用于制造其他类型的钙钛矿太阳能电池。苏州大学的研究人员报道了 CsPbIBr₂ 的制备，其中 CsI 和 PbBr₂ 作为蒸发源，它们在正向扫描下的效率为 3.7%，在反向扫描下的效率为 4.7%。MAPbI₃ 化合物

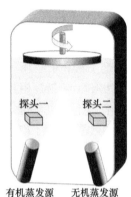

图 5.32　蒸气辅助溶液法钙钛矿沉积过程示意图

源也用于真空热蒸发，香港城市大学的研究人员报道了使用合成的 MAPbI₃ 晶体作为粉末源成功制备了 MAPbI₃ 薄膜。在 500 W 下进行 15 min 的真空沉积，并在 100℃下进行 20 min 的退火，制备出平滑、致密且具有高可见光吸收性的 MAPbI₃ 薄膜。

热蒸气沉积法具有形成完全覆盖的无针孔薄膜的优势，可以与传统的溶液法结合，以改善表面覆盖率并提高器件性能。上海交通大学的研究人员报道了使用热蒸发法制备钙钛矿层的太阳能电池，其效率达到 17.6%。该方法首先蒸发 PbI₂ 层，然后旋涂 MAI 层，并在 100℃下退火 80 min。这表明将来可能会采用混合制备方法。此外，共蒸发 MAPbI₃ 也用于有机电荷传输层之间的层状结构中。西班牙瓦伦西亚大学的马林凯维茨(Malinkiewicz)等使用 0.5 Å · s⁻¹ 的缓慢沉积速率进行了研究，报道的太阳能电池的效率为 12%。该方法后来被卡利奥(Caliò)等改进，他们在钙钛矿层的上下施加不同的电荷传输层，最好的器件实现了接近 15% 的效率。

5.5.2　钙钛矿太阳能电池的技术发展趋势

1. 稳定性

钙钛矿太阳能电池的性能已经可以与硅基太阳能电池相媲美，但要成为硅基太阳能

电池的合适替代技术，最大的挑战是要实现运行的稳定性。目前已经有一些关于长期性能跟踪的分析发表，但大多数测试都是在相对温和的条件下进行的。即便如此，钙钛矿太阳能电池的稳定性仍然不尽如人意。此外，研究表明钙钛矿对水分、氧气和紫外线敏感，而且钙钛矿材料本身也存在缺陷态，这些缺陷态往往是钙钛矿降解的起始点。因此，有必要进一步提高钙钛矿太阳能电池的稳定性。

对于 ABX_3 型钙钛矿材料，稳定性可以用戈尔德施密特(Goldschmidt)公差系数(t)描述，该系数由三种离子的离子半径决定。理想的立方钙钛矿结构的 t 值为 1，只有当 $0.89 < t < 1$ 时才能得到立方结构。较低的公差系数意味着较低的对称性，钙钛矿将转变为正交晶体或四方晶体结构，这将对光电性能产生负面影响。目前最稳定的钙钛矿材料仍然是 $MAPbI_3$，其公差系数略高于 0.9，满足 $0.8 < t < 1$ 的稳定性要求。

除离子半径外，温度和压力也会影响钙钛矿的相变行为。$MAPbI_3$ 在大约 55℃时从立方结构转变为四方结构，而这个温度正好在太阳能电池的工作温度范围内(−40~85℃)。其他研究还发现，随着温度升高，钙钛矿的相变将从低对称性向高对称性转变(从斜方晶体到正方晶体再到立方晶体)。有研究表明，与 $MAPbI_3$ 相比，$MAPbBr_3$ 和 $MAPbCl_3$ 可以保持更好的对称性，但它们的光吸收能力较低，因此尚未表现出显著的高效率。

另外，早期研究表明 $FAPbI_3$ 具有更好的热稳定性，其相变温度约为 150℃。然而，据报道，$FAPbI_3$ 在水分存在下非常不稳定，这对稳定性测试来说是一个必要考虑因素。此外，有研究指出，压力也可能引发钙钛矿的相变行为。当压力从 0 GPa 增加到 0.3~2.7 GPa 时，$MAPbI_3$ 经历了从四方晶体到立方晶体再到异斜方晶体的相变。超过 4.7 GPa 后，开始出现非晶相并发生相分离。

在设备运行期间，水分、空气中的氧气和紫外线中的高能光子会逐渐分解钙钛矿层。钙钛矿层吸入足够的水分后，有机阳离子 MAI 溶解并留下无机卤化物，有机卤化物则继续水解并释放出 HI。由于 HI 可以通过氧气和光子的作用不断消耗，因此在水分存在下钙钛矿的分解是不可逆的。此外，钙钛矿本身和有机阳离子在持续日光照射下也容易分解。研究还表明，钙钛矿样品可以在干燥和黑暗的环境中储存。在无紫外线源的白光下进行的老化测试显示出良好的器件稳定性。

2. 毒性

钙钛矿材料中使用的铅是其毒性的主要来源。特别是在大规模制造和废物处理方面，铅可能引起环境问题。尽管计算表明，钙钛矿可能引起的污染相对较小，并且生产钙钛矿太阳能电池可以使用日常废料中的废铅，但对无铅钙钛矿的研究仍然非常重要。

锡(Sn)是被广泛研究的替代金属阳离子之一，因为锡和铅都属于碳的同族元素，所以 $MASnI_3$ 被认为具有与 $MAPbI_3$ 相同的晶体结构。然而，Sn^{2+} 很容易被氧化成 Sn^{4+}，因此器件性能较差。一些试验还尝试引入有机/无机添加剂抑制锡的氧化，但这些器件的效率仍然非常低。

纯锡基钙钛矿材料具有化学不稳定性，因此引入杂化的 Sn-Pb 金属阳离子能提升稳定性和光电转换效率。一项研究报道了以 $MASn_{0.25}Pb_{0.75}I_3$ 作为光吸收层，结合适当使用添加剂和 PCBM 电子传输层的器件，其具有 15.2%的效率。其他研究还指出，虽然锡的替代量很少，但是 $MASn_{1-x}Pb_xI_3$ 的电子结构可能比 $MAPbI_3$ 更接近 $MASnI_3$。所有这些结果表明，从降低工艺毒性的角度来看，锡由于其化学稳定性是一个理想的选择；但是从性能的角度考虑，锡并不能完全替代铅。

另一个深入研究的候选材料是铅的邻位元素——铋(Bi)。铋可以形成稳定的 $(MA)_3Bi_3I_9$ (MABI)钙钛矿材料。与掺杂锡基钙钛矿相比，MABI 在环境空气中放置 1000 h 后仍表现出较好的稳定性。然而，初始基于 MABI 的钙钛矿的效率仅为 0.12%，V_{oc} 为 0.68 V，J_{sc} 为 0.52 mA·cm^{-2}，性能相对较差。到目前为止，还没有高效 MABI 器件的报道。因此，对 MABI 的光电特性仍需要更深入的研究。

钙钛矿太阳能电池的稳定性是决定其商业化潜力的关键因素。下一代太阳能电池技术有望实现高效率和低成本制造，从而适用于兆瓦级太阳能发电。目前认为，器件降解主要是钙钛矿层受到水蒸气和加热效应的影响，导致铅基钙钛矿的活性相发生改变。为了改善这些太阳能电池的稳定性，全球许多团队都在尝试使用其他金属开发钙钛矿层，但目前还没有成功解决毒性问题以及实现钙钛矿的稳定结构。此外，好的回收方法对于防止铅化合物释放到环境中也非常重要。对于 CdTe 太阳能电池，类似的环境问题已经得到解决，因此可以利用现有的基础设施解决回收和环境保护问题。环境保护部门将饮用水中的铅含量控制在 0.015 g·L^{-1} 以下。期待通过进一步的研究工作，这些问题能得到进一步改善。

5.6　砷化镓太阳能电池

砷化镓(GaAs)是典型的 ⅢA-ⅤA 族化合物半导体材料，其晶格结构类似于硅，属于闪锌矿晶体结构。不同于硅材料，GaAs 属于直接带隙材料，其带隙宽度为 1.42 eV，恰好位于最佳太阳能电池所需的能隙范围，使其具有卓越的光电转换效率，因此被视为理想的太阳能电池材料。它的主要特点如下：

(1) GaAs 属于直接带隙材料，因此具有较大的光吸收系数。有源区只需 3～5 μm 即可吸收 95%的太阳光谱中最强的部分，相比之下，硅材料需要上百微米的厚度才能有效吸收阳光。

(2) GaAs 太阳能电池表现出较小的温度系数，使其能够在较高温度下正常工作。通常情况下，随着温度升高，太阳能电池的开路电压下降，而短路电流略有增加，导致电池效率降低。然而，由于 GaAs 材料具有较宽的带隙，要在较高温度下才会显著发生本征激发。因此，GaAs 太阳能电池的开路电压下降速度较缓慢，效率降低较为缓慢。这使得 GaAs 太阳能电池在高温环境下表现得更为稳定，相对于其他材料更具优势。

(3) GaAs 的有效区很薄，抗辐照性能比较好，能够成为空间能源的重要组成部分。

然而，GaAs 太阳能电池的制造工艺复杂，而且由于设备和材料制备昂贵，其成本远高于硅基太阳能电池。因此，GaAs 太阳能电池无法在市场上得到广泛应用。尽管如此，在航空航天领域，GaAs 太阳能电池已逐渐取代硅基太阳能电池，因为航空航天领域需要更高的电池效率和更好的耐辐射性能。

5.6.1 砷化镓太阳能电池的发展历史

GaAs 太阳能电池的研究起源于 20 世纪 50 年代。类似于其他 GaAs 光电子器件，GaAs 太阳能电池需要使用外延材料进行制备。在初期的研究阶段，1963 年提出的液相外延(LPE)技术是人们制备 GaAs 太阳能电池的主要方法。该技术使用 GaAs 单晶片作为衬底，通过 LPE 技术生长出的电池是 GaAs/GaAs 同质结太阳能电池。

由于 GaAs 是一种直接带隙材料，对短波长光子具有较高的吸收系数，高能量光子主要被几十纳米厚的表面层吸收，产生大量光生载流子。许多光生载流子因为被表面复合中心俘获而发生复合，无法贡献到太阳能电池的电流中。因此，高的表面复合速率显著降低了 GaAs 太阳能电池的短路电流，限制了性能的进一步提高。在研究的早期阶段，电池效率长时间未能超过 10%。采用 LPE 技术制备的 GaAs/GaAs 太阳能电池在当时达到的最高效率为 21%。美国休斯飞机公司使用该设备大量生产的电池效率达到 19%。此外，由于 GaAs/GaAs 同质结材料存在密度大、机械强度差等缺点，限制了 GaAs 太阳能电池在空间应用中的发展。面对这些挑战，研究人员积极寻找研制 GaAs 太阳能电池的新方法。

为了弥补这些缺点，20 世纪 80 年代，美国 ASEC 公司采用金属有机化学气相沉积(metal-organic chemical vapor deposition，MOCVD)设备制造 GaAs 太阳能电池，并使用廉价的锗(Ge)单晶片替代 GaAs，制备单结 GaAs 太阳能电池。这种设计的特点在于，在保持 GaAs 太阳能电池效率高、耐高温和抗辐射等优点的基础上，增加了机械强度高、不易破碎的优势。这既提高了其实用性，又降低了生产成本。不断发展的 MOCVD 技术极大地解决了太阳能电池表面均匀性和浓度可控性的问题，进一步提高了电池的光电转换效率，从而提高了电池的成品率。通过 MOCVD 方法制造的 GaAs/Ge 电池在空间发射中得到越来越广泛的应用。苏联和平号空间站于 1986 年发射，配备了 10 kW 的 GaAs 太阳能电池，单位面积功率达到 180 W·m^{-2}。

20 世纪 80 年代末，随着 MOCVD 技术的发展，人们研制出比单结 GaAs 太阳能电池性能更优越的双结太阳能电池。

1988 年，研究人员使用 MOCVD 技术生长的 AlGaAs/GaAs 双结叠层太阳能电池效率达到 23%。由于 Al 容易氧化，电池在实际应用中并没有体现出寿命上的优势，之后并未取得更多的进展。

1990 年，美国国家可再生能源实验室研制出 GaInP/GaAs 双结太阳能电池，发现 GaInP 材料与 GaAs 有很好的晶格匹配，界面的复合速率很低(约为 15 cm·s^{-1})，并且具有很强的抗辐照能力，其效率达到 27.3%。1997 年，日本能源公司的竹本(Takamoto)等制造的 GaInP/GaAs 太阳能电池效率达到 30.3%。

2020 年，上海空间电源研究所研制的 GaAs 太阳能电池的光电转换效率已达到 34%(图 5.33)，在我国新一代载人飞船试验船上，以充电电路的形式搭载并应用了该电池，实现了国际空间顶尖太阳能电池的首次在轨应用。直至今天，GaAs 太阳能电池已成为卫星电源系统的重要组成部分。

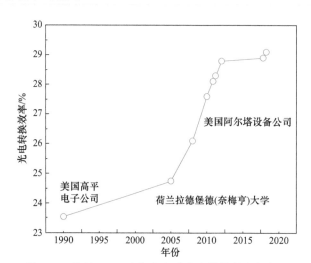

图 5.33 单结 GaAs 太阳能电池光电转换效率的发展

5.6.2 砷化镓太阳能电池的基本结构

单结 GaAs 太阳能电池的基本结构由背电极、Ge 衬底层、N 型 GaAs 缓冲层、N 型 AlGaAs 背场层、N 型 GaAs 基底层、P 型 GaAs 发射层、P 型 AlGaAs 窗口层、P 型 GaAs 顶盖层、顶电极组成(图 5.34)。太阳能电池的基底提供机械支撑和结构支持。锗(Ge)被选择作为衬底的原因之一是其晶格匹配性,有助于在后续层次中形成高质量的晶体结构。厚度小于 1 μm 的 N 型 GaAs 缓冲层位于 Ge 衬底层上方,有助于改善晶格匹配,减小 Ge 和 GaAs 之间的晶格失配,提高电池性能。100 nm 厚的 N 型 AlGaAs 背场层用于形成电场,有助于电子的传输,提高电池的效率。AlGaAs 是一种合金材料,其中铝和镓的比例可以调整以实现所需的电特性。P 型/N 型 GaAs 位于基底层上方形成 PN 结,其厚度约为几微米,用于吸收太阳光并产生电子-空穴对。几十纳米厚的 P 型 AlGaAs 窗口层有助于电子和空穴的分离,并促使它们进入电池的相应区域,从而增加电流。类似于 N 型 AlGaAs 背场层,这里 AlGaAs 中铝和镓的比例同样可以调整。P 型 GaAs 顶盖层位于 P 型 AlGaAs 窗口层之上,作为顶部的结构支撑。这一层有助于保护电池的内部层次,并提供机械支撑。多结太阳能电池与单结太阳能电池的结构类似,由禁带宽度合适的顶部电池和底部电池串联组成。

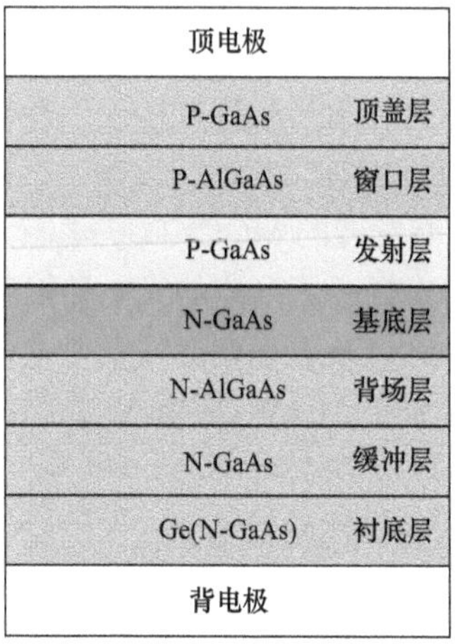

顶电极	
P-GaAs	顶盖层
P-AlGaAs	窗口层
P-GaAs	发射层
N-GaAs	基底层
N-AlGaAs	背场层
N-GaAs	缓冲层
Ge(N-GaAs)	衬底层
背电极	

图 5.34 单结 GaAs 太阳能电池
的器件结构示意图

GaAs 太阳能电池的多层结构主要由下列几种技术完成。

1. 液相外延技术

液相外延技术由纳尔逊(Nelson)等于 1963 年首次提出,是一种半导体外延生长技术。其基本原理是在高温条件下将半导体晶体在其熔点溶解,随后在衬底表面以薄膜的形式重新结晶生长。在 GaAs 太阳能电池中,通常采用低熔点金属(如 Ga、In 等)作溶剂,将待生长的材料(如 GaAs、Al 等)和掺杂剂(如 Zn、Te、Sn 等)作溶质,以使溶质在溶剂中达到饱和或过饱和状态。然后降温冷却使溶质从溶剂中析出,形成晶体并在衬底上重新生长。LPE 技术在 20 世纪 70 年代初首次应用于单结 GaAs 太阳能电池的研发。

LPE 技术的优势包括相对较低的设备成本和相对简单的操作,特别适用于单结 GaAs/GaAs 太阳能电池的大规模生产。然而,该技术也存在一些不足,如异质界面的复杂生长难以实现、多层结构的复杂生长难以掌握以及外延层参数难以准确控制等,这些问题限制了 GaAs 太阳能电池性能的进一步提升。

2. 金属有机化学气相沉积技术

金属有机化学气相沉积(MOCVD)技术是由马纳斯维特(Manasevit)和丁格尔(Dingle)等于 1968 年提出的一种制备化合物半导体薄层单晶的方法。MOCVD 装置通常包括反应室、供气系统、加热系统和衬底支持系统。在生长过程中,将金属有机前体引入高温环境中,通过热分解释放金属原子,随后与气相中的其他反应物质发生化学反应,最终在衬底上形成所需的固体薄膜。这种技术具有高度的控制性,能够在复杂结构的衬底上实现均匀且精密的沉积。

在太阳能电池的制造中,采用ⅢA 族、ⅡB 族元素的金属有机化合物[如 $Ga(CH_3)_3$、$Al(CH_3)_3$、$Zn(C_2H_5)_2$ 等]和ⅤA 族、ⅥA 族元素的氢化物(如 PH_3、AsH_3、H_2Se 等)作为晶体生长的源材料,生长ⅢA-ⅤA 族、ⅡB-ⅥA 族化合物半导体及其三元、四元化合物半导体薄膜单晶。

20 世纪 70 年代末,MOCVD 技术开始用于研制 GaAs 太阳能电池(图 5.35)。与 LPE 技术相比,MOCVD 虽然设备成本较高,但具有不可比拟的优越性。该技术能够实现对外延层参数的精确控制,支持异质界面的复杂生长,并为多层结构的制备提供更大的灵活性。这些特点使 MOCVD 技术成为研发高性能 GaAs 太阳能电池的重要工具。

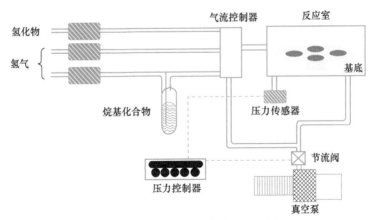

图 5.35　MOCVD 设备结构示意图

3. 分子束外延技术

分子束外延(molecular beam epitaxy,MBE)技术最早由美国贝尔实验室于 1968 年提出,是一种高度精密的薄膜生长方法,起初设计用于实现 GaAs/AlGaAs 超晶格结构。外延生长在超高真空环境(10^{-10} Torr)下进行，通过高温蒸发将原材料裂解为气体分子，形成分子束流。这些分子束在衬底表面经历吸附、分解、迁移、成核、生长等过程，使原子精确地定位完成外延生长。

各种高纯度原材料分别在各自的束源炉中独立加热产生分子束，这些分子束经过机械挡板控制，喷射到衬底表面。系统的超高真空环境是确保分子束流直线到达衬底的关键。衬底温度通过加热板进行调节，以达到所需的生长温度。

相较于其他方法，该外延系统提供了更为有效的方式，使单个或多个热分子束在超高真空中相互作用并结晶，实现了原子级的表面平整度和界面的陡峭超薄层沉积。此外，该技术具有可调的合金组分或掺杂原子纵向浓度梯度等优势。MBE 技术生长温度较低，成功避免了界面原子的相互扩散；生长速度适中，有利于实现原子级的沉积速度，有助于新型结构的精准制备；超高真空条件极大地减少了外延过程中杂质的引入，提高了材料的质量和纯度。

5.6.3 砷化镓太阳能电池的技术发展趋势

以 GaAs 为代表的ⅢA-ⅤA 多结太阳能电池是空间应用的主要电源，因其具有超高光电转换效率和更好的抗辐射性能而备受青睐。尽管制造成本较高，但仍被广泛用于不同的空间。目前由于新材料和新结构不断涌现，各种太阳能电池的性能得到广泛研究。由于能隙匹配和晶格匹配之间的平衡发展，太阳能电池的结构不断优化，发现了更合适的新材料，并采用更成熟的制造工艺。太阳能电池的最高转换效率纪录不断刷新。与传统硅基太阳能电池相比，ⅢA-ⅤA 多结太阳能电池的转换效率显著提高。到目前为止，结晶硅异质结太阳能电池的最高效率达到 25.6%，2021 年美国国家可再生能源实验室研制的六结太阳能电池在 143 倍太阳光照下创造了转换效率 47.1%的世界纪录。多结结构是目前 GaAs 太阳能电池重要的技术发展趋势，晶格匹配的 GaInP/GaAs/Ge 三结太阳能电池制造技术逐渐成熟，并在大规模生产中保持超过 30%的转换效率(图 5.36)。

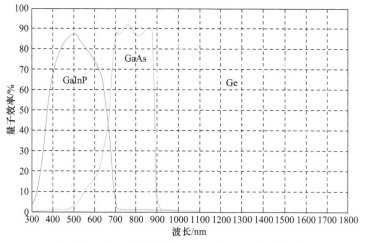

图 5.36　多结太阳能电池的理论量子效率示意图

根据 S-Q 模型，单结、三结和四结太阳能电池的理论效率极限分别为 33.5%、56%和

62%。随着新材料和高质量制造技术的快速发展，这些太阳能电池都可以实现更高的效率和更好的性能。

另外，空间辐射环境是太阳能电池性能和寿命的主要影响因素。高能量的电子和质子等高能粒子在太阳能电池结构的不同区域引起位移损伤形成非辐射性复合中心，减少少数载流子寿命，进而导致太阳能电池电气和光谱参数的降低。尽管太阳能电池的辐射效应得到了广泛研究，但不同材料和不同结构的多结太阳能电池的辐射损伤机制尚未完全探明。对于辐射硬化方法，仍然需要更多的实验和理论研究。

思 考 题

1. 碲化镉薄膜太阳能电池和染料敏化太阳能电池的优缺点分别是什么？
2. 碲化镉薄膜太阳能电池的生产和使用中，如何抑制镉的排放？
3. 具有钙钛矿型结构的有机-无机杂化太阳能电池发展迅速，目前最高效率突破 26%。该类太阳能电池的研究重点已经从追求效率转向解决其长期应用的稳定性问题。其他几类薄膜电池最迫切需要解决的问题有哪些？
4. 铜铟镓硒具有组成元素储量丰富且无毒、稳定性高以及与现有薄膜光伏技术兼容等优势，也是用于薄膜太阳能电池的理想材料；此类电池还有哪些可改进的方向和角度(如材料与器件制备、材料性质及其测量表征、缺陷态和能带性质调控等)？
5. 试总结近年来受到重点关注的几类新型太阳能电池的研究进展及发展趋势。
6. 如何看待"在不久的将来钙钛矿太阳能电池及其他新型太阳能电池将取代晶硅太阳能电池成为光伏领域的主导，使人类对能源的有效利用再上一个新的台阶"这一观点？
7. 开放性问题：未来哪种新型电池将占据光伏发电的主要市场？理由是什么？

第6章 太阳能电池效率的提升途径

6.1 表面制绒和减反

表面制绒和减反是优化太阳能电池性能的重要技术。表面制绒通过在电池表面引入微纳米级结构来提高光的吸收效率和减少反射损失。减反技术旨在最大限度地减少光在材料表面的反射,增加光的穿透和吸收。

6.1.1 表面制绒和减反概述

如图 6.1 所示,反射光、透过光及无效吸收等光学损失在太阳能电池中占据相当大一部分。表面制绒是通过改变太阳能电池表面的形貌和结构,增加光的俘获和吸收,从而提高电池效率的技术。这包括在太阳能电池表面创建微米结构或纳米结构,如微孔、纳米线、纳米柱等,以增加光的入射面积和延长光在太阳能电池内部的传播路径。表面制绒的主要目的是最大限度地降低光的反射,提高光的吸收率,从而增加太阳能电池的光电转换效率。

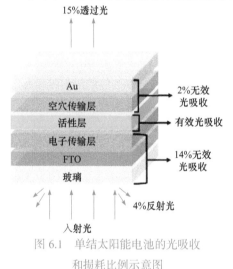

图 6.1 单结太阳能电池的光吸收
和损耗比例示意图

减反是指采取适当措施减少光在太阳能电池表面的反射。反射是光在介质之间传播时发生的现象,会导致光的损失并降低太阳能电池的效率。为了减少这种反射,通常在太阳能电池表面涂覆一层抗反射涂层或采用纳米结构化的表面,使光更容易进入太阳能电池内部而不被反射。减反技术有助于提高光的利用率,提升太阳能电池的性能。

综合来看,表面制绒和减反是相辅相成的技术,它们都旨在优化太阳能电池的光吸收和利用效率,从而提高太阳能电池的总体性能和效率。

6.1.2 表面制绒

1. 定义和目的

表面制绒是一种用于改善表面结构的技术,常通过引入纳米结构或微米结构来实现,如图 6.2 所示。其主要目的是增加光的吸收率和有效减少反射损失。表面制绒技术通常应用于光伏设备、光电器件、照明器件等。

2. 制绒方法和工艺

目前主要的表面制绒方法包括化学制绒、机械制绒、光刻制绒、激光制绒、等离子体制绒等。其中，化学制绒是一种常见的制绒技术，通过涂布浓溶液、气相沉积或溶剂挥发来拓宽表面微结构。机械制绒是通过机械加工，如切割、研磨等方式，使材料表面产生纳米结构。光刻制绒是通过光在光敏材料表面辐照成型的技术。激光制绒是使用激光对材料进行加工，形成所需的微纳米结构。等离子体制绒是使用等离子体处理材料表面，形成所需的结构。

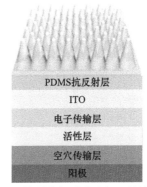

图 6.2　光伏器件与玻璃基板上的纳米锥状
PDMS 层连接的三维示意图
PDMS：聚二甲基硅氧烷

3. 制绒效果和影响因素

制绒效果取决于各种因素，如表面结构和形貌、制绒方法、材料表面化学性质、表面荒度和表面能等。首先，表面结构和形貌的设计可以增加太阳能电池表面的有效光吸收面积。制绒技术可使电池表面的结构更加复杂和多样化，从而产生大量的小结构或微纳米结构。这些结构可以增加表面的粗糙度，从而增加光的入射表面积，提高光的吸收率。此外，引入具有特定方向性的结构可以引导光线在太阳能电池内部进行多次反射和折射。这不仅可以延长光在太阳能电池内部的传播路径，还能增加光与材料的相互作用时间，有助于提高材料的光吸收效率，降低反射率和散射率。

4. 表面制绒在太阳能电池中的应用和优势

表面制绒技术在太阳能电池中有广泛的应用和巨大的优势。

表面制绒在太阳能电池中的应用主要体现在以下四个方面。第一，表面制绒可以增加太阳能电池的光吸收能力。通过在太阳能电池表面创建微结构，可以增加表面的光散射和光吸收，提高光电转换效率。第二，表面制绒可以帮助控制太阳能电池表面的反射。通过设计表面微结构，可以减少光的反射并增加光在太阳能电池内的传播，从而提高光电转换效率。第三，表面制绒有助于增加光生载流子的产生和收集。通过调节表面微结构，可以优化光生载流子的扩散长度和收集效率，提高太阳能电池的光电流输出。第四，表面制绒可以改善太阳能电池的防污染和耐腐蚀性能。微结构表面可以减少尘埃和污垢的积聚，并提高太阳能电池在恶劣环境下的稳定性和持久性。

表面制绒技术的优势主要体现在提高光电转换效率、降低成本、环境友好、适用性广等方面。其中，表面制绒通常是使用相对低成本的制备技术，如湿法腐蚀等。与其他提高太阳能电池性能的方法相比，表面制绒通常具有较低的成本，有助于降低太阳能电池的生产成本。并且，表面制绒通常采用的制备方法相对环境友好，其优化太阳能电池的效率也有助于减少对环境的负面影响，符合可持续发展的要求。

6.1.3 透过减反

1. 定义和目的

透过减反是指降低光的反射损失，使更多的光能透过材料或器件而不被反射出来，如图 6.3 所示。该技术的主要目的是提高器件的光利用率和效率，减少能量损失。

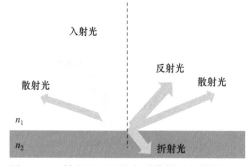

入射光

散射光

反射光

散射光

n_1

n_2

折射光

图 6.3　入射光通过两种介质传播时的散射光、反射光和折射光示意图

2. 减反方法和工艺

减反技术可以通过多种方法和工艺实现，常见的有以下几种：

(1) 抗反射涂层：抗反射涂层是最常见的减反方法之一。它是在太阳能电池表面涂覆一层折射率适当的材料，如二氧化硅或氧化锌，以减少反射。这种涂层可以通过溅射法、化学气相沉积法、溶胶-凝胶法等工艺制备。

(2) 纳米颗粒沉积：在太阳能电池表面沉积一层纳米颗粒也可以有效地减少反射。这些纳米颗粒可以通过溶液法、溅射法等工艺沉积到表面。

(3) 光子晶体结构：光子晶体结构可以通过周期性的介电常数变化控制光的传播，从而减少反射。制备光子晶体结构的方法包括自组装、光刻和等离子体刻蚀等。

(4) 激光刻蚀：激光可以精确地去除太阳能电池表面的一层材料，形成微纳米结构，从而减少反射。这种方法通常用于制备定制化的表面结构。

3. 减反效果和影响因素

减反技术的效果受多种因素影响，以下是一些主要的影响因素。第一，减反效果与材料的折射率和透过率有关。材料的折射率差异越大，减反效果越明显。第二，涂覆薄膜或设计反射层时的工艺和材料选择也会影响减反效果。需要考虑膜层的厚度和材料的稳定性等因素。第三，表面结构的形状、尺寸和分布密度会影响光在太阳能电池表面的反射、散射和吸收情况。优化表面结构可以实现更低的反射率和更高的光吸收率。第四，不同波长的光在太阳能电池表面的反射、折射和吸收情况可能不同，因此在不同波长范围内的减反效果也有所不同。第五，环境因素如温度、湿度、污染物等会对太阳能电池的减反效果产生影响。例如，污染物会附着在太阳能电池表面导致反射率增加，从而降低光电转换效率。

4. 透过减反在太阳能电池中的应用和优势

太阳能电池的效率高度依赖于光的吸收和转换效果，而反射损失是其中一个主要的能量损失来源。通过应用减反技术，可以显著减少光的反射损失，提高太阳能电池的光电转换效率。例如，通过在活性层表面涂覆抗反射膜或设计反射层，可以减少其表面的反射损失。此外，通过结构表面工程也可以增强活性层对光的吸收，并提高电池的光利用率。

6.1.4　表面制绒的材料和结构工程

1. 不同材料的选择和性能比较

1) 二氧化钛(TiO_2)

二氧化钛是一种常用的表面制绒材料，具有良好的抗反射性能和光电转换效率。它具有较低的折射率和较高的吸收系数，能有效降低光的反射损失并增加光的吸收量。

2) 氧化锌(ZnO)

氧化锌也是一种常用的表面制绒材料，具有较好的抗反射性能和良好的光电特性。它具有可调节的带隙和高效的光吸收能力，适用于不同频率范围的光谱。

3) 钨酸铅($PbWO_4$)

钨酸铅是一种具有良好抗反射性能和优异光学特性的材料。它具有较高的折射率和吸收系数，可以在可见光和红外光范围内实现高效的光吸收和转换。

4) 二硫化钼(MoS_2)

二硫化钼是一种二维材料，具有优异的光电转换性能和调控能力。它在可见光和红外光范围内具有较高的吸收系数和可调控的带隙，可以应用于多种光电器件中。

2. 复合材料和多级结构的设计和优化

1) 纳米颗粒掺杂

将纳米尺寸的金属或半导体颗粒掺杂到表面制绒材料中，可以进一步提高其抗反射性能和光电转换效率。纳米颗粒的加入可以增加表面的粗糙度和光散射效应，从而降低光的反射和提高光的吸收。

2) 多尺度纹理和表面形态控制

通过制备多尺度的纹理结构和控制表面形态，可以实现更好的抗反射性能和光俘获效果。例如，可以通过湿化学方法、自组装技术和微纳加工等，在材料表面形成微米和纳米级的结构，如图 6.4 所示。

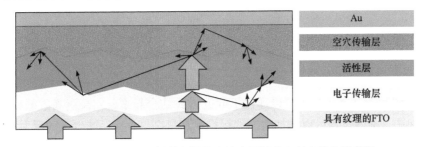

图 6.4　具有纹理基板的太阳能电池内可能的入射光路径示意图

3) 梯度折射率的实现

通过设计和优化复合结构或多层膜结构，可以实现梯度折射率，从而有效地控制光的传播和吸收。梯度折射率的实现可以减少光的反射和折射损失，提高光的俘获和转换效率。

6.1.5 减反膜的材料和工艺改进

1. 阻挡层和抗反射涂层的组成和制备

1) SiO_2/TiO_2、Al_2O_3/TiO_2 等多层结构

多层结构的阻挡层和抗反射涂层被广泛应用于减反膜。其中，SiO_2/TiO_2 和 Al_2O_3/TiO_2 等多层结构具有良好的光学性能和抗反射效果。通过优化层的厚度和组成，可以实现对不同波长和角度的光的抑制和抗反射效果。

2) 直接溶胶-凝胶法、物理气相沉积等技术

减反膜的制备主要包括直接溶胶-凝胶法和物理气相沉积等技术。直接溶胶-凝胶法通过溶胶制备和热处理的方式得到减反膜，具有成本低和易于大面积制备的优点。物理气相沉积则通过蒸发、溅射或化学气相沉积等方法，在基底表面形成减反膜材料。

3) 纳米颗粒和微球组装技术

利用纳米颗粒和微球组装技术，可以制备具有特定结构和形态的减反膜。通过控制颗粒或微球的大小、形状和排列方式，可以有效地调控光在表面的反射和折射，从而实现减反效果。常用的技术包括自组装、模板法和喷雾干燥等。

2. 界面优化和材料相容性的研究

1) 界面修饰剂的应用

界面修饰剂是用于优化减反膜材料之间界面的化学性质和相容性的物质。通过引入界面修饰剂，可以提高减反膜的表面平整度、黏附性和光学性能，从而降低光的反射和折射损失。

2) 表面能改变和接口控制

通过改变减反膜材料的表面能和优化界面结构，可以实现材料间的相容性和界面性能的提升。表面能改变可以通过表面修饰、化学处理和涂覆技术等方式进行。接口控制则涉及界面层的设计和控制，以实现减反膜层与基底之间的理想接触和结合。

6.1.6 实际应用与发展前景

1. 表面制绒和透过减反的联合应用

表面制绒和透过减反技术可以通过不同的方式结合起来，实现更高效的光电转换。在这种方法中，制绒技术可以增加表面的粗糙度和复杂度，从而减少光的反射。同时，涂覆特定薄膜等减反技术可以进一步降低光的反射，如利用光学膜层或纳米结构材料改变光的折射率，使光线更容易进入器件内部而不被反射。

将这两种技术结合起来，可以有效减少光的反射损失，提高光的吸收率，并最终提高器件的光电转换效率。这种方法已经在实验室中被证明是有效的，并且逐渐应用于太阳能电池和其他光电子器件的生产中，以实现更好的性能和更高的能量转换效率。

2. 优化光电转换效率和稳定性

综合应用多种光学技术，可以进一步优化太阳能电池的光电转换效率和稳定性。除表面制绒和透过减反技术外，还可以应用多种光学调控技术，如微透镜阵列、反射和散射层构建、纳米点(nanodot)技术等。同时，还可以应用各种化学和物理方法提高电池的稳定性，如选择合适的电极、限制杂质等。这种综合应用可以帮助提高太阳能电池的效率和稳定性，并进一步推动太阳能电池的发展。

3. 最新研究和未来发展趋势

近年来，随着对新光电材料和器件的需求日益增加，对太阳能电池的研究也越来越深入。最新的研究表明，通过综合应用多种光学技术，可以大幅提高太阳能电池的效率和稳定性，在太阳能电池领域具有广阔的应用前景。预计未来，表面制绒和减反技术将朝着更高效、更环保、更低成本的方向发展，以满足光伏产业的快速发展需求。此外，随着人工智能、大数据等技术的应用，太阳能电池的设计和优化也将更加精准和高效。通过模拟和预测不同表面制绒和透过减反结构对光电转换效率的影响，研究者可以更快速地找到最优的设计方案，推动太阳能电池性能的提升。

6.2　聚光器电池

聚光器电池是一种采用聚光技术的太阳能电池，它是以相对便宜的聚光器将太阳光汇聚到太阳能电池表面进行发电的一种技术。它的出现为解决现有光伏发电系统大规模推广应用所面临的系统价格和发电成本过高的问题提供了可能。聚光器电池应用中主要考虑的是聚光的倍数、聚光后光斑的辐射强度分布及光谱情况等。

6.2.1　聚光器电池概述

聚光器电池的重要性主要体现在其高转换效率和低发电成本上。聚光器电池由跟日器、聚光电池组件和聚光器及相关动力和降温装置构成，采用聚焦的方式将太阳光的光能密度大大提高(400 倍以上)，可使太阳能电池转换效率提高。聚光器电池广泛应用于各个领域，如建筑、交通、农业和工业等。它可以用于建筑物的屋顶和外墙，以及交通工具的车顶和车窗等，实现太阳能的高效利用。此外，聚光器电池还可以用于农业生产中的灌溉系统和温室，以及工业生产中的热水供应和照明系统等。

6.2.2　聚光器电池的组成和工作原理

聚光太阳能电池的工作原理类似于普通太阳能电池，不同的是，其通过使用聚光器件将太阳光聚焦到电池表面，提高光的强度，从而增大电池的发电效率。聚光器电池通常由两个主要部分构成：光学聚光器和光敏电池。

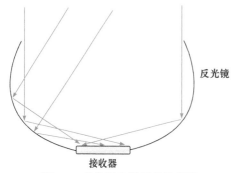

图 6.5　光学聚光器原理示意图

（1）光学聚光器：聚光器通常采用透镜或反射器等光学元件，将散射的太阳光聚焦到一个小的聚焦点上，如图 6.5 所示。光学聚光器有助于提高光能密度，减小电池系统的尺寸和占地面积。

（2）光敏电池：也称为光伏电池或光电池，是将光能转换为电能的关键部分。它由半导体材料制成，能够通过光电效应将入射的光能转化为电能。常见的光敏电池类型包括硅基太阳能电池、多结太阳能电池等。

1. 光聚焦技术的基本原理和作用

光聚焦技术是利用透镜或反射器等光学元件将光线聚焦到一个小区域的技术。其基本原理是通过引导和控制光线的传播路径，将其收束到一个小的聚焦点上。这一过程利用了透镜或反射器对光线的折射或反射特性，使光线更加集中和聚焦，从而达到增强光能密度的效果。

光聚焦技术在聚光器电池中起关键作用。在聚光器电池中，使用特殊的光学元件，如透镜或反射器，将散射的太阳光能聚焦到一个小的光敏电池上。光敏电池接收到的光能密度大大增加，提高了能源的转换效率和输出功率。

光聚焦技术在聚光器电池中的作用主要体现在提高能源利用效率与尺寸和空间优化两个方面。光聚焦技术可以将太阳光能有效地集聚到一个小的聚焦区域上，使其光能密度提高。光敏电池接收到的光能更多，能够更高效地转换为电能。与均匀照射整个电池表面相比，光聚焦技术可以提供更高的能源利用效率。光聚焦技术能够将较大范围的太阳光聚焦到一个小的聚焦点上，从而减小电池系统的尺寸和占地面积。对于某些应用场景，如航天器和便携式设备，空间和尺寸的优化非常重要，光聚焦技术能够满足这一需求。

2. 光能转化为电能的光电效应过程

光电效应是指将光能转化为电能的现象，该过程是通过激发原子中的电子实现的。光电效应是聚光器电池中光能转化为电能的机制之一。太阳光首先经过聚光器的光学元件，如透镜或反射器，这些元件将入射的太阳光进行聚焦，使其在聚光器电池的光敏区域形成一个小而集中的光斑。聚光器电池的光敏区域覆盖了光敏电池，入射的光能被光敏电池吸收，又利用半导体材料的光电效应转化为电能，最终转换为电流；通过电池的电路系统，生成的电流可以用于供电设备或储存电能。根据需要，也可以将电能转换为其他形式，如交流电或直流电信号。

6.2.3　聚光器电池的发展历程

19 世纪末至 20 世纪初，一些科学家开始研究光电效应，并通过实验验证光能转化为电能的原理。其中最著名的是爱因斯坦在 1905 年提出的光电效应理论，他解释了光子能量与光电效应之间的关系，为后来光伏电池的研究奠定了基础。

　　聚光器电池的早期研究主要集中在改善太阳能的收集效率。早期的聚光器电池使用
简单的透镜和反射器，通过聚焦太阳光提高太阳能
电池的光能密度，如图 6.6 所示。然而，由于早期材
料和技术的限制，这些聚光器电池的效率并不高。
随着材料科学和光学技术的进步，聚光器电池的性
能逐渐得到改善。20 世纪后半叶，研究人员开始开
发更先进的聚光器结构和材料，以提高光电转换效
率。例如，采用多结太阳能电池和复合材料的聚光
器电池开始出现，并获得了更好的性能。随着对可
再生能源的需求不断增加，太阳能技术得到广泛应
用，聚光器电池也逐渐发展成为商业化的领域。目
前，一些公司和研究机构在聚光器电池技术方面进
行了长期的研究和开发，并取得了显著的成果。

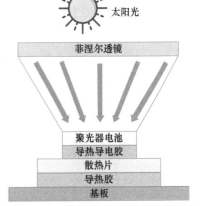

图 6.6　菲涅尔透镜聚光器结构示意图

　　总的来说，聚光器电池的起源可以追溯到 19 世纪末的光电效应研究，经过多年的改
进和发展，目前已经成为太阳能技术领域的重要组成部分。技术进步对聚光器电池产生
了显著影响，从材料的改进到光学设计的革新，都极大地提高了聚光器电池的性能和效
率。随着材料科学的进步，研究人员不断开发新的材料替代传统材料，以提高聚光器电
池的效率。例如，多结太阳能电池和ⅢA-ⅤA 族化合物半导体材料具有较高的光电转换
效率，被广泛应用于聚光器电池中。

　　通过优化聚光器的光学设计，可以最大限度地提高入射光的收集效率和聚焦能力。
采用更复杂的光学元件，如非球面透镜、微透镜阵列和光波导等，可以改善光线的聚焦
效果，使聚光器电池更有效地接收入射光。同时，引入智能跟踪系统可以实现聚光器电
池与太阳光的最佳对准，以最大限度地提高光能的收集效率。这些系统利用传感器和控
制器，使聚光器电池能够随着太阳的运动自动调整位置和角度，以确保光线的最大入射。

　　制造技术的进步可以实现更高的生产效率和质量控制并降低成本。例如，采用微纳
技术和半导体加工工艺，可以制造更小尺寸、更精确的聚光器电池，提高生产效率和性
能。技术进步不断推动着聚光器电池的效率提升和成本降低，聚光器电池的商业竞争力
也随之不断增强，逐渐成为大规模应用和商业化推广的可行选择。

　　综上所述，技术进步对聚光器电池的影响主要体现在材料的优化、光学设计的改进、
智能跟踪系统的引入、制造工艺的改进以及性能和成本的提升。这些因素促进了聚光器
电池的发展和广泛应用。随着材料科学、光学技术、制造工艺和智能控制技术的不断进
步，聚光器电池技术已经取得了显著的进展，其转换效率和光电质量不断提高，大规模
商业应用已成为现实。目前，聚光器电池的效率已经超过 40%，且有轨道追踪聚光器电
池可以实现更高的光电转换效率。

6.2.4　聚光器电池的优点

　　简单来说，聚光器电池的优势主要体现在以下三个方面：高能量密度和能源转换效

率，可定制性和可扩展性，以及相对较小的占地面积和环境友好性。

首先，采用聚光器可以将更多的太阳光聚集到电池上，提高光电转换效率。聚光器电池已经实现了超过 40%的效率，比传统的硅基太阳能电池更高。其次，聚光器电池不需要使用化石燃料或其他污染物，是一种非常环保的能源。太阳能是一种可再生能源，有助于减少对地球的污染。此外，聚光器电池可以在各种不同类型的应用场景中使用，包括太空探测器、高端军事设施和大规模太阳能电站等。而且聚光器电池不受气候和温度等自然条件限制，可以在各种环境下运作。由于聚光器电池并不使用易损的机械部件或运转负载，因此其应用时间及工作寿命较长。利用硅衬底的聚光器电池目前已经在实际应用中工作了 25 年以上。

6.2.5   聚光器电池的应用领域

目前，聚光器电池已经广泛用于大型太阳能电站、太阳能飞机、太阳能气象站、卫星和探测器等。聚光器电池用于碟式太阳能热发电系统结构如图 6.7 所示。聚光器电池还用于太空站和深空探测器中，对于能源限制和高效利用的需求，聚光器电池的应用得到了广泛的关注。

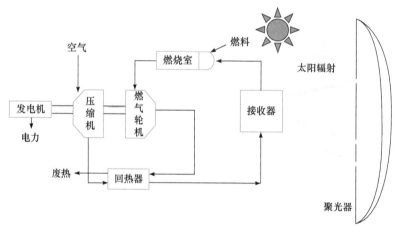

图 6.7   碟式太阳能热发电系统结构示意图

基于聚光器电池的优势，其在航天领域具有广泛的应用。航天器面临能源限制和质量限制的挑战，聚光器电池能够将太阳光聚集到小面积的电池上，从而提高光电转换效率。与传统太阳能电池相比，聚光器电池可以在相同体积和质量下获得更高的能源输出。由于聚光器电池的强鲁棒性和可靠性，航天器在极端环境(包括宇宙射线、高温、低温和真空等)中工作时，聚光器电池可以通过设计选择适合航天环境的材料和封装，提供更强的抗辐射和耐温性能，确保其在极端条件下可靠运行。航天器通常需要多种功能，如动力供应、通信、导航和仪器传感器等。聚光器电池可以与其他系统和设备紧密集成，为航天器提供电能，并满足多种功耗需求。航天器通常需要在太空中进行长时间任务，聚光器电池以其长寿命和良好的稳定性著称。这对于延长航天器的工作寿命、提高任务效率和降低后续维护成本非常重要。

聚光器电池不仅在航天领域有较广泛的应用，还在电子设备和移动电源领域得到应用。将聚光器电池用于移动电源，能够在户外环境中采集大量的太阳光能，为用户提供便携式的低成本电源，从而增加移动设备的使用时间和效率。在智能手表、平板电脑和智能手机等小型电子产品的应用上，使用聚光器电池能够满足更高的能量需求，提供更加可靠的电源，还可以减少用户对电池的频繁充电需要。

聚光器电池在其他领域也有潜在优势，如电动汽车、太阳能制冷系统等。聚光器电池可以在电动汽车中用于增加电池系统的能量密度和驱动效率。聚光器技术可以将更多的太阳能转化为电能，并通过聚光器将阳光聚集到电池上，以增加其充电效率。这有助于提高电动汽车的续航里程，减少对充电设施的依赖，从而推动电动汽车的普及。聚光器电池也可应用于太阳能制冷系统。太阳能制冷系统利用太阳能聚光器将太阳能转化为热能，进而产生制冷效果。聚光器电池可以提供电力驱动制冷设备，实现独立和可持续的制冷解决方案。这种应用对于一些偏远地区或没有稳定电网供应的地区来说具有潜在意义。

需要强调的是，尽管聚光器电池在上述领域中具有潜力，但目前的实际应用尚处于研发和探索阶段。对于一些应用场景，还需要解决聚光器系统的设计、可靠性和成本等问题。此外，聚光器电池的效率和系统的实用性还需要进一步研究和验证。且聚光器电池的具体应用取决于技术成熟度、可行性和市场需求等多种因素，因此在实际应用之前需要充分评估其优势、局限性和经济可行性。

6.2.6　聚光器电池的挑战与未来展望

聚光器电池在应用中面临一些挑战，也有广阔的未来展望。当前市场聚光器电池的挑战主要有成本、耐用性及结构设计三个方面。首先，聚光器电池的制造和组装成本相对较高，这可能限制了其大规模应用。降低成本是一个重要的挑战，需要改进制造工艺和材料选择，以提高生产效率和降低成本。其次，聚光器电池通常暴露在恶劣的环境条件下，如高温、湿度、辐射等，这可能导致其性能衰退和寿命缩短。改进电池材料和封装设计，提高其耐用性和稳定性是一个关键挑战。此外，设计高效聚光器系统以确保最大的光能聚集是一个复杂的工程任务，需要考虑光学元件的形状、曲率、材料等因素，并优化聚光器的性能以提高电池的光电转换效率。

随着对新材料和光学设计的研究不断深入，其效率有望得到进一步提高。通过改进材料和结构设计，提高光吸收率和光电转换效率，有望大幅度提高聚光器电池的能源输出。聚光器电池的应用领域将进一步扩大，除航天、电子设备和移动电源等领域外，聚光器电池在建筑物、汽车、农业等领域也有应用潜力。聚光器电池也可能成为未来清洁能源系统的一部分。在优化系统集成方面，聚光器电池也有得天独厚的优势。将聚光器电池与其他技术和系统集成，可以实现更高效的能源利用。例如，与储能技术结合，通过日间充电储存太阳能在夜间供电，进一步提高能源利用率。聚光器电池是一种环保的能源技术，利用太阳能作为可再生能源，可以减少对传统能源的依赖，减少碳排放。随着对可持续发展的需求增加，聚光器电池有望在未来的能源转型中发挥重要作用。

综上所述，聚光器电池还有许多关键问题需要解决。然而，随着技术的进步和持续创新，聚光器电池有巨大的发展潜力，可能成为可持续能源领域的重要组成部分，并为未来能源供应和应用带来重大改变。

6.3　串　联　电　池

光伏太阳能电池是实现脱碳经济并提供可持续能源供应的关键技术之一。目前，根据 S-Q 理论(极限光电转换效率理论)，进一步提高单结太阳能电池的光电转换效率变得越来越困难。因此，提高太阳能电池效率的一个重要策略是堆叠具有不同带隙的太阳能电池材料以吸收不同波段的太阳光谱。这种"多结"方法可以减少由于高能光子被窄带隙材料吸收而导致的热化损耗，以及由于低能光子未能激发宽带隙材料而导致的带隙以下的损耗。太阳能电池串联技术作为太阳能系统发展的一个重要分支，是提高组件单位面积整体发电量(光电转换效率)和持续降低光伏装机总发电成本的可靠手段。串联电池由单结太阳能电池彼此堆叠而成，其顶部宽带隙太阳能电池吸收高能光子，底部窄带隙太阳能电池吸收低能光子，实现更宽光谱波段吸收，并减轻热载流子热化损失，从而实现更高的光电转换效率。因此，多结串联太阳能电池显示出突破单结太阳能电池的 S-Q 理论极限光电转换效率的巨大潜力。下面介绍几种典型的多结串联太阳能电池。

6.3.1　钙钛矿/硅串联太阳能电池

迄今，硅基太阳能电池是光伏市场中最主要的太阳能电池材料。硅基太阳能电池经历了几十年的发展，包括器件结构设计、硅缺陷钝化、光学设计和硅片表面处理，使多晶硅太阳能电池效率逐步提高至 23.3%、单晶硅太阳能电池 26.1%、硅基太阳能电池 26.7% 的世界纪录异质结太阳能电池，接近单结太阳能电池 29% 的 S-Q 极限，效率进一步提升遭遇瓶颈。为了使硅基太阳能电池成为更高效的光伏转换器，有人提出将硅基太阳能电池与相对较高带隙的半导体材料结合形成多结太阳能电池，该电池能够与更宽的太阳光谱反应并增强整体器件效率，从而超出单结太阳能电池 S-Q 极限。

有机-无机杂化钙钛矿材料被认为是用于串联器件的有前途的半导体，因为钙钛矿的带隙可以通过成分工程调整到 1.3 eV 甚至超过 2 eV。研究表明，带隙为 1.6~1.8 eV 的顶部电池非常适合用于以硅基为底部电池构建串联器件。钙钛矿材料表现出超低的子带隙吸收，因此钙钛矿顶部电池在低于其带隙的光子能量下高度透明，减少了底部电池的光学损耗。此外，由于钙钛矿层可以通过溶液法或真空热蒸发法制备，因此很容易直接在硅底部电池表面制作钙钛矿顶部电池，形成两端串联器件。

1. 钙钛矿/硅串联太阳能电池发展概述

受串联结构的推动，近几年，科研工作者开始研究制备钙钛矿/硅串联太阳能电池，以期望获得更高效率的太阳能电池器件。2014 年，Löper 等提出了钙钛矿/硅两端串联结构，并应用光学模型预测钙钛矿/硅两端串联器件的极限效率，表明在无寄生吸收和 100% 外量子效率的理想条件下，可实现 35.67% 的极限效率。随后，第一个钙钛矿/硅四端(4T)串联太阳能电池被报道，具有 13.4% 的整体光电转换效率(顶部电池 6.2%，底部电池 7.2%)，并预测 4T 串联器件将通过更高的透明接触降低光学损耗，从而实现超过 30% 的光电转换效率。2015 年初，第一个概念验证的 2T 钙钛矿/硅串联太阳能电池被制备，并显示 13.7%的稳定效率。2T 和 4T 串联器件在效率提升方面都迈出了一大步。2020 年初，德国亥姆霍兹柏林材料与能源中心(HZB)实现了 29.15%的 2T 钙钛矿/硅串联太阳能电池认证效率，英国 Oxford PV 公司在 2020 年底刷新了世界认证效率纪录——29.5%。对于 4T 串联器件，通过钙钛矿带隙优化和透明顶电极开发，已实现 28.2%的认证效率世界纪录。通过对钙钛矿活性层优化、界面工程、底部电池优化及透明顶电极的开发，钙钛矿/硅叠层太阳能电池的认证效率从 2017 年的 23.5%大幅增长到 2020 年的 29.5%，已超过硅单结太阳能电池的 S-Q 极限，但仍远未达到饱和。根据报道的光学和电学分析，钙钛矿/硅串联太阳能电池的效率极限超过 40%，表明串联太阳能电池的器件效率仍有提升的空间。尽管钙钛矿/硅串联太阳能电池具有很大的潜力，但其面临材料稳定性、制造成本、工艺复杂性等方面的挑战。随着技术的不断进步和成熟，预计该技术将成为未来太阳能电池领域的重要发展方向之一，为提高太阳能电池系统的整体性能和降低能源成本做出贡献。

2. 钙钛矿/硅串联太阳能电池工作原理

与效率受其固有光学带隙限制的单结太阳能电池不同，结合不同带隙半导体材料的串联器件能够吸收更宽的太阳光谱，产生大于 S-Q 极限的功率。在串联配置中，带隙相对较宽的顶部太阳能电池吸收高能量的光子(如紫外线和可见光)，而带隙相对较窄的底部太阳能电池收集低能量的光子(如太阳光谱的近红外部分)，如图 6.8 所示。这样，更多的光子可以被吸收并转化为电能。一般来说，串联太阳能电池的架构可以是单片集成器件，如图 6.9(a)所示，其中宽带隙顶部电池直接在窄带隙底部电池的上端，在两个子电池之间形成串联(2T 串联电池)；也可以是两个子电池仅光学耦合但电分离的机械堆叠[4T 串联电池，图 6.9(b)]。2T、4T 串联太阳能电池的等效电路图如图 6.9(c)、(d)所示，由于 2T 串联器件中的子电池是串联的，因此始终需要顶部和底部电池的电流匹配，以确保整体器件电流不受电流较低的子电池的限制。而 4T 串联太阳能电池不需要电流匹配，因为顶部和底部电池是电分离的。因此，将顶部电池最大化或提高底部电池的效率都可以提高 4T 串联器件的整体性能。

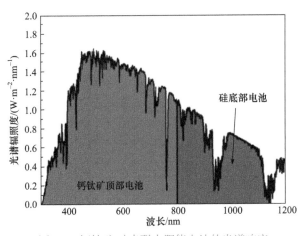

图 6.8　钙钛矿/硅串联太阳能电池的光谱响应

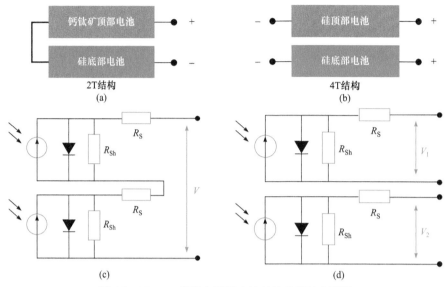

图 6.9　2T、4T 串联太阳能电池结构及等效电路图

3. 2T 串联太阳能电池互连层

在 2T 串联器件中，需要两个子电池之间串联。如果一个子电池的 N 型层直接连接到另一个子电池的 P 型层，则两个子电池之间将形成 PN 结，这将阻止两个电池之间的电流流动，如图 6.10(a)所示。为了解决这种连接问题，需要在两个子电池之间插入复合层或隧道结层作为互连层。因此，互连层作为顶部和底部子电池的光学和电学连接层，是 2T 串联器件的关键组件。对于 2T 钙钛矿/硅串联太阳能电池，互连层不仅需要良好的载流子传输电性能，还需要良好的透明度以利于硅底电池的红外光吸收。

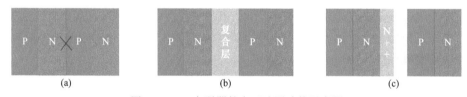

图 6.10　2T 串联器件中互连层功能示意图

(1) 串联连接两个子电池的第一个策略是开发可以传输电子和空穴的导电层，如图 6.10(b)所示。因此，这种导电层将为来自一个子电池的电子和来自另一子电池的空穴提供复合位点。该策略已广泛用于开发以超薄金属膜作为导电层的有机串联太阳能电池。在硅基光伏技术中广泛用作透明电极的氧化铟锡(ITO)引起了研究人员的关注。在器件工作期间，硅底部电池中的光生空穴将通过 P^+ a-Si:H 传输到 ITO 层，而钙钛矿顶部电池中的光生电子将穿过 SnO_2 层到达 ITO 层。然后电子和空穴在 ITO 层内重新结合，形成顶部电池和底部电池之间的电流。

(2) 串联子电池的另一种有效策略是制造高掺杂 N^{++} Si/P^{++} Si 隧道结作为互连层，如图 6.10(c)所示。隧道结是通过对硅表面进行高度掺杂而制成的，它是一个薄层，以便电荷载流子在该层内传输和复合。在器件运行期间，来自 N 型 Si 基体的光生空穴将通过 P

型发射极传输，来自钙钛矿层的光生电子将穿过 TiO_2 电子传输层。由高掺杂硅层形成的隧道结足够窄，因此适合电荷载流子的隧穿和复合，确保电流从顶部电池流到底部电池。

6.3.2　硅/ⅢA-ⅤA 族半导体太阳能电池

多结器件通过减少热化损耗和带隙以下损耗提高电池效率。ⅢA-ⅤA 族化合物具有不同的晶格常数和带隙，已广泛应用于ⅢA-ⅤA 族化合物太阳能电池。将ⅢA-ⅤA 族化合物半导体与硅衬底集成已得到广泛研究，因为它可以显著降低ⅢA-ⅤA 族半导体器件的成本，但其主要挑战来自硅和常用的ⅢA-ⅤA 族化合物半导体之间的晶格失配，这对于获得高效率至关重要。目前，ⅢA-ⅤA 族化合物多结太阳能电池已经实现了将太阳能转化为电能的最高转换效率，使太阳能电池在一个太阳光谱下的效率高达 38.8%，在集中太阳光下甚至可以达到 46% 的效率。

1. 终端结构

通过 Si 与ⅢA-ⅤA 族化合物集成实现的多结串联太阳能电池主要存在三种终端结构：2T、3T、4T 串联器件，如图 6.11 所示。在光伏组件中，2T 串联器件可以用作单结太阳能电池的直接替代品，因此这种结构可以显著降低电池互连的复杂性。然而，2T 串联器件的缺点也很明显，因为其严格的电流匹配要求严重限制了顶部电池材料的选择，并且为了互连子电池，可能会引入降低电池效率的电阻和光学损耗。与 2T 串联器件不同，4T 串联器件往往通过机械堆叠生成，使其对子电池之间的电流匹配不敏感。然而，4T 串联结构的缺点是电阻高且难以降低，并且顶部电池的背接触会导致光学损耗(包括透射和反射)。此外，4T 串联器件使模块级互连单元更加复杂，防止异质外延生长，从而增加制造成本。3T 串联器件的提出是为了弥补其他两种串联器件的缺点。由于 3T 串联器件不需要中间接触进行横向电流传输，因此它与三种主要化合物生长机制非常兼容。

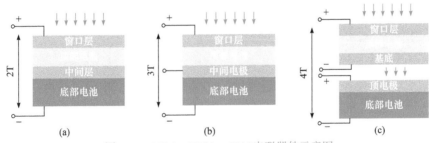

图 6.11　2T(a)、3T(b)、4T(c)串联器件示意图

2. 生长机制

将ⅢA-ⅤA 化合物与 Si 集成到ⅢA-ⅤA/Si 串联太阳能电池中通常有三种方法，即异质外延生长、晶圆键合和机械堆叠。

1) 异质外延生长

由于 Si 衬底和ⅢA-ⅤA 族半导体化合物之间的晶格失配和热失配，在 Si 衬底上异质外延生长ⅢA-ⅤA 族化合物的方法异常复杂且具有挑战性。但异质外延可能是集成ⅢA-ⅤA/Si 串联太阳能电池最便宜的方法。在 Si 衬底上直接异质外延生长ⅢA-ⅤA 族化合物通常需要两种工艺,即低温(400℃)和高温(600~750℃)工艺。在低温下生长 10~15 nm 厚的ⅢA-VA 化合物(通常是 GaAs)层并视为成核,然后使用高温工艺提高外延层的均匀性。

2) 晶圆键合

晶圆键合方法的提出是为了解决在 Si 衬底上外延生长ⅢA-VA 族太阳能电池薄膜带来的热系数不同、高位错密度和晶格失配而破裂或弯曲的问题。通过晶圆键合和离子注入诱导层技术制造的键合模板,可以在 Ge/Si 模板上实现双结 GaInP/GaAs 串联太阳能电池,与外延的 Ge 衬底串联太阳能电池相比具有更优越的性能。然而,在随后的键合后外延生长期间,键合层与化合物层和衬底层之间的热失配可能使得薄太阳能电池层存在破裂的潜在风险。这种方法的另一个显著优点是可以避免 GaAs 和 Si 衬底之间的热膨胀系数不同而引起的热应力。

3) 机械堆叠

使用机械堆叠将ⅢA-VA 族化合物和 Si 衬底集成到ⅢA-VA 族/Si 串联太阳能电池中,这涉及使用黏合材料将ⅢA-VA 族化合物和 Si 衬底堆叠在一起。该方法成功地避免了由于键合材料而导致ⅢA-VA 族化合物与 Si 衬底之间形成的化学键中的晶格位错缺陷。然而,因为实践中使用的大多数黏合材料是绝缘的,即不导电,所以ⅢA-VA 族化合物和硅子电池都需要它们的端子,这可能会导致额外的成本。这种方法的优点是相对简单且成本较低,但需要额外的工艺步骤和设备,并且可能受到介质层的影响。

6.3.3 有机串联太阳能电池

子带隙传输和热电荷载流子的热化是太阳能电池中存在的两个主要损耗,而串联太阳能电池可以同时避免这两种效应。在有机太阳能电池中,串联器件可以解决 π 共轭有机分子的两个固有问题:①低的载流子迁移率和短的载流子寿命限制了载流子的传输距离,阻碍光厚活性层的最大吸收;②有机分子材料的吸收光谱并不像无机半导体那样由连续谱组成,它们显示出窄且离散的峰。因此,各种不同材料的组合有助于太阳能电池更有效地覆盖太阳的发射光谱。

1. 有机串联太阳能电池的分类

根据用于活性层和分离或复合层的材料,有机串联太阳能电池可分为三大类:

(1) 串联有机太阳能电池,其中底部和顶部电池均基于低分子量蒸发分子。

(2) 混合串联有机太阳能电池,其中一个电池(底部电池或顶部电池)由溶液加工而成,另一个电池则基于真空沉积的低分子量材料。

(3) 完全溶液加工的串联有机太阳能电池,其中底部和顶部电池均由溶液加工而成。

采用溶液加工制备有机串联太阳能电池,必须应对严峻的工程挑战。此制备工艺带来的显著问题是通过溶液加工浇铸会溶解其下一层。为了规避这种情况,通常采用可溶于不相容溶剂的复杂材料或通过真空沉积方法沉积一层或多层以实现完整高质量串联电池的制备。

2. 中间层工作原理

除有源层的性质外,串联器件的一个重要特征在于所采用的中间层的类型。中间层作为复合中心,可确保串联堆叠的子电池的准费米能级对齐。此外,它们可以充当保护层,在顶部活性层沉积期间支撑底部电池。在光伏操作的背景下,有源层中产生的自由载流子通过阴极处的电子传输层或阳极处的空穴传输层选择性地提取。根据串联架构,需要使用半透明电极(并联)或由电子传输层和空穴传输层组成的半透明复合层(串联)连接两个子电池,其工作原理如图 6.12 所示。因此,中间层的性质特征尤为重要,可简要概括如下:①高度透明,以尽量减少光学损失;②电子传输层和空穴传输层之间应形成准欧姆接触,以缓解双极复合;③电荷载流子的重组需要平衡,以使短路电流最大化;④中间层的加工应符合批量生产的要求,即固溶加工、低温处理、厚度要求等;⑤中间层应足够坚固,以保护下面有源层在上层处理过程中免受损坏;⑥中间层应该是环境稳定的,以提高串联器件的可靠性和寿命。

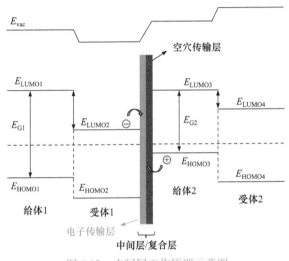

图 6.12　中间层工作原理示意图

本节介绍了串联电池,包括钙钛矿/硅串联太阳能电池、硅/ⅢA-ⅤA 族串联太阳能电池和有机串联太阳能电池的研究意义、基本结构、工作原理及相关的技术发展趋势,充分体现出串联太阳能电池在效率突破及成本降低方面显示出巨大的进步空间。

6.4　太阳能光伏的温差发电技术——热伏能量转换

要实现基于可再生能源的电力网络,包括太阳能在内的间歇性能源必须与储能技术相结合。基于固态热机的热能储存是一种非常有力的解决方案,与电化学电池储存相比,其具有简单性、可扩展性和低成本。温差发电技术起源于 20 世纪 40 年代,在 20 世纪 60 年代达到巅峰,并在航天器上实现了长时间稳定发电的成功应用,其具有稳定可靠、维护成本低、能在极端恶劣环境下长时间运作的特点。温差发电技术采用热电转换半导体材料,直接将热能转化为电能,是一种基于纯固态介质的能源转换方式,不涉及化学反应或流体介质,因此在发电过程中具有无噪声、零磨损、免介质泄漏、体积小、质量轻、便携灵活、使用寿命长等优点。在军事领域的电池应用、远程空间探测器、长距离通信与导航、微电子等特殊领域,温差发电技术占据着不可替代的地位。此技术甚至能够利用人体热和周围环境温度，为各种便携式设备提供电力支持。随着 21 世纪全球环境和能源状况的恶化，以及燃料电池在实际应用中遇到的挑战，温差发电技术成为备受关注的研究领域，被视为一个潜力巨大的发展方向。

在光电转换过程中，一部分波长的光可用于光电转换，而其余波长的光转化为热能，引起太阳能电池板发热，直接影响太阳能电池的效率和寿命。基于塞贝克效应(Seebeck effect)的温差发电技术可以解决该问题，它利用太阳能电池板的余热进行温差发电，直接将热能转化为电能，是一种绿色环保的发电方式。根据能量守恒定律，热能转化为电能，同时降低太阳能电池板的表面温度。

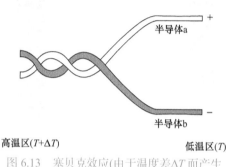

图 6.13　塞贝克效应(由于温度差 ΔT 而产生的电压 ΔV)

如果两个半导体 a 和 b 在高温点处相接，并且在这一点与低温点之间保持温度差 ΔT，则在低温点之间产生开路电压 ΔV(图 6.13)。这是由于当两个不同温度的导体或半导体之间存在温差时，电子倾向于从高温区向低温区移动，从而产生电荷分离和电势差。这种效应称为塞贝克效应，这个现象是热电效应的一种，可以将热能转换成电能，常用于温差发电装置中。该效应由发现者之一的德国物理学家塞贝克(Seebeck)命名。其数学表达式为

$$\Delta V = \alpha_S \Delta T \tag{6.1}$$

式中，α_S 为塞贝克系数，单位为 $V \cdot K^{-1}$(更常见为 $\mu V \cdot K^{-1}$)。人们发现，只有由两种不同材料组成的复合物，即热电偶，才会表现出塞贝克效应。对于相同材料的两个导线，不会显示出塞贝克效应，这是因为对称性。然而，实际上塞贝克效应是存在的，因为它是一种本征属性，不依赖于导线的特定排列方式或材料，也不依赖于它们的具体连接方式。这种性质可以表达为

$$\nabla E_F = \alpha_S \nabla T \tag{6.2}$$

式中，E_F 为费米能级(其中 $E_F/q = \Phi F$，代表电化学势)；塞贝克系数 α_S 约为 1，取决于材料本征化学成分及温度等因素。

6.4.1　热光伏电池与热辐射电池

目前利用热辐射发电的太阳能电池系统主要有太阳热光伏(TPV)系统、太阳热辐射(TR)系统和结合了前两者的太阳热辐射光伏能量转换器(图 6.14)。这几种均具有实现高能量转换效率的潜力，适用于广泛的温度范围。多种优点使得热光伏电池和热辐射电池成为太阳能-热能转换、废热回收发电等多种应用的理想选择。然而，由于对热发射器和吸收器的额外考虑，热光伏和热辐射系统的内部能量传输机制相比于传统光伏系统更为复杂。因此，准确拟合器件运行过程中电荷和辐射传输过程对于设计高性能辐射转换器至关重要。

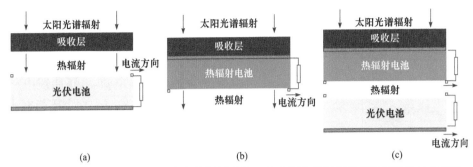

图 6.14　太阳热光伏系统(a)、太阳热辐射系统(b)和太阳热辐射光伏能量转换器(c)的原理

1. 热光伏电池

热光伏电池系统由替代太阳光的热红外光子的热发射器以及将这些光子转换为电能的太阳能电池组成。热光伏系统的发电机制类似于传统光伏，但其能量来源是利用来自本地热发射器的红外光子，而非传统光伏器件中的太阳辐射，如图 6.15 所示。当发射器通过阳光直接或间接(通过热能储存)加热时，能量高于带隙的光子产生电子-空穴对，在 PN 二极管势垒的耗尽区被电场分离。空穴(电子)在 P 型(N 型)区域的接触处被收集，产生正电压和负光电流，并连接到外部负载。当完全集中的太阳光入射到黑色吸收层上时，该技术具有接近 85% 的能量转换效率极限，这激发了许多关于太阳能热光伏效应的理论和实验研究，但实验太阳能转换效率仅达到 8.4%。在实践中要实现高太阳能热电转换效率是困难的，因为这需要相对较高的带隙(>0.6 eV)和发射器温度(>1500 K)，这也导致了较大的热损失。尽管存在挑战，但热光伏系统具有一些有益的特性，如能够修改光子光谱并将未使用的光子循环利用于热发射器。利用纳米光子选择性发射体或带有后置反射镜的选择性吸收电池可以大幅减少亚带隙寄生吸收。

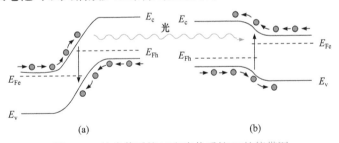

图 6.15　热光伏系统(a)和光伏系统(b)的能带图

2. 热辐射电池

热辐射电池(或称为负光照光电二极管)概念于 2014 年首次提出，它能够在较小的能隙和较低的热端温度下高效运行，其内部运行机制比热太阳能电池更加复杂。热辐射电池与太阳光伏电池具有相同的 PN 结构，但不同于被外部光源照明，它们直接受热并可以实现向更冷的环境进行热辐射，主要过程可以概括为：当半导体 PN 二极管与周围环境处于热平衡时，吸收和发射光子数量相同。如果周围环境温度低于二极管温度，则发射光子数大于吸收光子数。由此产生的超带隙热光子净发射现象可视为一种"负光照"，通过

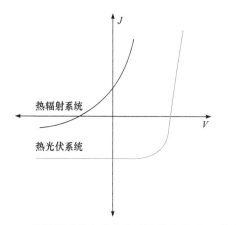

图 6.16   热辐射系统和热光伏系统的电流-电压曲线
(太阳热辐射-光伏系统同时从两种电池产生电力)

辐射复合引起少数载流子的非平衡耗竭。这相当于准费米能级和器件电压的分裂，与光照下的光伏电池相反。因此，热辐射电池在电流-电压曲线中产生的功率位于第二象限，而太阳能电池产生的功率位于第四象限(图 6.16)。电荷载流子向结区的扩散和足够的热供应使得这些载流子能够克服结压降产生连续电流，少数载流子的数量减少，导致与热光伏相反的准费米能级分裂，如图 6.15 所示。因此，热辐射设备以负电压和正光电流运行，热辐射电池的电流-电压曲线示例如图 6.16 所示。与太阳能电池类似，通过太阳能吸收器或热储存，热辐射转换器可以利用太阳光对热辐射电池进行加热和太阳能转换。然而，太阳能热辐射系统更偏好非常低的带隙(<0.3 eV)材料，该性质使其更容易受到非辐射损耗的影响。

为了充分利用热光伏和热辐射系统的优势，考虑将热辐射电池的辐射热能利用于激发冷却的太阳能电池，并从两个设备中获取能量。这种辐射能的再循环成为需要解决的关键问题。将热辐射和热太阳能电池集成到混合系统中，可能展现出比单一电池更高的性能。耦合太阳能电池和热辐射电池(PV-TR)并组成的新型太阳能集中光谱分裂模型，可以提高太阳能转换效率，其中太阳能电池吸收高于其材料带隙能量的光子，导致相对较高的转换效率；无法被太阳能电池利用的低能光子直接从分光器传输到吸收器，并由吸收器转化为热能。这部分能量被热辐射电池利用，并通过热电原理转化为电能。

Harder 和 Green 曾提出热光子转换器(TPHC)的概念，包括发光二极管、光伏电池、两个设备之间的光学耦合和一个电子控制电路。发光二极管被外部热源加热至比太阳能电池更高的温度。当发光二极管处于短路或开路状态，即不提供电源，系统的功能与效率都与一个效率非常低的热光伏系统相似。然而，热光子转换器与传统的热光伏系统的一个区别在于，热光子转换器系统使用了由电驱动的光电二极管作为主动发射器，并带有正偏压，结果表明集中太阳能驱动的热光子转换器可以获得高效的性能。因此，发展热电-光电耦合系统理论上具有更高效且稳定利用太阳能的能力。

6.4.2　太阳能热辐射光伏系统能量传递过程

在太阳能热辐射光伏系统中，了解能量的流动和相关的控制方程至关重要。这种系统涉及多种能量通量和过程，需要通过一系列方程描述。首先，考虑太阳能辐射的输入。太阳能以辐射形式进入系统，包括可见光和红外光，被吸收后转化为热能。热辐射是系统中的另一个重要组成部分。热辐射是通过热发射器以光子的形式释放热能，与环境进行能量交换。然后，光伏效应将部分热辐射转换为电能。太阳能电池在接收到热辐射后，利用光生载流子效应产生电流，从而转化为可用的电能。这些能量通量之间存在各种关系，可以通过一系列控制方程描述，包括能量守恒方程、辐射传输方程及光伏效应方程。这些方程的组合描述了系统中的能量转换和传输过程。

太阳能热辐射光伏系统主要由聚光器、光谱分离器、太阳能电池、吸收器和热辐射电池组成，如图 6.17 所示。Q_{Solar} 是总入射太阳能，由于太阳能电池中半导体材料的带隙限制，通过光谱分离器被分为两部分(Q_{PV} 和 Q_{TR})。光谱分离器的功能在于根据特定要求将入射太阳光谱分为不同的组分。太阳能的主要部分 Q_{PV}，大于或等于带隙能 $E_{g,PV}$ 的部分，被传输到太阳能电池中。而另一部分 Q_{TR}，小于带隙能 $E_{g,PV}$ 的能量，被传输到吸收器并转化为热能，由热辐射电池利用。根据图 6.17 和热力学第一定律可以得出

$$Q_{Solar} = Q_{PV} + Q_{TR} \tag{6.3}$$

$$Q_{Solar} = S_{Con} \int_{E_{min}}^{E_{max}} \phi_{AM1.5}(\varepsilon)d\varepsilon \tag{6.4}$$

$$Q_{PV} = S_{Con} \int_{E_{g,PV}}^{E_{max}} \phi_{AM1.5}(\varepsilon)d\varepsilon \tag{6.5}$$

$$Q_{TR} = S_{Con} \int_{E_{min}}^{E_{g,PV}} \phi_{AM1.5}(\varepsilon)d\varepsilon \tag{6.6}$$

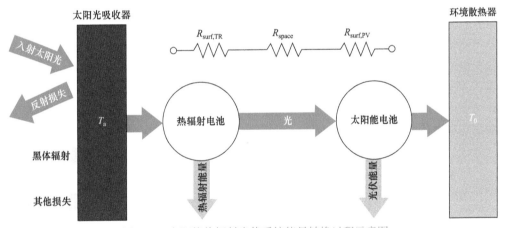

图 6.17　太阳能热辐射光伏系统能量转换过程示意图

热辐射电池和太阳能电池可以使用与太阳能电池分析相似的细致平衡理论进行模拟。在太阳能电池中，损失主要来源于复合损失，会减少过剩少数载流子的数量，使其向平衡载流子浓度趋近(图 6.17)。然而，在具有少数载流子耗尽的热辐射电池中，能量损失来源于增加少数载流子数量的生成损失，使少数载流子浓度向平衡载流子浓度趋近(图 6.17)。这些生成损失包括辐射复合、俄歇复合、肖克莱-里德-霍尔效应以及表面复合过程，类似于太阳能电池，这些过程可能阻碍输运并减少负照明电流。因此，热辐射电池中的电流密度可以描述为

$$J_{TR} = e\left[\int_{E_{g,TR}}^{\infty} \frac{q_{rad}(E)}{E}dE - G_{TR} \right] \tag{6.7}$$

式中，e 为电子电荷；$E_{g,TR}$ 为热辐射电池的带隙；$q_{rad}(E)$ 为从热辐射电池到太阳能电池的

净光谱辐射通量；G_{TR} 为非辐射产生率。由于 $q_{rad}(E)$ 代表净辐射通量，因此辐射产生损失包含在该表达式中。同样，太阳能电池中的电流密度为

$$J_{PV} = e\left[\int_{E_{g,PV}}^{\infty} \frac{-q_{rad}(E)}{E} dE + R_{PV} \right] \tag{6.8}$$

式中，$E_{g,PV}$ 为太阳能电池的带隙；R_{PV} 为非辐射复合速率。根据 S-Q 极限可以确定 G_{TR} 和 R_{PV} 的值。对于热辐射电池和太阳能电池，定义一个因子 f_c，它代表 PN 二极管中辐射生成/辐射复合的值，$f_c = 1$ 的意义为没有非辐射损失，$f_c = 0.1$ 对应于 10% 的辐射过程和 90% 的非辐射过程，依此类推。f_c 用于计算两个器件在环境温度 T_0 下的非辐射损失率，这将提供一致的热辐射电池和太阳能电池的非辐射损失，这是由于热辐射电池中的辐射损失来自温度为 T_0 的太阳能电池的热辐射。

在式(6.7)和式(6.8)中，热辐射电池到太阳能电池的净光谱辐射通量 $q_{rad}(E)$ 不仅取决于器件的温度和光学特性，还受到光致发光效应影响，因而也与它们的电压相关。可以通过修改黑体辐射功率将这一影响纳入考虑：

$$q_{bb}(E,T,V) = \frac{2\pi}{h^3 c^2} \frac{E^3}{e^{\frac{E-\mu}{kT}} - 1} \tag{6.9}$$

式中，对于 $E \geqslant E_g$，$\mu = qV$，对于 $E < E_g$，$\mu = 0$。由于热辐射电池和太阳能电池都产生辐射并可能将其中的一部分辐射反射回另一个设备，$q_{rad}(E)$ 可以通过各结点间的电阻确定。热辐射电池和太阳能电池的黑体辐射功率由式(6.9)给出，它们是整个系统中的两个边界节点，在这之间的三个串联电阻分别是热辐射电池表面电阻(考虑热辐射电池的光学特性)、空间电阻(考虑热辐射电池和太阳能电池之间的视角因素)和太阳能电池表面电阻(考虑太阳能电池的光学特性)，定义为

$$R_{surf,TR} = \frac{1 - \varepsilon_{TR}(E)}{A_{TR}\varepsilon_{TR}(E)}, \quad R_{space} = \frac{1}{A_{TR}F_{TR\text{-}PV}}, \quad R_{surf,PV} = \frac{1 - \varepsilon_{PV}(E)}{A_{PV}\varepsilon_{PV}(E)} \tag{6.10}$$

式中，$\varepsilon_{TR}(E)$ 和 $\varepsilon_{PV}(E)$ 分别为热辐射电池和太阳能电池的光谱辐射率；A_{TR} 和 A_{PV} 分别为它们的表面积；$F_{TR\text{-}PV}$ 为热辐射电池和太阳能电池之间的视域因子。通过在光谱中引入上述参量，热辐射电池到太阳能电池的光谱辐射通量可以表示为

$$q_{rad}(E) = \frac{q_{bb}(E,T_a,V_{TR}) - q_{bb}(E,T_0,V_{PV})}{R_{surf,TR} + R_{space} + R_{surf,PV}} \tag{6.11}$$

以上充分描述了太阳能热辐射光伏系统中的能量流动。一旦确定了光学性能参数(ε_a、ε_{TR}、ε_{PV}、E_g、T_R、$E_{g,PV}$)、损耗系数(h_L)、电压(V_{TR} 和 V_{PV})以及非辐射损失(G_{TR} 和 R_{PV})，就可以对吸收器和热辐射电池进行能量平衡求解得到温度 T_a，并进一步计算输出功率和损耗。然后可以计算太阳能热辐射光伏系统效率为

$$\eta = \frac{-A_{TR}J_{TR}V_{TR} - A_{PV}J_{PV}V_{PV}}{A_a \int_0^{\infty} q_{sol}(E) dE} \tag{6.12}$$

式中，A_a 为太阳吸收器的面积；负号作用于 JV 乘积。需要注意的是，尽管迄今的讨论集中在单位面积 A_a 上的能量流动，但 A_a、A_{TR} 和 A_{PV} 并不需要相等。事实上，使 $A_a < A_{TR}$ 可

能具有优势，因为吸收器的损耗随其面积增加而增加，而光线可以集中到更小的吸收器上，并且热辐射电池和太阳能电池的输出功率与它们的面积成比例。因此，热辐射电池向太阳能电池的辐射应描述为总功率而不是通量。

6.4.3　太阳能热辐射光伏系统能量转换效率

本小节主要讨论太阳能热辐射光伏系统的效率极限。太阳能转换效率可以分解为吸收器效率 η_{abs} 和太阳能热辐射光伏系统效率 $\eta_{TR\text{-}PV}$，其中 $h = \eta_{abs}\eta_{TR\text{-}PV}$。已经证明单独热辐射转换器或光伏转换器的热电效率极限等于卡诺极限，满足以下条件：①电池在窄带限制下运行(仅在带隙能量处向太阳能电池辐射或从热辐射电池辐射)，使得亚带隙寄生辐射/吸收和超带隙光子的热损失趋近于零；②电池在辐射极限下运行，其中非辐射产生/复合速率趋近于零；③电池电压接近开路电压，使得从每个光子中提取的功率最大化，如图 6.18 所示。

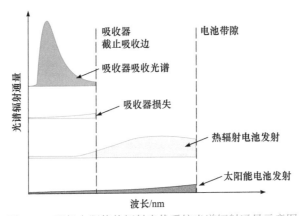

图 6.18　理想太阳能热辐射光伏系统光谱辐射通量示意图

将这些条件应用到式(6.7)和式(6.8)中，可以看出 $q_{rad}(E_g)$ 必须趋近于零，将其应用到式(6.11)中得到 $q_{rad}(E_g, T_a, V_{oc,TR}) = q_{rad}(E_g, T_0, V_{oc,TR})$，对应于面积匹配的太阳能热辐射光伏器件且带隙对齐的情况。带隙对齐是最佳的，因为 $E_{g,TR} > E_{g,PV}$ 将在太阳能电池中引入热损失，而 $E_{g,TR} < E_{g,PV}$ 将导致存在窄带隙的光子无法被利用，并减少实际系统中的功率密度。$V_{oc,TR}$ 和 $V_{oc,PV}$ 分别为热辐射电池和太阳能电池的开路电压。简化后可得

$$\frac{E_g - eV_{oc,TR}}{T_a} = \frac{E_g - eV_{oc,PV}}{T_0} \tag{6.13}$$

对应的太阳能热辐射光伏系统效率是每个光子中提取的功率(每个设备的电压乘以电子电荷)与每个光子提供给热辐射电池的能量(带隙能量加上与热辐射电池电压相关的电势)的比值：

$$\eta_{TR\text{-}PV,lim} = \frac{-eV_{oc,TR} + eV_{oc,TR}}{-eV_{oc,TR} + E_g} \tag{6.14}$$

进一步推算可以得到卡诺效率：

$$\eta_{TR\text{-}PV,lim} = 1 - \frac{T_0}{T_a} \tag{6.15}$$

为了推演热辐射电池与太阳能电池之间的等效限制效率，这里考虑黑体吸收的情况。在没有传导和对流损失的情况下，吸收极限效率是指接收到的热量与入射太阳辐射之比：

$$\eta_{abs,black} = 1 - \frac{T_a^4}{C_0 f_s T_s^4} \tag{6.16}$$

则太阳能热辐射光伏系统的黑体吸收极限效率为

$$\eta_{lim} = \left(1 - \frac{T_a^4}{C_0 f_s T_s^4}\right)\left(1 - \frac{T_0}{T_a}\right) \tag{6.17}$$

由式(6.17)可以发现，对于在黑体吸收条件下的太阳能热辐射光伏系统，其极限效率在 $T_a = 2544\,K$ 时为 $\eta_{lim} = 85\%$。这与太阳能热辐射系统的最大效率相匹配。虽然 85%是一个非常高的极限效率，但在实践中并非可以实现的目标。首先，最大太阳集中度和高吸收器温度在真实系统中是不可达到的。其次，为了实现窄带发射近似和匹配光伏电池的最佳带隙，要求热辐射器件具有无限大的面积，且实际材料的发射光谱难以完全集中在一个窄波段内。最后，在真实材料中无法完全避免非辐射损耗。

与太阳能热辐射或光伏系统相比，太阳能热辐射光伏系统展现出明显的性能优势，这源于它们能够结合两者的优势，可以更加高效稳定地对太阳热能进行收集利用。类似于太阳能热光伏电池或太阳能热辐射装置，热损失和非辐射损失会降低其性能。即使在考虑到这些因素的情况下，太阳能热辐射光伏系统仍然可以实现高效率。更重要的是，太阳能热辐射光伏转换器可以与热能储存结合使用，即使在间歇性阳光下也能提供可靠的电力发电。

思 考 题

1. 表面制绒的目的是什么？
2. 常用的制绒技术通常包括哪些？
3. 什么是聚光器电池？简述聚光器电池的组成和工作原理。
4. S-Q 理论极限是什么？
5. 串联电池提高太阳能效率的理论依据是什么？简述几种串联电池。
6. 简述太阳能光伏的温差发电技术。
7. 简述塞贝克效应的数学表达式及物理意义。

第 7 章　太阳能电池的应用与检测

7.1　太阳能电池的应用

　　能源作为推动发展的核心要素，其模式的变革与工业革命的演进紧密相连。在过去的几个世纪，随着工业化水平的持续提高，能源工业不断创新发展，电力能源逐渐演变成全球社会和经济进步的关键驱动力。然而，随着社会经济的高速增长，人类对能源的需求也日益攀升，导致传统能源资源日益枯竭、能源成本不断攀升，以及环境污染问题日益严峻，这使太阳能电池的应用逐渐受到广泛关注。

　　1954 年，美国贝尔实验室的物理学家福勒、皮尔逊和查宾发现了比当时常用的硒太阳能电池更高效的硅太阳能电池。通过将硼注入硅中，他们示范了第一个实用的硅太阳能电池(图 7.1)，能量转换效率达 6%。由此，多晶硅、非晶硅等硅太阳能电池问世。1956 年，第一批商用硅太阳能电池问世，但由于彼时硅太阳能电池的成本过高，发电成本高达 300 美元·W^{-1}，远超普通用户的消费能力，故其无法在市场上立足。

图 7.1　福勒将硼注入硅中，制成全球第一个实用太阳能电池

　　20 世纪 70 年代，全球范围内石油危机的爆发以及气候变暖现象的加剧，极大地推动了光伏产业的迅猛发展。在这一时期，美国埃克森(Exxon)公司取得了一项重大技术突破，成功研发出成本更为低廉的硅太阳能电池材料。这一创新使得太阳能电池的成本从原先的 100 美元·W^{-1} 大幅降至 20 美元·W^{-1}，极大地提升了太阳能电池的性价比，为其广泛应用铺平了道路。

　　随着成本的降低，太阳能电池开始广泛应用于各个领域。海上石油和天然气钻井平台、灯塔、铁路道口等重要设施纷纷采用太阳能电池作为电力供应的可靠来源。在家庭太阳能应用中，导航警示灯、喇叭等设备也开始使用太阳能电池。更重要的是，太阳能电池开始为偏远地区提供电力供应，有效解决了这些地区长期以来电力匮乏的问题。

　　1982 年，美国阿尔科太阳能(Arco Solar)公司在加利福尼亚州希斯皮里亚(Hesperia)建造了全球首座太阳能发电厂，该发电厂在满负荷运行下功率可达 1 MW·h，足以满足大型用电设备的持续供电需求。1983 年，阿尔科太阳能公司又在加利福尼亚州卡里佐平原建造了第二个太阳能发电厂，该发电厂拥有当时世界上最大的太阳能电池阵列，包含 100 000 个光伏阵列，满负荷发电功率高达 5.2 MW·h。尽管后来随着石油价格的恢复，这些发电厂逐渐退出历史舞台，但它们无疑证明了太阳能电池在商业化应用方面的巨大潜力和广阔前景。1978 年，美国国家航空航天局(NASA)在亚利桑那州南部的印第安保护区部署了一个 3.5 kW 的光伏系统，该系统为 15 个家庭提供抽水和住宅用电。这标志着世界上第一个为整个村庄供电的光伏系统的诞生。直到 1983 年，该村庄才接入电网，此后光伏系统则专注于为社区并提供抽水动力，继续发挥其独特的作用。这些实践案例充分展示了太阳能电池在解决能源问题、推动可持续发展方面的重要作用。

随着太阳能电池技术的日益精进与产业化步伐的加快，各国政府积极出台政策，大力推广太阳能电池发电应用。美国通过实施最高达 30%的太阳能投资税收减免优惠，自 2006 年以来显著推动了太阳能装机容量的快速增长。2017 年，美国累计光伏发电装机容量已突破 50 GW，2018 年第一季度新增装机容量约 2.5 GW，同比增长 13%，显示出强劲的发展势头。德国在 1991 年颁布了《电力入网法》和《可再生能源法》，为太阳能电池的产业化发展提供了有力的法律保障。2012 年，德国光伏发电装机容量已达 7.6 GW，累计装机容量跃居全球首位，高达 32.3 GW。日本在光伏建设方面同样给予了政策支持和财政补贴，其光伏发电装机容量紧随世界先进水平，尤其在柔性可弯曲太阳能电池技术方面取得了显著突破，长期保持全球领先地位。与此同时，发展中国家也在积极推动太阳能电池发电产业的发展。以印度为例，2018 年上半年太阳能新增产能达 4.9 GW，超越美国跃升为世界第二大太阳能市场。中国光伏产业虽然起步较晚，但发展势头迅猛。自 2002 年光伏行业起步以来，特别是在 2010 年欧洲市场需求放缓后，中国光伏产业迅速崛起，成为全球光伏产业发展的主要引擎。2017 年 9 月底，中国光伏发电装机容量已达 164.74 GW，位居全球首位，其中包括 117.94 GW 的光伏电站和 46.8 GW 的分布式光伏。

总体而言，随着半导体技术的不断进步和太阳能电池能量转换效率的持续提升，全球太阳能电池发电规模与普及程度正逐年递增。各国政府的政策扶持与财政激励措施在推动太阳能产业发展中发挥着举足轻重的作用。

7.1.1   太阳能光伏发电系统

太阳能光伏发电系统是利用半导体材料的光伏效应，通过太阳能电池将太阳能转换为电能的发电系统，可以分为离网型和并网型光伏发电系统。

1. 离网型光伏发电系统

离网型光伏发电系统是一种不与公共电网相连接的独立的发电系统，主要应用于环境恶劣的地区，如山区、海岛、通信站。系统的工作原理是利用太阳能电池方阵将太阳能转换为直流电能，并通过太阳能充放电控制器进行调节和供电，同时将电能储存于蓄电池组中，在没有光照时向负载供电。

离网型光伏发电系统主要由太阳能电池方阵、太阳能充放电控制器、逆变器和蓄电池组成，如图 7.2 所示。

(1) 太阳能电池方阵：太阳能电池方阵可以将太阳能转换为直流电能，是系统中最重要的部分。由于单个太阳能电池的输出电压较低，需要通过串并联连接多个太阳能电池以达到所需的输出电压。为满足实际应用需求，该部分一般采用固定式平板方阵，由多

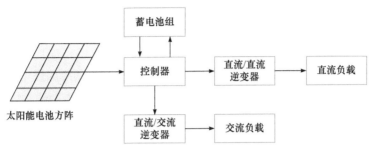

图 7.2 离网型光伏发电系统组成示意图

个太阳能电池组件串并联构成。

(2) 太阳能充放电控制器:太阳能充放电控制器用于调节太阳能板的工作电压,使其始终在最大功率点工作,从而保护电池免受过充和过放电的影响,并对电能进行简单测量,在光伏系统中起到关键的作用。根据电路位置的开关装置分为串联控制型和并联控制型,根据控制模式分为普通开关控制型和脉宽调制(PWM)控制型。其中的开关器件可以是继电器或金属-氧化物半导体场效应晶体管(MOSFET)模块,而脉宽调制控制器只能使用 MOSFET 模块作为开关器件。

(3) 逆变器:逆变器是将直流电能(来自电池或蓄电池)转换为交流电能(一般为 220 V、50 Hz 的正弦或方波)的设备,包括逆变桥、控制逻辑、滤波电路等部分。

(4) 蓄电池组:由于太阳能电池无法在夜间进行发电,因此离网型光伏发电系统需要连接蓄电池组以储存白天太阳能电池方阵产生的电能,并在需要时向负载供电。选择蓄电池组时需要考虑与太阳能发电系统相匹配的电压和容量,一般要求太阳能电池的电压超过蓄电池工作电压的 20%～30%,具体选择需要根据实际情况进行匹配。

2. 并网型光伏发电系统

并网型光伏发电系统是当光伏发电系统发出的电能产生剩余并达到相关要求时,将多余的电力通过公共电网进行调节的系统。其主要特点是将转换的电能直接供给住宅或其他用电负载,而无需蓄电池储能。并网型光伏发电系统代表了太阳能电源的发展方向,是 21 世纪最具吸引力的能源利用技术之一。

并网型光伏发电系统主要由太阳能电池方阵、逆变器和配电室组成。其中,太阳能电池方阵和逆变器与离网型光伏发电系统相同。

配电室:由于并网型光伏发电系统不需要蓄电池、太阳能充放电控制器和交流/直流配电系统,因此在适当条件下,可以将并网型光伏发电系统的逆变器安装在并网点的低压配电室内。

在设计并搭建不同类型的光伏发电系统时,需要综合考虑其各个组成部分,并根据实际情况进行合理配置和安装,以实现电力的高效利用。

7.1.2 太阳能电池的民间应用

随着太阳能电池相关技术的不断发展,太阳能电池的材料及安装成本逐步降低。如今,太阳能电池已经应用于人们日常生活的众多方面。本小节将介绍一些太阳能电池在人们生活中的应用实例。

1. 太阳能电池在家用电器中的应用

(1) 太阳能冰箱：太阳能冰箱是一种利用太阳能进行光电制冷的设备，也称为太阳能光电制冷冰箱[图 7.3(a)]。根据不同的技术原理，可以将其分为太阳能光伏冰箱和太阳能半导体冰箱。太阳能光伏冰箱是在普通冰箱的基础上开发的，由太阳能电池方阵、控制器、蓄电池和普通冰箱等组件构成。而太阳能半导体冰箱是通过在 P/N 型半导体通直流电，利用结点上产生的佩尔捷效应(Peltier effect)实现制冷的。

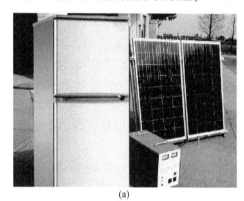

(a)　　　　　　　　　　　　(b)

图 7.3　太阳能冰箱(a)和太阳能空调(b)

(2) 太阳能空调[图 7.3(b)]：实现太阳能空调有两种方式，一是将光能转换为电能，使用传统的电力驱动压缩式制冷机进行制冷；二是利用太阳能的热能进行驱动。对于前者，溴化锂吸收式制冷机的太阳能空调系统更加成熟，但由于太阳能光伏转换成本较高，目前太阳能空调主要采用光热转换形式供热。对于后者，太阳能的不稳定性、供热设备大的占地面积、高昂的造价及安装成本等问题在未来太阳能空调的实用化研制中同样不可忽略。

太阳能空调技术的有效应用将有助于降低建筑能耗，减轻电力和环境压力。近年来，太阳能发电的成本逐年降低，因此太阳能光电转换驱动的空调仍是重要的研究方向。

2. 太阳能电池在城市照明中的应用

(1) 太阳能路灯：在照明领域，太阳能路灯是太阳能电池最常见的应用形式[图 7.4(a)]。太阳能路灯通过太阳能电池板将收集的太阳能转化为电能，并储存在电池中，通过太阳能路灯控制器实现照明控制。

太阳能路灯包括 LED 光源、太阳能电池板、电池、太阳能路灯控制器和路灯杆等组件。目前，常用的太阳能电池板多选择单晶硅或多晶硅太阳能电池；灯头采用 LED 光源；具有光控和时控等智能功能的控制器通常安装在灯杆内部；蓄电池通常配有蓄电池保温箱或直接埋入地下，灯杆固定在混凝土底座上。

(2) 太阳能草坪灯：太阳能草坪灯一般采用单晶硅太阳能电池，照明灯采用高效LED，配备光控开关直接驱动，并且可以提供多种颜色选择，具有良好的装饰效果。太阳能草坪灯是我国太阳能光伏产品中数量最多的照明产品之一，与城市美化相结合，已成为绿色景观的一部分[图 7.4(b)]。

图 7.4　太阳能路灯(a)和太阳能草坪灯(b)

当前，世界各国对太阳能草坪灯的应用不断增加。欧洲地区由于其草坪覆盖率高、建筑区草坪面积大等特征，尤其热衷于使用太阳能草坪灯。在美国，由于镍镉电池的记忆效应带来的电池非完全放电容量降低，镍镉电池逐渐被淘汰，太阳能草坪灯的需求进一步增加。我国太阳能草坪灯的生产数量和规模也不断扩大。

3. 太阳能电池在交通领域中的应用

近年来，机动车数量的快速增长使城市大气中 CO、CO_2、NO、小颗粒物、挥发性有机化合物等排放量不断攀升，由此导致的环境污染问题也日益凸显。为了有效减少燃油的废气排放，缓解机动车对环境的污染，太阳能汽车等以清洁能源为动力的交通运输工具逐渐得到许多国家的推广。

(1) 交通运输工具：太阳能车通过对太阳能进行光电转换提供动力来运行。2005 年 10 月，在意大利展示了欧洲第一辆太阳能火车。该火车车顶安装有太阳能电池板，遗憾的是，其电池板所产生的电能仅用于车辆的空气控制设备、照明系统和安全电源系统，并不足以驱动火车。2011 年 6 月，在比利时的安特卫普(Antwerp)北部，全球首列太阳能火车正式投入运营。该列车运行所需的全部功率由铁路隧道屋顶的 16 000 块太阳能电池组件提供。虽然像这样的太阳能隧道还很少见，但相信太阳能火车将越来越多地投入实际应用。

2022 年，由我国 42 家公司联合三所大学研发的第一辆纯太阳能汽车"天津号"在第六届世界智能大会亮相(图 7.5)。"天津号"太阳能汽车配备了 4 级及以上自动驾驶功能。搭载面积达 8.1 m^2 的太阳能组件，晴天每日最大发电量 7.6 $kW \cdot h$，并配备能量密度 330 $W \cdot h \cdot kg^{-1}$ 的动力电池组，测试的续航里程为 74.8 km，最高车速为 79.2 $km \cdot h^{-1}$。这证明在汽车领域，太阳能电池完全可以用于驱动汽车行驶。根据预测，太阳能汽车替代传统燃油汽车后，每辆汽车的平均 CO_2 排放量可以降低 43%～54%。

(2) 交通信号灯及警示标志：太阳能信号灯(图 7.6)采用独立的太阳能电源系统，无需额外的建设和后期使用投资，安装时无需铺设电缆，可以有效避免施工造成的停电等意外事故。在连续雨雪或阴天等复杂天气情况下，太阳能信号灯可以连续工作长达 72 h。

图 7.5　国产 "天津号" 太阳能汽车

太阳能信号灯作为一种新型的太阳能电源，具有稳定的工作状态和良好的环境适应性，也适用于电源不便的人行横道和道路建设需要临时布置照明灯的郊区。

太阳能交通警示标志(图 7.7)采用太阳能供电，具有可靠的供电系统，通过太阳能和蓄电池协同供电。其显示屏采用半折叠设计，可减小干扰。在太阳能利用率方面，太阳能跟踪系统结构简单易用，非常适合非供电、非固定和临时施工危险区域。此外，太阳能交通标志可设计为包括弯道警示、限速、停车、危险、人行横道等各种类型的醒目警示，即使在白天识别距离也能超过 500 m，有助于减少交通事故，提高行车安全。

图 7.6　太阳能信号灯　　　　　　　图 7.7　太阳能交通警示标志

总的来说，与传统的交通安全设施相比，太阳能交通安全设施具有以下优点：设计一体化，采用独立电源，无需额外的导线和结构，适用于供电不便的区域；清洁环保，无污染；采用灯光动态闪烁方式可以增强警示作用，提高安全效果。

4. 太阳能电池在农业领域中的应用

将太阳能发电与农业种植养殖相结合是我国农业发展的一大重点。一方面，可借助耕地进行太阳能光伏发电；另一方面，薄膜太阳能电池具有良好的透光性，既不阻碍植物生长所需的光能，又可将光能转换为电能及热能，用于大棚内环境的维护，有利于植物生长。太阳能电池作为一种新型的可持续农业技术，目前已经在农业生产中投入使用。

(1) 太阳能杀虫灯：太阳能杀虫灯利用害虫对光的趋向性，通过近距离波远距离引诱害虫，然后利用高压电网灭杀害虫成虫，如图7.8所示。它不仅可以诱杀一些常见害虫，还可以对地下害虫、小麦害虫、水稻害虫、棉花害虫等多类害虫起杀虫作用。与传统化学农药相比，太阳能杀虫灯能够保证食品安全，并且在夜晚工作，白天自动关闭，安全可靠，既可以预防害虫，又可以作为害虫预测工具，具有绿色环保、节能、杀虫效果好、使用寿命长等优点。

图7.8　太阳能杀虫灯

(2) 光伏温室大棚：光伏温室大棚是在普通大棚的顶部安装太阳能薄膜电池板，将太阳辐射的一部分能量转化为大棚所需的电能，满足植物生长的同时实现光电转换(图7.9)。与普通蔬菜大棚相比，光伏温室大棚既具备发电功能，又满足了种植需求，具有保温、减少病虫害、抗辐射、抗冰雹、抵御暴雨和强风等恶劣天气的优点。

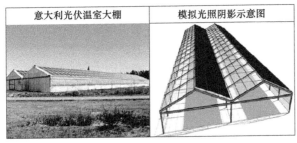

图7.9　意大利及荷兰光伏温室大棚

除太阳能杀虫灯和光伏温室大棚外，太阳能电池在农业领域还有其他应用，如太阳能灌溉系统、太阳能养殖系统等。这些应用都利用太阳能的清洁、可再生特性，为农业生产提供可持续的能源供应，助力农业朝着低碳、高效、绿色和可循环的方向发展。

5. 光伏建筑一体化

光伏建筑一体化(building integrated photovoltaic, BIPV)是将太阳能发电方阵安置在建筑外围，以提供建筑所需的电能，是太阳能发电领域的新概念。

根据光伏阵列与建筑方式的不同，光伏建筑一体化可分为两类：一类是光伏阵列与建筑相结合，即将光伏阵列建造在建筑物上，建筑物充当光伏阵列的支撑载体；另一类是光伏阵列与建筑集成，即光伏阵列作为建筑本身的一部分，如光电采光顶。与光伏阵列和建筑集成相比，光伏阵列与建筑相结合所需技术要求更低，是光伏建筑一体化最常见的形式。

光伏建筑一体化作为城市发展的新目标，具备巨大的发展潜力。光伏建筑一体化不需要额外占地，能利用太阳能为城市提供所需电能，已经在实践中得到广泛应用。

(1) 太阳能火车站：杭州东站是我国最大的光伏火车站，于2013年7月1日正式启用，如图7.10(a)所示。火车站大楼的楼顶安装了10 MW的光伏发电系统，一年可发电约1000万 kW·h，相当于节约标准煤3330.41 t，减少二氧化碳排放量8313.36 t，减少二氧化硫排放量 69.18 t，减少粉尘排放量 33.16 t，节约水量 17 153.68 t。

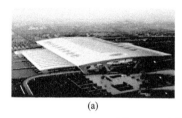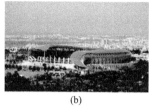

图 7.10　太阳能供电火车站(a)、体育场(b)及医院(c)

(2) 太阳能体育场：中国台湾省高雄市的龙腾体育馆是世界上第一个多功能且纯依赖太阳能供电的体育场馆，如图 7.10(b)所示。体育馆的屋顶安装了 8844 块太阳能电池板，每年可发电约 114 万 kW·h，相当于减少 660 t 的二氧化碳排放。

(3) 太阳能医院：2013 年，海地打造了当时世界上最大的太阳能医院，该医院铺设的太阳能电池板数量达 1800 片，如图 7.10(c)所示。据报道，这些太阳能电池板每小时生成的电能能够满足近 6 万名病患的医疗用电需求，相当于燃烧 72 万 t 煤。这种光伏建筑一体化建筑不再像传统建筑仅能累积储存能源，而是具备自主能源生产能力。

(4) 太阳能餐厅：欧洲和中国出现了太阳能餐厅的概念，这些餐厅利用光伏发电板发电，并为用餐者提供用餐场所。如图 7.11(a)、(b)所示，在美国佛罗里达州，麦当劳使用可再生能源发电，打造零能耗设计餐厅。其 V 形屋顶上设有特殊的太阳能电池板，建筑外部均采用玻璃集成光伏面板，同时 25 个网格状停车场照明灯，可以减少 9000 kW·h 以上电量消耗。其所有的可再生能源可以 100%覆盖餐厅每年的能源需求。

图 7.11　太阳能供电餐厅及车棚

(5) 太阳能车棚：太阳能车棚是光伏发电与传统车棚结合的建筑，既有普通车棚的避雨等功能，又能为太阳能电动车或汽车充电，还能起到照明并网的作用，如图 7.11(c)、(d)所示。这种建筑几乎没有地域限制，仅需一片狭隘的空地，非常方便。

7.1.3　太空用太阳能电池技术

1. 太空用太阳能电池的优势

太空电站又称空间太阳能电站或空间太阳能卫星，是指可在太空将地球同步轨道上的太阳能转化为电能，通过无线能量传输方式传输到地面的典例系统，如图 7.12 所示。与地表太阳能电池的应用相比，太空和卫星等空间技术中利用太阳能供电具有显著的优势。

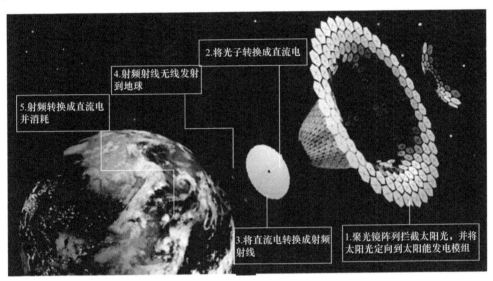

图 7.12　太阳能电池在空间技术中的应用

(1) 普遍性：尽管地球上不同地方因经纬度差异，所接收到的太阳能不同，但是这种能源不会被国家和地区垄断。几乎所有国家都可以认为是太阳能储备量的“能源大国”。

(2) 持续性：地球表面由于自转只能在白天利用太阳能，夜间无法使用太阳能。在太空中不存在白天和黑夜的概念，光照时间非常充足。

(3) 无污染：煤炭、石油、天然气等传统化石能源在燃烧过程中会释放大量的废弃物，如一氧化碳、二氧化硫等威胁人类健康的有毒气体。太阳能属于清洁能源，使用后不会产生任何废弃有毒物质，不会污染环境，也不会威胁人类生存安全。

(4) 稳定性：地球上的太阳能光电系统受到经纬度、地理环境、大气云层、气候环境等多种客观因素的影响。然而，在太空中，太阳辐射能量不受这些因素的影响。太空环境接近真空状态，温度极低，并且相比地球上的环境，太空中的水蒸气、氧气和氢气等较少，减少了对太阳能电池及相关设备的衰退影响，有利于增加其平均寿命并延长工作时间。

(5) 高效性：当太阳光穿越大气层时，其辐射强度大大减小，到达地面的阳光又会因反射而损失一部分。据估算，在地表接收的太阳能仅为太空中的 1/4，地球上的太阳能光照损失较大。然而，在太空中，太阳辐射能量不受气候等客观因素的影响，它的发电量将是地面的 10 倍。

因此，利用太阳能供电的空间技术具有诸多优势，包括持续的光照时间、较高的能量密度及受外界因素影响较小等。这使得太阳能在航天、卫星等领域的应用成为一种可靠且高效的能源选择。

2. 太空用太阳能电池的使用要求

与地面太阳能电池相比，太空环境中的太阳光强度、温度等对太空用太阳能电池的光谱、抗辐射性能和热循环表现产生影响。为了确保太空用太阳能电池在太空环境中稳定运行，制备过程需要注意以下要点：

(1) 高效率：太空用太阳能电池的效率对于不同类型的人造卫星至关重要。如今，最先进的人造卫星可能需要超过 100 kW 的电力，远高于过去几十瓦甚至几百瓦的需求。因此，高效率是至关重要的。在实现高效率方面，太阳能电池模块的布局和所选用的太阳能电池类型起重要作用。此外，由于太阳能电池在太空中固定在飞行器上，确保太阳能电池的面积和效率之间的匹配也非常重要。

(2) 抗辐射性：太空环境中存在辐射损伤的问题，因此需要考虑太空用太阳能电池的抗辐射性。人造卫星上的太阳能电池容易受到太空中高能离子辐射的影响。高能离子会轰击半导体材料，导致晶格缺陷产生，从而降低太阳能电池的输出功率并影响其使用寿命。因此，人造卫星用太阳能电池需要具备高抗辐射性。飞行器种类、太空运行轨道及预期寿命的差异都对太阳能电池的抗辐射性有不同的要求。

(3) 轻量化：太空用太阳能电池阵列需要具备轻量化特性。如今，太空行业普遍倾向于采用轻量化材料。在保证人造卫星强度的前提下，采用更轻量的材料可以降低太阳能电池自身的质量，提高能源经济性。因此，轻量化是人造卫星用太阳能电池的重要特征之一。

(4) 宽的工作温度范围：太空用太阳能电池需要具有宽的工作温度范围，并尽可能使用红外线波段的光波进行再辐射。太空环境的温度通常在±100℃之间变化，而某些特定任务可能需要更高的工作温度。例如，火星地表探测器在火星大气中刹车时会产生阻力发热，因此需要太阳能电池器件能够耐受高达 180℃ 的温度。同样，靠近太阳的卫星由于受到更强的太阳照射，也会对太阳能电池的工作温度提出更高的要求。此外，辐射也是导致电池温度升高的原因之一。不同行星的太阳能电池阵列工作温度要求有所差异，具体要求参见表 7.1。

表 7.1　太阳能电池阵列在不同行星上的工作温度要求

行星	火星	木星	土星	天王星	海王星	冥王星
工作温度/℃	9.5	130	168	199	214	221

(5) 稳定性：太空用太阳能电池对稳定性的要求极高。太空用太阳能电池阵列必须经过一系列严格的稳定性测试，包括机械性能、热循环性能和电性能稳定性等。这些测试旨在确保太阳能电池能够在太空环境中长期稳定运行，经受各种挑战和压力。

(6) 特定太阳光谱下的高能量转换效率：为了对太阳能进行定量描述，引入太阳常数这一概念，它表示在太阳与地球之间、地球大气层上方的太阳辐射强度，具体数值为 135.3 mW·cm^{-2}。在地表，通常使用 AM 1.5 代表太阳光的平均照度。在太空中，由于没有大气层的干扰，大气质量 AM 0 的光谱直接对应于太阳常数所描述的太阳光谱，这对于人造卫星和宇宙飞船等空间设备具有重要意义。由于太阳光的强度和频谱对太阳能电池的输出性能具有决定性作用，因此在设计用于人造卫星的太阳能电池时，必须充分考虑 AM 0 光谱特性，并在质量和体积受限的条件下实现高能量转换效率。这样的设计考虑能够确保太阳能电池在极端空间环境中表现出更高的坚固性和可靠性，能够承受飞行器发射时的机械压力以及突变的环境温度等挑战。

3. 太空用太阳能电池的种类

太空上应用的发电系统几乎全部依赖于太阳能电池，上文详细讨论了应用在太空领域的太阳能电池需要具备的特性。通常太空用太阳能电池分为单晶硅太阳能电池和化合物太阳能电池两类。

(1) 单晶硅太空太阳能电池：单晶硅太阳能电池在太空发展的早期就作为卫星的主要能源供应之一。在贝尔实验室首次成功研制硅太阳能电池的四年后，1958 年美国发射了搭载硅太阳能电池作为电源的卫星"先锋 1 号"。最初的单晶硅太阳能电池都是 P-N 结构，使用单晶 N 型硅作基层，硼掺杂的 P 型硅作发射极。经地面测试验证，相比于 P-N 结构硅太阳能电池，将磷掺杂进 P 型硅的 N-P 结构硅电池具有更好的耐辐射特性。因此，自 20 世纪 60 年代开始，太空太阳能电池基本采用 N-P 结构。

为了进一步提高硅太阳能电池的转换效率以满足航天任务需求，需要改进并发展高效硅太阳能电池。1994 年，梅耶(Meyer)等研制出两种类型的高效硅电池：非反射表面/局部背面场(non-reflective surface/localized back surface field，NRS/LBSF)电池和非反射表面/背面场(non-reflective surface/back surface field，NRS/BSF)电池(图 7.13)。他们将硅太阳能电池的转换效率进一步提升，掀起了晶硅太阳能电池的研究热潮。

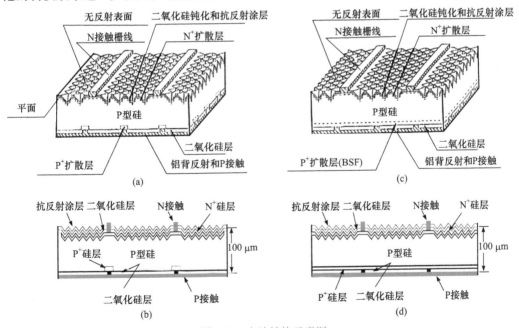

图 7.13　电池结构示意图

(a) NRS/LBSF 电池结构示意图；(b) NRS/LBSF 电池截面示意图；(c) NRS/BSF 电池结构示意图；(d) NRS/BSF 电池截面示意图

NRS/BSF 电池与 NRS/LBSF 电池在设计上有相似之处，但在某些方面有所不同，如 BSF 的结构、基本特性、是否采用平面结构等。NRS/LBSF 电池具有局部扩散的 BSF 区域和平面结构，PN 结不出现在电池边缘，而在 NRS/BSF 中，BSF 层遍布电池区域，PN 结出现在电池边缘。前者在运行初期的转换效率为 18.0%(AM 0，28℃)，运行末期的转换效率为 13.1%。后者表现出优异的耐辐照性能。此后，NRS/BSF 电池的辐射耐受性能得到改善，同时提出了集成旁路功能(integrated bypass function，IBF)结构。图 7.14 为含有 IBF 的 NRS/BSF 太阳能电池，该功能可防止由于电池反向偏置而导致的故障，避免太阳能电池的热斑(hot spot)现象。

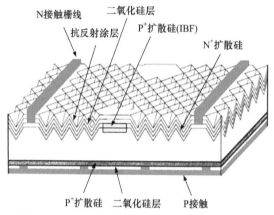

图 7.14　含有 IBF 的 NRS/BSF 太阳能电池结构

目前，单晶硅太阳能电池在市场中仍然占据主流地位。但单晶硅的最大劣势在于其脆性。当存在外应力或运输过程中有震动时会导致单晶硅直接碎裂，这极大地限制了单晶硅太阳能电池在太空中的应用。因此，开发高性能的柔性单晶硅电池成为未来发展趋势。

(2) 化合物太阳能电池：化合物太阳能电池在太空中的应用也很广泛。其中，最典型的太空用化合物半导体太阳能电池有ⅢA-ⅤA 族化合物太阳能电池(如 GaAs 太阳能电池)、ⅡB-ⅥA 族化合物太阳能电池(如 CdS 太阳能电池)以及ⅠA-ⅢA-ⅥA 族化合物太阳能电池(如 CIS 太阳能电池)。以 GaAs 太阳能电池为例，GaAs 是直接带隙半导体材料，具有高的可见光吸收系数，为获得高效率太阳能电池提供可能。GaAs 太阳能电池具有单位面积输出功率高、耐辐射可靠性高、温度特性好、耐放射性粒子辐射、在轨寿命长、光电转换效率高、可制成效率更高的叠层电池等优点，可以满足各种轨道卫星任务的需求。

未来的发展趋势包括持续提升 GaAs 叠层电池的转换效率，加快其在航天领域的应用，并不断改进和优化硅太阳能电池的结构，以提升其效率和耐辐射特性。同时，需要积极开发新材料的电池技术，探索更高效、更可靠的能量转换方案。

4. 太空用太阳能电池应用实例

(1) 人造卫星电源：人造卫星是在地球空间轨道上运行的无人航天器。它们是目前发射量最多、应用最广泛、发展最迅速的航天器，占航天器发射总量的 90% 以上。1957 年 10 月 4 日，苏联成功发射了第一颗人造地球卫星，宣告人类进入空间时代，人类的活动范围从地表陆地和海洋进一步扩展到日地空间、星际空间乃至整个宇宙空间。随着空间科学技术的发展，人造卫星的应用领域不断扩大。军事、科研、通信、天气预报等人类活动都依赖于人造卫星，军事卫星、科学卫星、通信卫星、气象卫星、资源卫星和星际卫星等纷纷升空，"填满"了地球的各种轨道。

　　人造卫星通常装载很多仪器设备，以进行相关科学研究工作和任务。设备仪器运行时离不开电源系统的供应，人造卫星多采用化学电源和太阳能电池作为电源供应系统[图 7.15(a)]。20 世纪 50 年代末，美国"先锋一号"人造卫星采用太阳能电池阵列供电，这也是第一个应用于太空飞行器的太空太阳能电池阵列。此后，太阳能电池成为人造卫星的主要供电能源。随着太阳能电池技术的发展，现在开始广泛使用砷化镓作为太阳能电池的活性材料以获得更高的光电转换效率，并以太阳翼作为其太阳能电池阵列。

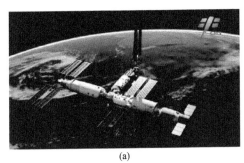 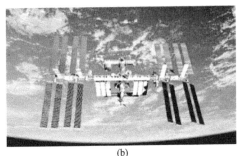

图 7.15　利用太阳能电池供电的人造卫星(a)与空间站(b)

　　(2) 空间站电源供电系统：随着科技的进步，人类已经不再满足于短暂的太空之旅，而是渴望在这片广袤的宇宙中建立长期居住和工作基地。空间站[图 7.15(b)]作为人类进入太空的重要基地，正逐渐展现出其巨大的潜力和价值。空间站能在近地轨道长时间持续运转，不仅具有容积大、载人多、寿命长、综合利用程度高等优势，更是人类探索太空的重要平台。在空间站的技术设计中，电源系统的发电和配电方案至关重要。它如同空间站的心脏，为整个空间站提供源源不断的动力，支持各种科学实验和太空生活的进行。

　　太阳帆板方案是当前空间站电源系统的主流选择，其几何尺寸对空间站的基本构型产生重要影响。随着空间站的进一步发展，电力供应能力也在不断提升。从初期发射上天的空间站平均提供 75 kW 的电能，到现在已经提高到平均功率为 300 kW。这一巨大的进步，离不开电源系统技术的不断创新和发展。在我国，太阳翼已经成为空间站的"能量源泉"。天和核心舱的大型柔性太阳能电池翼，以及问天实验舱的高功率太阳翼，都为空间站提供了充足的电力保障。这些太阳翼不仅具有高效、稳定、可靠的特点，而且能够适应太空中的极端环境，确保空间站的长期稳定运行。在国际上，空间站电源供应系统的发展也经历了不同的模式。俄罗斯/苏联的循序渐进发展模式和美国的跨越式发展模式，都为我国提供了宝贵的经验和启示。尽管国外空间站电源系统在运行过程中出现过各种问题，但这些经验对于我国空间站电源系统的发展具有重要的借鉴意义。

　　未来，随着人类对太空探索的深入和空间站功能的拓展，电源系统将面临更大的挑战和机遇。需要不断创新和优化电源系统技术，提高能源转化效率、降低能耗、增强系统的稳定性和可靠性，以支持人类在太空中的长期居住和工作。

(3) 空间太阳能电站：人类一直在寻求更加绿色环保、节能高效的能源替代传统的化石能源供应。从水能到地热能，从风能到生物能，人类试图通过各种新能源改变能源供应的格局。然而，这些新能源存在水能资源有限、风能和地表太阳能不稳定，以及核能的安全隐患等问题。这些能源可以用于特定领域的需求或作为补充能源，但无法从根本上解决能源问题。

1968年，美国科学家格拉泽(Glaser)首次提出了空间电站的设想，它基于庞大的太阳能电池阵列，聚集大量太阳光，并利用光电转换原理发电。随后，通过微波的形式将产生的电能传输到地球，并经过天线接收、整流器转换成电能，供给人类的电力网络。自此，空间太阳能电站(也称天基太阳能电站)的概念被提出，如图7.16所示。它在空间环境中将太阳能转化为电能，之后通过无线能量传输的方式将电力传输到地面供给人们生产生活使用的系统。

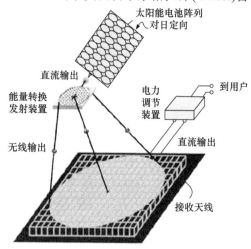

图 7.16　空间太阳能电站示意图

空间太阳能电站具有稳定性高、持续性好等独特优势。地表太阳能受到日照波动、云雾影响，早晚光强不同，而在地球的同步轨道上，受季节、昼夜变化和大气等因素的影响较小，可稳定接收太阳光，其能量密度约为 1353 W·m^{-2}，是地表平均日照强度的 8～10 倍。因此，空间太阳能发电站成为解决能源问题的一种潜在根本出路。

此外，空间太阳能发电站具有较大的功率和多样灵活的能量传输方式，不仅可以稳定提供电力输出，还具有广泛的应用价值，在电网调度、空间供电、军事无线供电、应急救灾、气象科学研究、行星探测等领域都有重要的潜在应用价值。甚至通过调节微波频率，有可能调节和控制热带气旋的路径与强度，从而解决长期困扰东南沿海地区的台风问题。空间太阳能电站还可以为低轨、中轨和高轨航天器提供电力，未来可能直接用于空间燃料生产和加工制造，使空间工业发展成为现实。

国际上已经提出了多种空间太阳能发电站的概念构想，包括1979年的空间太阳能电站基准系统、太阳塔空间太阳能电站系统、集成对称聚光系统、任意相控阵空间太阳能系统、分布式绳系太阳能电站系统等。这些不同的构想展示了空间太阳能发电站在设计和技术上的多样性，为未来的发展提供了广阔的空间。通过不断的研究和创新，空间太阳能发电站有望成为解决能源问题和推动人类太空探索的关键技术之一。此外，空间太阳能电站能实现对一定范围内的高、中、低轨道的航天器供电，使航天器不需要巨大的太阳能电池翼，从而大大增加控制精度，这对于未来大功率通信卫星、高精度科学卫星等的发展具有重要价值。

我国早在 2008 年就将空间太阳能电站研发工作纳入国家先期研究规划。尽管空间太阳能电站的设想最早是由美国提出的，但目前只有我国正在建设空间太阳能电站基地并进行地面验证。2021 年 6 月 18 日，我国首个空间太阳能电站实验基地在重庆璧山正式启动，计划试验收集太阳能并通过无线能量传输方式向地面提供持续电力的发电系统。空间太阳能发电技术将在我国未来建设中发挥巨大作用。例如，在我国日照充足的西北地区，1 m² 的光伏电池可产生 0.4 kW 电力，而在重庆仅为 0.1 kW，而在距离地球表面约 3.6 万 km 高度的地球同步轨道上，发电功率可高达 10～14 kW。

7.2　太阳能电池失效原因

在能源竞争日益激烈的今天，太阳能电池的开发与应用无疑成为全社会关注的焦点。然而，太阳能电池在实际使用过程中存在的失效等问题同样需要正视，这些问题严重制约了光伏产品的长期稳定性与可靠性。因此，深入探讨太阳能电池的失效原因，对于提高其性能和使用寿命具有重要意义。此外，不同类型的太阳能电池在材料性能、器件结构、测试手段及稳定性评价方法等方面均存在显著差异。因此，在对比各类太阳能电池的稳定性时，需要建立一套统一且科学的稳定性测试标准，以确保评估结果的客观性和准确性。本节针对几种主要的太阳能电池失效原因进行详细的探讨。这些原因涵盖从材料缺陷到外部环境因素等多个方面，对于深入理解太阳能电池的失效机制并制定相应的改进措施具有重要的指导意义。

7.2.1　硅太阳能电池

1. 表面一次缺陷的存在

硅太阳能电池的表面一次缺陷主要源于硅片的切割工艺，特别是清洗制绒和扩散制结等关键步骤。在硅片的生产过程中，直拉晶硅棒经过机械切片处理，硅片表面通常会形成一层平均厚度为 30～50 μm 的损失层。这一损失层的存在对硅太阳能电池的性能有不可忽视的影响。在后续的工艺环节中，由于工艺控制或操作技术的不完善，经过初步清洗去污后的硅片表面有时会出现腐蚀不充分的情况，从而导致部分损伤裂纹等一次缺陷的形成。这些一次缺陷对硅太阳能电池的电性能具有显著影响，可能导致电池性能下降。研究发现使用 AlO_x、SiN_x 等钝化层能够有效钝化表面缺陷，并显著降低表面复合速率(图 7.17)。因此，通过进一步优化硅片制备工艺，并选用合适的钝化材料，可以有效控制和改善硅太阳能电池的表面一次缺陷，从而提高其整体性能。这一发现为硅太阳能电池的性能提升提供了新的途径和方向。

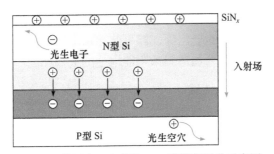

图 7.17　带固定正电荷的 SiN_x 薄膜场钝化示意图

2. 层压封装的影响

层压封装过程中，硅太阳能电池可能存在隐裂和裂片的问题，这主要源于几个关键因素。首先，焊接过程中的不当操作是一个重要原因。在焊接时，如果电池片正负电极的局部焊接点出现堆锡、锡球等现象，在层压压力的作用下，这些部位会经历应力集中，从而引发裂纹的扩展。其次，层压前段工位的不合理操作也可能导致电池出现轻微的隐裂、缺角等局部失效问题。这些问题在层压过程中可能成为裂纹扩展的源头，进一步加剧电池的裂片情况。特别值得一提的是，单晶硅片由于其晶向结构排列的一致性，裂纹在扩展时往往呈现出特定的方向性，如 60°角或 45°角。

为了降低层压封装对硅太阳能电池性能的影响，可从以下几方面进行改进。首先，优化焊接过程是关键。通过改进焊接技术，确保焊接的平整性，避免堆锡或锡渣的产生，从而减小焊接点对电池片的应力影响。其次，封装材料和工艺的优化也至关重要。例如，对乙烯-乙酸乙烯酯(EVA)共聚物背板的交联度等工艺参数进行精细调整，可以提高层压效果，减少裂纹的产生。此外，改良太阳能电池的电极设计也是一条有效的途径。通过改进电极的助焊效果和可靠性，可以进一步降低层压过程中电池裂片的风险。

3. 杂质元素引起的二次缺陷

在硅太阳能电池的制备过程中，杂质元素的引入是一个关键而复杂的问题。这些杂质元素(如铁、金等)可能来源于硅片制备过程中使用的材料和设备，它们能够引发二次缺陷，从而导致电池性能下降甚至失效。例如，坩埚与坩埚涂层间隙中的铁杂质在制备过程中可能扩散至硅晶体中，特别是在边缘区域，这直接导致硅晶体少子寿命的显著降低，进而影响电池的光电转换效率。对于 N 型硅晶界上的金杂质沾污问题，尽管磷扩散吸杂技术能够有效吸杂出晶界处的杂质，但这一过程的控制和应用仍需要精细的操作和深入的研究。此外，硅片的切割也是引入重金属杂质的重要环节，不同切割线材料(如树脂金刚线与电镀金刚线)在引入重金属杂质方面存在显著差异。这些重金属杂质在电池工作过程中可能形成复合中心，加速载流子的复合过程，进一步降低电池的光电转换效率。

因此，为了提升硅太阳能电池的性能，需要从源头上控制和减少杂质元素的引入。通过优化硅片制备工艺、选用高质量的材料和设备，以及实施严格的质量控制措施，可以有效地降低杂质元素对电池性能的不利影响，推动硅太阳能电池技术的持续发展。

7.2.2 化合物薄膜太阳能电池

化合物薄膜太阳能电池的工作原理与光电二极管相似。在使用过程中，温度、光照等环境因素的变化、材料本身的老化等，都可能导致电池性能下降甚至失效。下面分析 CdTe 和 GaAs 两种代表性的化合物薄膜太阳能电池的失效原因。

1. CdTe 薄膜太阳能电池的失效

(1) 背接触扩散：背接触扩散是指将太阳能电池的正负极金属接触均移到电池片背面的技术。由于 P 型的 CdTe 很难实现欧姆型背接触，需要利用铜形成一层铜的碲化物或重掺杂 CdTe。然而，这一层碲化物不稳定，铜很可能从接触区扩散，使接触质量发生变化，并分解释放出铜，导致太阳能电池失效。有研究指出，Cu 在 CdTe 薄膜太阳能电池中一般以替位式 Cu 杂质、间隙式 Cu 杂质和 Cu 与相关缺陷形成复合体的形式出现。其中，替位式 Cu 杂质对 CdTe 的导电性质及其能带结构的影响最为显著。Cu 在 CdTe 中的扩散会导致太阳能电池的深能级中心增加，这些深能级中心来源于 Cu 替代 Cd 原子。这些深能级中心可能俘获载流子，从而降低电池的效率。通过降低 Cu 使用剂量和 Cu 在 CdTe 薄膜中分布的梯度化，可以有效缓解 Cu 扩散带来的电池失效问题。此外，可以在 CdS 和 CdTe 中插入纳米级厚度的氧化物薄膜，减少 Cu 与 CdTe 之间的相互作用。

(2) 晶界缺陷：在半导体材料中，晶界处存在大量的不完全成键，形成能俘获载流子的缺陷态。被俘获的电子在缺陷态内活动，产生势垒，阻碍了载流子在各晶粒之间的运动。此外，缺陷俘获的载流子和从体相迁移到表面与晶界的带电离子将在界面积累，导致能带弯曲、能级排列变化、内建电场改变、界面非辐射复合损失，这些都不利于载流子分离与注入及传输。对于 CdTe 薄膜太阳能电池，原子主要在 CdTe 晶界累积，形成 PNP 结，从而抑制载流子复合。通过改善材料结构、调整制备工艺或利用不同的掺杂元素等方式，可以有效地控制晶界缺陷，改善 CdTe 薄膜太阳能电池的失效问题。

(3) 电池结区缺陷：结区缺陷是指在半导体中，晶体生长过程中的不完全结晶、掺杂不均匀等导致晶体中的某个区域出现缺陷，这些缺陷可能包括 PN 结位置的偏差、杂质浓度的变化等。在 CdS/CdTe 异质结中，耗尽区主要分布在 CdTe 一侧，当 CdTe 层中存在缺陷时，这些缺陷可能导致载流子的重新结合，降低电池效率。

(4) 透明前接触：透明前接触是指在太阳能电池中，将透明导电层放在太阳能电池的前部，便于光线的进入。透明导电层通常使用氧化锌、氧化铟锡等材料制成，具有良好的透光性和导电性。研究发现，当透明导电层暴露在潮湿的环境中时，可能产生严重的退化，这是前接触中存在的最主要的可靠性问题。在这种失效模式下，一般可以直接观察到透明导电非均匀层及透明导电层的变化，与其他类型的退化相比，透明导电层的退化很可能一开始是局部退化，然后随着时间的推移，这种退化会分布到更大的区域。

2. GaAs 薄膜太阳能电池的失效

(1) 非均匀界面扩散：研究发现，如果 GaAs 直接生长在 Ge 衬底表面，由于 Ge 衬底表面状态不够干净，将导致 GaAs 内产生很高的位错密度，由于位错附近的原子排列不规则，有应力场存在，导致材料内部存在的杂质沿位错扩散，这个扩散速度远远大于杂质在完整晶体内的扩散速度。并且当材料内部的位错数目较多且分布杂乱无章时，将导致杂质的扩散很不均匀，这种不均匀扩散很可能带来严重的后果。例如，利用扩散法制造 PN 结时，这种位错导致的杂质扩散不均匀带来的后果是使制造出的 PN 结凹凸不平，进而导致电池出现不均匀击穿，引起局部短路，最终严重影响电池的性能。

(2) 晶格缺陷：GaAs 的材料特性、GaAs 薄膜太阳能电池生长的过程及加工工艺都会导致 GaAs 器件内部存在大量的缺陷。这些缺陷作为载流子的陷阱，导致电子或空穴被俘获而无法自由移动，晶体中非辐射复合增加，从而降低器件的电流输出能力。此外，缺陷会造成电池材料的热稳定性、机械强度下降。

(3) 氢钝化：研究发现，氢原子能够钝化 GaAs 中位错的悬挂键及其他缺陷、杂质的悬挂键，降低其电活性，从而降低它们对太阳能电池的影响。但在氢钝化的过程中，等离子体容易导致电池表面损伤及粗糙度增加，甚至还可能导致 As 的外扩散，形成 As 的表面耗尽层，这同样是导致太阳能电池失效的原因之一。

7.2.3　有机太阳能电池

1. 共混相内给体/受体间的相分离

溶液处理技术制备活性层是有机太阳能电池的独特优势。在溶剂挥发过程中，给体/受体从共混溶液中干燥析出，构建形成双连续互穿网络结构形貌，但此时最优形貌通常处于热力学非平衡状态(图 7.18)。随后，热力学弛豫到稳定状态为亚稳态微观形貌的演化提供了途径，最终导致活性层中分子排列堆积发生变化。由于给体/受体间固有的低混溶性，即使处于室温和黑暗条件下，共混相内给体/受体间逐渐自发相分离，导致短路电流快速衰减。

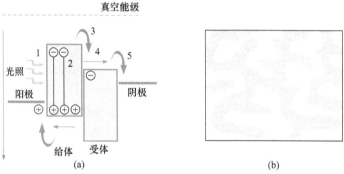

图 7.18　有机太阳能电池的光电转换过程示意图(a)和活性层的给体/受体共混形态(b)
1. 激子产生；2. 激子扩散；3. 载流子分离；4. 载流子运输；5. 载流子收集

2. 材料自身的稳定性差

(1) 水氧稳定性差：在有机太阳能电池中，由于有机材料的分子间相互作用力弱，并且其无机材料的金属化层较为脆弱，有机太阳能电池材料有极高的水、氧敏感性，容易受到水和氧气的侵蚀，进而严重影响电池的性能和使用寿命。

(2) 光氧化降解：有机半导体材料分子侧链赋予了其能溶解于常见有机溶剂的能力，但增加了材料的光氧化脆弱性。活性层在光照下分别产生强氧化剂的空穴和强还原剂的电子，两者无疑极大地增加了器件内部各材料氧化还原裂解的风险。

(3) 光催化降解：在隔绝水、氧的情况下，活性材料固有的生色团对紫外-可见光吸收仍能引发不涉及氧参与的直接光化学反应，导致聚合物结构发生重排、断链或交联。因此，给体/受体材料的光降解也是有机太阳能电池材料失效的原因之一。

(4) 光致形貌演化及光致物理衰减：研究表明，器件物理诱导的老化和活性层形貌改变两种途径同样引发器件光导致衰减，导致活性层中分子堆叠，分子取向和材料光电性质改变。

(5) 热衰减：共混相结构中给体/受体形成的双连续形貌有利于实现高效率，但这种形貌并非处于热力学稳定状态，热应力叠加进一步加速了给体/受体间相分离和聚集等行为，引发形貌恶化，降低器件性能。

(6) 机械应力衰减：由于电池内部各层间黏附力不均，机械应力往往导致活性层、界面层和电极之间的分层现象。这种现象使得接触界面的面积大幅缩减，严重阻碍了电荷的有效传递与提取。以活性层为例，富勒烯与聚合物给体之间的界面作用相对较弱，同时富勒烯的结晶性使其具有脆性特点，这些因素共同导致了基于富勒烯的有机太阳能电池在延展性方面表现不佳。特别是在应力作用下，富勒烯相聚集的区域以及与聚合物相连接的部分容易成为裂纹扩展的通道，进一步降低了电池的性能。

相比之下，全聚合物器件中的聚合物受体长链展现出更好的延展性。这些长链在受体域内及界面处相互纠缠，形成一种复杂的网络结构。当受到机械应力时，聚合物链间的解缠及塑性形变能够有效地释放应力集中，从而防止裂纹的扩展。因此，基于全聚合体系的活性层展现出更优异的机械特性，使器件对机械应力的耐受性能得到显著提高。

7.2.4 钙钛矿太阳能电池

影响钙钛矿太阳能电池稳定性的主要因素包括钙钛矿材料的稳定性、器件中各功能层的稳定性和外部环境等，下面对钙钛矿太阳能电池失效原因展开分析。

1. 钙钛矿材料的稳定性差

钙钛矿材料作为电池中的吸光层和活性层，其自身稳定性是钙钛矿太阳能电池稳定性的决定性因素。钙钛矿材料的稳定性主要受环境因素影响，包括水、氧、加热或温度变化、光照条件等。

(1) 水、氧影响：以最基本的钙钛矿材料碘化铅甲胺($CH_3NH_3PbI_3$ 或 $MAPbI_3$)为例，其合成过程主要基于以下反应：

$$PbI_2(s) + CH_3NH_3I(aq) \Longrightarrow CH_3NH_3PbI_3(s) \tag{7.1}$$

钙钛矿材料的不稳定主要是由于上述反应的可逆性。在一定湿度条件下，水分子(H_2O)可以与钙钛矿晶体之间形成氢键，有利于钙钛矿晶体光电性能的提升，但存在过多 H_2O 时，$CH_3NH_3PbI_3$ 薄膜逐步分解，使上述反应逆向进行。具体反应如下：

$$CH_3NH_3PbI_3(s) \xrightarrow{H_2O} PbI_2(s) + CH_3NH_3I(aq) \tag{7.2}$$

$$CH_3NH_3I(aq) \xrightarrow{H_2O} CH_3NH_2(aq) + HI(aq) \tag{7.3}$$

$$2HI(aq) \Longrightarrow I_2(s) + H_2(g) \tag{7.4}$$

$$4HI(aq) + O_2(g) \Longrightarrow 2I_2(s) + 2H_2O(l) \tag{7.5}$$

研究者分析了 H_2O 分解钙钛矿的作用机理，将 H_2O 看作路易斯碱，H_2O 和 $CH_3NH_3PbI_3$ 反应生成中间产物，随后中间产物继续分解，形成碘化氢(HI)、甲胺(CH_3NH_2)和碘化铅(PbI_2)，反应过程如图 7.19 所示。在氧气(O_2)存在下，HI 和 O_2 反应生成 I_2 和 H_2O[式(7.5)]，HI 的消耗使上述反应向右进行，由此加快了钙钛矿的分解反应速率。

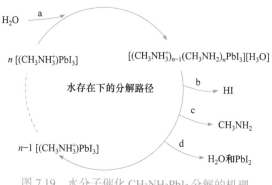

图 7.19   水分子催化 $CH_3NH_3PbI_3$ 分解的机理

(2) 温度对钙钛矿材料稳定性的影响：温度对钙钛矿材料稳定性的影响涉及材料的热分解、晶体结构转变、相界和晶界变化等。$CH_3NH_3PbI_3$ 在 100℃下加热 20 min 分解成 PbI_2、CH_3NH_2 和 HI，CH_3NH_2 和 HI 挥发后仅剩余 PbI_2 固体。另外，不同温度下钙钛矿所形成的晶体结构不同，$CH_3NH_3PbI_3$ 晶体结构的对称性随着温度的不同而改变。56℃左右是 $CH_3NH_3PbI_3$ 由四方相向立方相发生转变的温度。相的转变会改变钙钛矿材料的带隙结构，进而影响材料的稳定性。此外，温度也会使钙钛矿材料形貌发生变化。

(3) 光照对钙钛矿材料稳定性的影响：与水、氧和温度等因素相比，光照对钙钛矿材料稳定性的影响难以避免且更为复杂，包括光照引起钙钛矿材料的分解、材料的相变和材料内部的相分离等。光照也能促进钙钛矿材料内部缺陷的修复，起到提高材料稳定性的作用。光照对钙钛矿材料分解的影响包括两方面。

第一，在光照和氧气共同作用下，钙钛矿材料产生的光生电子可以与氧气结合产生超氧负离子，其极强的氧化性和不稳定性会加速钙钛矿材料的分解：

$$CH_3NH_3PbI_3(s) + O_2^- \rightleftharpoons CH_3NH_2(s) + PbI_2(s) + \frac{1}{2}I_2(s) + H_2O(l) \tag{7.6}$$

第二，光照会引起钙钛矿材料结构变化。在持续光照下 $CH_3NH_3PbI_3$ 薄膜的拉曼光谱发生变化，但当停止光照并将材料移到黑暗处时，拉曼光谱随之还原，说明光照引起钙钛矿材料结构变化的过程是可逆的。研究者将这种变化归结为光照引起材料化学键强度和缺陷态变化，进而造成材料结构的变化。此外，光照会引起相分离，如卤素掺杂的 $CH_3NH_3PbBr_xI_{3-x}$ 钙钛矿材料，经过长时间光照后，可分解为富碘相和富溴相，薄膜中两种晶相共存，且这种相分离是可逆的。这种现象称为霍克效应(Hoke effect)，其机理如图 7.20 所示。

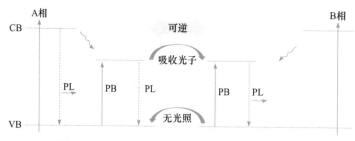

图 7.20 $CH_3NH_3PbBr_xI_{3-x}$ 光致相分解现象示意图

CB：导带；VB：价带；PL：光致发光；PB：光诱导失效

$CH_3NH_3PbBr_xI_{3-x}$ 薄膜接收光照后，带隙中生成缺陷态，入射光子被缺陷态俘获诱发亚稳态。该研究认为钙钛矿薄膜中存在极化态，并且这种极化态可以为卤素离子的局部迁移提供驱动力。光照会引起钙钛矿材料相变，包括钙钛矿分子尺寸的变化和晶型的变化等。这种晶格的显著变化是由光伏效应产生的扩散电势差和分子构型的平移对称性损失共同造成的。

光照对钙钛矿材料的影响并非只有消极作用，在惰性气体氛围下对 $CH_3NH_3PbI_3$ 进行光照，材料的光致发光光谱强度会明显增大，器件的性能也有不同程度的提升。这种现象称为钙钛矿材料的光修复现象。现阶段，对光修复现象的解释多归结于光照会消除薄膜内部的缺陷态，降低薄膜中非辐射复合中心的密度，从而起到优化薄膜性能的作用。

2. 传输层和电极材料的影响

钙钛矿太阳能电池中，除钙钛矿活性层外，传输层和电极也是影响器件性能的关键因素。目前，正向结构钙钛矿太阳能电池中通常选择二氧化钛(TiO_2)、氧化锌(ZnO)和一些掺杂金属氧化物作为电子传输材料，但是在光照情况下 TiO_2 和 ZnO 会产生光生空穴并催化分解钙钛矿材料，而且酸性 ZnO 具有腐蚀作用，会加速钙钛矿材料的分解和器件的老化。spiro-OMeTAD 作为一种优异的空穴传输材料，被广泛应用于钙钛矿太阳能电池中。但是 spiro-OMeTAD 对 I^- 比较敏感，钙钛矿材料中的 I^- 扩散进入 spiro-OMeTAD 后，会降低其电荷传输性能。为了进一步改善 spiro-OMeTAD 的性能，常用锂盐(LiTFSI)作添加剂以提高其空穴迁移率，LiTFSI 具有很强的吸湿性且容易团聚，对钙钛矿材料稳定性造成影响。钙钛矿层的稳定性还受到电极材料的影响。现阶段最常用的电极材料为金、银、铝等，金属原子可以通过扩散作用进入钙钛矿层，使钙钛矿材料发生分解，而且光伏效应所形成的内建电场会加剧原子的扩散。同时，钙钛矿材料中的卤素离子也会扩散到金属电极，造成电极材料的腐蚀，从而导致器件性能的衰减。研究人员已经证明，钙钛矿材料分解出的 MAI 和 PbI_2 接触 Ag 电极材料并在电极表面扩散，最终形成 AgI。

3. 离子迁移

与半导体硅材料不同，钙钛矿材料具有明显的离子特性，容易发生离子迁移，会导致点缺陷或杂质的聚集，从而在钙钛矿晶体内部形成浅能级缺陷，改变薄膜的电学性质。同时，离子迁移会造成材料的相分离、器件性能的衰减和 J-V 曲线的滞后。离子迁移是影响钙钛矿太阳能电池稳定性的直接表现形式之一，造成离子迁移的原因可能有：①钙钛矿层内离子活化能较低，在受到热效应、光照等外在因素作用后发生离子迁移；②外加电场造成的离子迁移；③晶格内的缺陷和晶界为离子迁移提供了路径和空间。

7.2.5　太阳能电池组件输出功率的影响因素

光伏组件是光伏发电系统中的核心部分，其作用是将太阳能转化为电能，并送往蓄电池中储存，或者推动负载工作。太阳能电池封装成组件后，经过测量后的实际功率通常小于理论功率，称为功率损失(power loss)或封装损失。对于光伏组件，输出功率十分重要。然而，太阳能电池组件的输出功率受到多种因素的影响，包括电池本身、光照条件、温度、玻璃、EVA、背板和阴影遮挡等。

1. 光照条件

光照条件是影响太阳能电池组件输出功率的最主要因素。光照强度越大，太阳能电池组件接收到的太阳能越多，从而能够产生更多的电能。因此，太阳能电池组件在充足的阳光下能够发挥出较高的输出功率。然而，当光照强度不足时，太阳能电池组件的输出功率显著降低。此外，光照角度也会影响太阳能电池组件的输出功率。当太阳光垂直照射到电池片表面时，输出功率最高；当太阳光以一定角度照射到电池片表面时，输出功率随着角度的增加而降低。

2. 温度

温度对太阳能电池组件的输出功率也有很大影响。光伏组件一般有 3 个温度系数：开路电压、短路电流、峰值功率。当温度升高时，光伏组件的输出功率下降。这是因为温度升高会导致半导体材料的性能发生变化，从而影响电池片的光电转换效率。市场主流晶硅光伏组件的峰值温度系数为 $(-0.38 \sim 0.44)\% \cdot {}^{\circ}C^{-1}$，即温度每升高 $1{}^{\circ}C$，光伏组件的发电量降低 0.38%左右。而薄膜太阳能电池的温度系数好很多，如铜铟镓硒(CIGS)薄膜太阳能电池的温度系数仅为 $(-0.1 \sim 0.3)\% \cdot {}^{\circ}C^{-1}$，碲化镉(CdTe)薄膜太阳能电池的温度系数约为 $-0.25\% \cdot {}^{\circ}C^{-1}$，均优于晶硅太阳能电池。此外，温度的变化还影响电池片的串联电阻和并联电阻，进一步降低输出功率。因此，为了提高太阳能电池组件的输出功率，需要采取措施降低其工作温度，如增加散热装置、采用热反射膜等。

3. 老化衰减

在光伏组件长期使用中，会出现缓慢的功率衰减。如图 7.21 所示，组件第一年的功率衰减为初始功率的 3%，后面 24 年每年衰减率约 0.7%。由此计算，25 年后的光伏组件实际功率为初始功率的 80%左右。老化衰减主要原因有两类：①电池本身老化造成的衰减，这主要受电池类型和电池生产工艺影响；②封装材料老化造成的衰减，这主要受组件生产工艺、封装材料及使用地的环境影响。

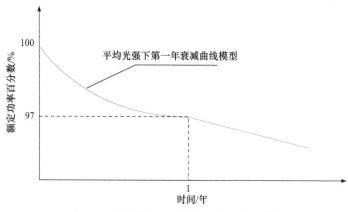

图 7.21　太阳能电池组件输出功率衰减曲线

紫外线照射是导致材料性能退化的重要原因。紫外线的长期照射使 EVA 及背板老化变黄，导致组件透过率下降，从而引起功率下降。此外，开裂、热斑、风沙磨损等都是加速组件功率衰减的常见因素。这就要求组件厂商在选择 EVA 及背板时必须严格把关，以减小因辅材老化引起的组件功率衰减。

4. 组件初始光致衰减

光伏组件初始的光致衰减是指输出功率在刚开始使用时因光生载流子复合发生较大幅度的下降。不同种类电池的光致衰减程度不同：P 型(硼掺杂)晶硅硅片中，在刚开始使用的前几天，光照或电流注入导致硅片中形成硼氧复合体，降低了少子寿命，从而使部分光生载流子复合，降低了电池效率，造成光致衰减。非晶硅太阳能电池在最初使用的半年时间内，光电转换效率大幅下降，最终稳定在初始转换效率的 70%～85%。CIGS 薄膜太阳能电池则几乎没有光致衰减。

5. 阴影遮挡

阴影遮挡也是影响太阳能电池组件输出功率的一个重要因素。当电池组件表面被阴影遮挡时，被遮挡的部分无法接收到太阳光，导致输出功率降低。为了减少阴影遮挡对输出功率的影响，可以采取以下措施：一是合理布置电池组件，尽量避免阴影遮挡；二是采用多晶硅或单晶硅太阳能电池片，以提高其在低光照条件下的性能；三是采用反光材料或反光膜，将反射光线引导到电池片表面，提高光照利用率。

6. 电池本身质量

电池的质量在太阳能电池组件的输出功率中扮演着举足轻重的角色。电池的质量涉及多个层面，首先是电池的材料与结构特性，如硅材料的纯度及晶体结构的完整性，这些因素直接关系到电池的光电转换能力。其次，电池的制造工艺，如切割、抛光、扩散等工序的精细程度，也会对电池性能产生深远影响。最后，电池的性能参数，如短路电流、开路电压、填充因子等，它们直接反映电池的工作状态，进而影响整个组件的输出功率。

在选择电池材料时，必须严格把控其质量，确保硅材料的纯度高、晶体结构完整，从根本上提升电池的光电转换效率。同时，优化电池的制造工艺，减少工艺过程中可能引入的缺陷，也是提高电池质量的有效途径。此外，通过精确测量和调整电池的性能参数，可以确保电池在最佳状态下工作，进一步提升组件的输出功率。

除电池本身的质量外，逆变器的效率和电缆损耗也是影响太阳能电池组件输出功率的重要因素。逆变器作为将直流电转换为交流电的关键设备，其效率的高低直接影响整个发电系统的性能。因此，选用高效率的逆变器是提升组件输出功率的关键措施之一。优化电缆布局、选用高效率的电缆材料，也能有效减少电缆损耗，提高系统效率。

7.3　太阳能电池分析检测方法

近年来，随着太阳能电池的规模迅速扩大，光伏组件的覆盖率也实现了大幅提升，对太阳能电池进行准确的分析与检测变得日益重要。目前，太阳能电池的分析检测方法主要分为两大类：光学特性分析和电学特性分析。光学特性分析主要是对太阳能电池的光学性能进行测试和评估，以了解其光电转换效率、光谱响应等关键指标。电学特性分析则侧重于对太阳能电池的电学性能进行测试和分析，通过测量太阳能电池的短路电流、开路电压、填充因子等参数，可以评估其能量转换效率、输出能力及最大功率点等关键指标。

7.3.1 太阳能电池光学特性分析

1. 光致发光光谱

光致发光光谱在太阳能电池领域的应用非常广泛，主要用于表征半导体中的光电性质。在光致发光光谱测试过程中，样品受到能量高于其材料带隙的光子激发，这一激发过程使材料中的电子和空穴进入激发态。随后，这些处于激发态的粒子回落至基态并以光子的形式释放出能量。光致发光实际上是辐射复合的结果，确保材料中的大部分复合为辐射复合，是实现太阳能电池热力学效率极限的基本原则。

光致发光光谱测试主要分为稳态光致发光测试和瞬态光致发光测试。稳态光致发光测试通常采用固态激光二极管作为激发源，以电荷耦合器件(CCD)作为检测器。激发和检测可以在共焦布置中执行，也可以利用单独的光束路径完成，从而实现全光谱的一次性俘获。在稳态光致发光测试中，光致发光光谱的发光强度和发光量子效率能直接反映材料的质量。通常，光致发光光谱数据记录为波长的函数，其中样品受到均匀宽束激光或LED光源的照射，然后利用CCD相机将发光记录为完整的图像。发射的光子与吸收的光子的比例决定发光量子效率。为了确定样品的光致发光光谱量子效率，通常需要将样品放置在积分球中，通过耦合到球的光纤收集光谱并输出到CCD相机中。激发激光的强度可以调节至与1个太阳光强度相匹配的等效强度。为了确保测量结果的准确性，系统常通过具有指定光谱辐照度的校准卤素灯照射到积分球中进行校准。

瞬态光致发光测试基于时间相关单光子计数技术，记录瞬态光致发光信号。图7.22是该方法的简易装置图。对单光子敏感的探测器，如雪崩光电二极管或光电倍增管，与电子计数器组合使用。其核心工作原理是利用同步信号源驱动激光器发出光脉冲，这些光脉冲照射到样品池上。随后，利用光子探测装置对荧光信号进行探测。每个探测到的光子计数信号都记录在一个对应的时间窗口中，经过大量时间的统计叠加后，即可得到荧光寿命曲线。该方法的时间分辨率(可以分辨的最短时间)由激光脉冲与检测器的时间响应决定，通常为数十皮秒至微秒。从时间相关单光子计数技术得到的载流子复合寿命可用作表征材料质量的指标，较长的衰减寿命表明材料内部缺陷较少，非辐射复合程度较低。

2. 紫外-可见吸收光谱

紫外-可见吸收光谱是指光在材料内部传播过程中，材料内部分子中处于基态的电子吸收激发光的能量向更高的能级跃迁时所吸收某一特定波长的光子而产生的吸收光谱。吸收光谱可以有效表征材料本身的能带结构。通过紫外-可见吸收光谱，可以确定太阳能

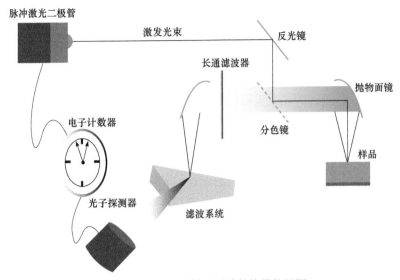

图 7.22　时间相关单光子计数简易装置图

电池材料本征带宽等信息，因此其成为材料的制备与合成所需的有效手段。此外，还可以利用这种光谱技术对太阳能电池中的材料组分进行定性分析，以指导器件性能的优化。总的来说，紫外-可见吸收光谱是理解和优化太阳能电池性能的重要工具，提供了一种直观、准确的方法用于分析并改进这类电池的光学性能。

3. 瞬态吸收光谱

瞬态吸收(transient absorption，TA)光谱也称泵浦-探测光谱或超快瞬态吸收光谱，是一种时间分辨光谱表征方法，它可以获得样品在时间和空间上的吸收和透射数据。其基本原理是：当样品吸收光子能量时，其中的电子或电荷发生跃迁或转移，从而导致样品的吸收光谱发生变化。为了研究光激发下的动态过程，需要在光激发后极短的时间(一般为飞秒至纳秒级别)内对样品进行吸收光谱测量。在实验过程中，通常使用飞秒激光器产生极短脉冲光束对样品进行光激发，然后用一个延时器在不同时间点测量样品的吸收光谱，最后将不同时间点的光谱叠加起来，形成瞬态吸收光谱图。在实验过程中，还需要使用参考样品和空白样品进行校正和消除系统噪声的影响，以保证测量结果的准确性。

漂白信号是瞬态吸收光谱中的重要组成部分。样品吸收泵浦光后跃迁至激发态，导致处于基态的粒子数目减少。因此，处于激发态样品的基态吸收比没有被激发样品的基态吸收少，从而探测到一个负的 ΔA 信号，这个负的 ΔA 信号就是漂白信号。瞬态吸收光谱技术具有极高的时间分辨率和灵敏度，可用于研究分子动态过程，如电荷转移、分子结构变化、光诱导反应等。在太阳能电池领域，瞬态吸收光谱技术加深了对不同光俘获机制的理解。它可以帮助研究人员了解半导体薄膜中控制光生电荷载流子的不同动力学，有助于理解激子、自由电子和空穴的复合行为。

4. X 射线荧光光谱

X 射线荧光光谱是一种非破坏性的分析方法，用于确定物质的元素组成和含量。其工作原理主要是基于 X 射线与物质之间的相互作用，特别是当 X 射线照射样品时，激发样品中的原子内层电子，使其发生能级跃迁，进而发出次级 X 射线(X 荧光)。这种 X 荧光的波长仅取决于物质中各元素原子电子层的能级差。因此，通过分析 X 荧光的波长，可以确定物质所含元素的种类。通过测量 X 荧光的强度，可以进一步确定该元素的含量。与传统技术相比，X 射线荧光光谱可以扫描生成元素分布图，以识别包含目标元素的特定区域，对所研究元素的浓度进行定量分析。

X 射线荧光光谱技术可以在微米和纳米尺度上进行元素分析，因此可以对极小区域内的元素分布和含量进行精确测定。这对于研究材料的微观结构和性能，以及纳米材料的制备和性质具有重要意义。此外，X 射线荧光光谱技术还具有高灵敏度、高分辨率和高精度等特点。目前，基于同步辐射的 X 射线荧光光谱可以实现 $10\,\text{ppm}(1\,\text{ppm}=10^{-6})$ 的灵敏度，空间分辨率为 $1\,\mu\text{m}$，检测限为 $50\sim100\,\text{ng}\cdot\text{g}^{-1}$。X 射线荧光光谱的高灵敏度使其能够检测和研究各种材料中的痕量成分或杂质。

X 射线荧光光谱是分析太阳能电池中元素分布的有力工具。该技术可用于分析薄膜中存在的不同组分的均匀性或缺陷。在同步加速器 X 射线荧光光谱中，很容易检测到较重的元素，这对于分析太阳能电池中的卤素、金属离子分布是有利的。

5. 椭圆偏振光谱

椭圆偏振光谱是一种通过测量材料对椭圆偏振光的响应获取物质性质信息的技术。椭圆偏振光谱广泛用于研究材料的光学性质，特别是固体表面、薄膜和生物分子等。椭圆偏振光谱通过测量入射光波的电矢量在椭圆偏振状态下的变化获取材料的多种信息，如折射率、吸收系数、薄膜厚度、表面粗糙度等。

椭圆偏振光谱中，反射光的特性分成两个分量：P 和 S 偏振态。P 分量是指平行于入射面的线性偏振光，S 分量是指垂直于入射面的线性偏振光(图 7.23)。这两个分量的菲涅

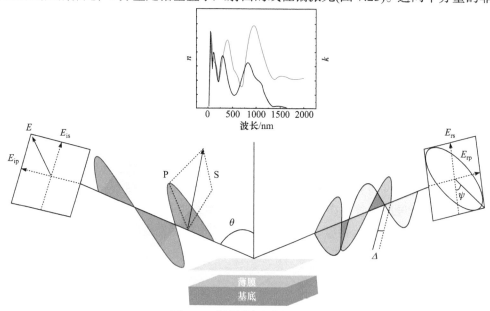

图 7.23 椭圆偏振测量原理图

尔反射系数是各自的反射波振幅与入射波振幅的比值。通过测量这些反射系数的变化，可以了解材料中的缺陷态和陷阱态。

在太阳能电池中，椭圆偏振光谱可用于表征材料的光学常数，如折射率和吸收系数等；通过分析椭圆偏振光谱的变化，也可以确定活性层薄膜的厚度分布；椭圆偏振光谱还可以提供有关活性层薄膜表面状态和电子结构的信息，以及用于研究材料在不同应力和形变条件下的响应等。

6. 拉曼光谱

拉曼光谱是一种基于光的散射效应进行分析的技术，它可以提供关于材料的结构和成分信息。在太阳能电池领域，拉曼光谱可以通过检测材料的振动模式分析太阳能电池材料的成分；研究太阳能电池中材料的相变过程，包括在光照条件下的相稳定性等；分析电池材料的缺陷态和陷阱态，进而提高电池的稳定性；分析太阳能电池中的表面和界面特性；通过观察拉曼光谱中的电荷传输激子和极化子等峰值，还可以揭示电荷在材料中的传输机制，从而了解光生载流子的产生和传输过程。

7. 红外光谱

红外光谱在太阳能电池中主要起表征材料分子结构和化学组成的作用。具体来说，当红外光照射到材料上时，材料中的分子吸收这些光能。不同的分子或化学键对不同波长的光有不同的吸收能力。因此，通过测量样品对不同波长的红外辐射的吸收特性，可以获取关于材料的详细信息。例如，它可以揭示材料的光学带隙、振动模式及化学成分等。

值得注意的是，红外光谱对于理解太阳能电池材料的光电转换过程也具有重要作用。例如，有研究发现太阳能电池材料中的缺陷态和陷阱态可以通过红外光谱进行识别和分析。这对于优化太阳能电池的性能并提高其稳定性具有重要意义。

7.3.2　太阳能电池电学特性分析

1. I-V测试

太阳能电池 I-V 测试是一种基本电学分析手段，通过测量太阳能电池在不同电压下的输出电流，描绘出 I-V 曲线(图 7.24)，从而全面评估太阳能电池的性能。该测试的核心在于，通过调整外部电路的负载电阻，系统记录太阳能电池的电流与电压数据，并基于欧姆定律分析两者之间的关联，最终绘制出详尽的 I-V 曲线。为了确保测试结果的准确性，测试过程中需确保太阳能电池的工作温度维持在适宜范围，且光照强度达到仪器要求并保持恒定。

实施太阳能电池 I-V 测试时，首先将待测太阳能电池置于光照环境下，并与测试仪器进行连接。然后，根据测试需求，设定光照强度、温度等关键参数。再逐步调整外部电路负载电阻，详细记录太阳能电池在不同电压下的输出电流与电压数据，并基于欧姆定律，深入分析电流与电压之间的内在联系。最后，根据所测数据，绘制出反映太阳能电池性能的 I-V 曲线。通过对该曲线的深入分析，可获得短路电流密度(J_{sc})、开路电压(V_{oc})、最大输出功率(P_{max})等关键参数。

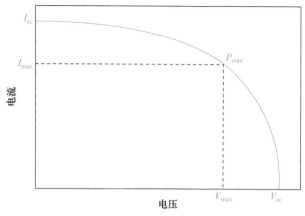

图 7.24   太阳能电池 I-V 曲线

太阳能电池 I-V 测试设备多种多样，主要包括以下几种：

(1) I-V 曲线测试仪：这种设备可以现场测试不同温度和辐照度条件下光伏组件的功率、开路电压、短路电流及最大功率点电压、电流，并转化为标准测试条件(STC)下的数据。它还能通过专用的算法计算出串联电阻。

(2) 太阳能电池 I-V 测试系统：这是专门用于测量太阳能电池 I-V 特性曲线的设备，可以直接得到光伏器件的各项物理性能，包括光电转换效率、填充因子、短路电流等。

(3) 便携式高精度光伏电池伏安特性测试仪：主要用于室外太阳能电池阵列/组件/电池片伏安特性测试，能够方便、快速地测试太阳能电池阵列/组件/电池片在自然光照下的工作特性。

I-V 测试在太阳能电池性能评估中展现出显著优势。首先，该测试为非破坏性测试，确保在不损害太阳能电池的前提下进行性能评估。其次，I-V 测试具有高精准度，能够精确测量太阳能电池的电流与电压输出，从而准确评估其性能稳定性及输出能力。此外，该测试方法具有良好的可重复性，可多次进行测试以验证太阳能电池的稳定性。然而，I-V 测试也存在一些问题。一方面，测试条件的控制难度较大，光照强度、温度等因素均可能对测试结果产生显著影响，需进行精细调控；另一方面，测试仪器的精度要求极高，以确保测试结果的准确性，这在一定程度上增加了测试成本和技术难度。尽管如此，通过不断优化测试条件和提高仪器精度，I-V 测试仍将是太阳能电池性能评估中不可或缺的重要方法。

2. 光谱响应特性测试

光谱响应度定义为太阳能电池在特定波长单位辐照度下的短路电流值，单位为 $A \cdot W^{-1}$，它反映了太阳能电池对不同波长单色光的响应程度。太阳能电池的光谱响应度测量对于研究和开发太阳能电池具有重要意义。太阳能电池的光谱响应特性是指对不同波长光的响应情况，该方法可以了解电池的吸收特性和响应范围。具体来说，当某一波长的光照射在电池表面上时，每一光子平均所能产生的载流子数就代表了太阳能电池对这一波段光的响应强度。光谱响应可以分为绝对光谱响应和相对光谱响应。各种波长的单位辐射光能或对应的光子入射到太阳能电池上，将产生不同的短路电流。按波长的分布求得其对应的短路电流变化曲线称为太阳能电池的绝对光谱响应。如果每一波长以一定等量的辐射光能或等光子数入射到太阳能电池上，所产生的短路电流与其中最大短路电流比较，按波长的分布求得其比值变化曲线，这就是该太阳能电池的相对光谱响应。

通过测量材料的光谱响应特性，可以确定材料对太阳辐射的吸收能力和光电转换效率。太阳能电池的光谱响应特性测量通常采用两种主要方法：滤色片法和单色仪法。滤色片法可以准确反映整块太阳能电池的光谱响应特性，而单色仪法能反映某一特定位置处太阳能电池的光谱响应特性。滤色片法使用滤色片生成不同波长的单色光(图 7.25)，辐照强度较大，光束面积可变，适用于大面积太阳能电池的测试，如美国可再生能源实验室和德国弗劳恩霍夫太阳能系统研究所等；单色仪法使用单色仪产生不同波长的单色光(图 7.26)，波长间隔小，准确度高，适用于小面积太阳能电池的测试，如德国联邦物理技术研究院和中国计量科学研究院。光谱响应度的测量过程为：光源产生的单色光通过斩波器后照射到样品电池的表面，此时样品电池的响应为 I_t，将标准电池放置在样品电池同一位置，此时标准电池的响应为 I_r，已知标准电池的光谱响应度为 S_r，则样品电池的响应 S_t 为

$$S_t = \frac{I_t}{I_r} S_r \tag{7.7}$$

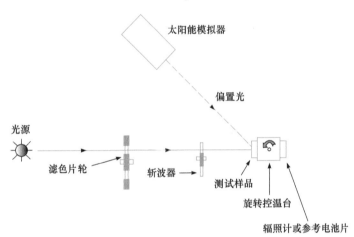

图 7.25　滤色片法

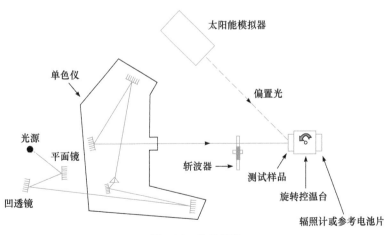

图 7.26　单色仪法

太阳能电池的制备工艺也会影响其光谱响应特性，这意味着可以通过调控材料的化学组成和能带结构优化其光谱响应特性。太阳光谱的波长范围为 200～2500 nm，其中能量较高的紫外线和能量较低的红外线对太阳能电池的响应能力相对较低。具体来说，只有能量大于材料禁带宽度的光子才能在被吸收时在材料中产生电子-空穴对，进而形成电流。相反，能量小于材料禁带宽度的光子即使被吸收也不能产生电子-空穴对，只能使材料变热。因此，通过调控材料的禁带宽度，可以优化太阳能电池对特定波长光的响应能力，从而提高其光电转换效率。例如，氮、硼等元素的掺杂可以有效调整和改善硅太阳能电池的光谱响应特性。

3. 量子效率测试

量子效率是指太阳能电池在某一特定波长下产生的平均光电子数与入射光子数之比，它反映了太阳能电池对不同波长光的响应和利用程度。理想情况下，每个入射光子都能产生一个光电子，量子效率为 1。实际上，由于太阳能电池的吸收、传输、再结合等过程的损耗，量子效率通常小于 1，并且随着波长的变化而变化。量子效率检测可以评价太阳能电池的性能和质量，如吸收系数、载流子寿命、载流子迁移率、界面特性等。通过对比不同材料、结构、工艺条件下的量子效率曲线，可以找出影响太阳能电池性能的关键因素，并进行优化设计。此外，量子效率检测可以指导太阳能电池的应用和系统设计，通过分析不同波长光对太阳能电池的贡献，可以选择更适合当地光谱分布的太阳能电池类型，并根据量子效率曲线进行光谱匹配和光谱修正，提高太阳能电池的输出稳定性和可靠性。

由于具体情况不同，电池厂商在检测太阳能电池的量子效率时会根据实际情况进行具体分析，因此不能单一地使用一种检测方法对太阳能电池进行量子效率检测。太阳能电池的量子效率测试方法主要有单色光法、外量子效率法、双波长法和模拟太阳光法。

(1) 单色光法：单色光法是一种绝对测量方法，它不需要参考对象的标准样品，而是通过测量太阳能电池在单色光照射下的短路电流计算其量子效率。该方法可以准确、可靠地检测太阳能电池的量子效率与光谱响应大小，并可用于检测各种类型的太阳能电池。

(2) 外量子效率法：外量子效率法也称为积分球法，是一种相对测量方法，需要一个与待测太阳能电池相似且量子效率已知的标准样品作为参考。将待测太阳能电池和标准样品分别放置在积分球内，通过测量它们在白光照射下的反射、投射和吸收比例，计算出待测太阳能电池的量子效率。

(3) 双波长法：双波长法与单色光法类似，是一种绝对测量法，它不需要参考对象的标准样品，而是通过测量太阳能电池在两个不同波长下的短路电流计算其量子效率。双波长法可使太阳能电池在两个不同波长下产生的短路电流之比与入射光子数之比成正比，再通过插值或外推法，即可得到其他波长下的量子效率。使用双波长法进行量子效率检测，只需要两个波长点就可以得到整个波长范围内的量子效率曲线，从而消除温度、接触等因素对测量结果的影响。

(4) 模拟太阳光法：模拟太阳光法与积分球法类似，需要一个与待测太阳能电池相似且量子效率已知的标准样品作为参考。将待测太阳能电池和标准样品分别放置在模拟太阳光源下，通过测量它们的短路电流和开路电压，计算出待测太阳能电池的量子效率。

4. 电致发光检测

电致发光检测也称为电子发光检测，是太阳能电池中非常重要的一项质量检测，主要用于检测太阳能电池内部的缺陷，如裂纹、断口、短路等，以及太阳能电池的热电效应。电致发光检测利用在外加电场的作用下，电致发光材料会发出光线的特点(图 7.27)。这些光线可以通过光学系统进行收集并转换为电信号，进而实现对材料表面缺陷的检测。电致发光现象的产生与材料的能带结构密切相关。当外加电场作用在电致发光材料上时，电子从价带激发到导带，从而产生电子-空穴对。这些电子-空穴对在复合过程中释放出能量，并以光子的形式释放出来。该技术还利用滤波片

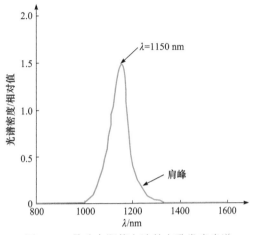

图 7.27　晶硅太阳能电池的电致发光光谱

的作用及底片的曝光程度来了解在自发辐射中本征跃迁的情况，即太阳能电池的电致发光亮度正比于少子扩散长度，正比于电流密度，再通过计算机处理后显示出来，从底片的曝光程度就可以判断硅片中是否存在缺陷。通过电致发光图像的分析可以有效地发现硅片、扩散、钝化、网印及烧结各个环节可能存在的问题，对改进工艺、提高效率和稳定生产都有重要的作用。因此，太阳能电池电致发光检测仪被认为是太阳能电池生产线的“眼睛”。

电致发光检测仪是一款专为太阳能电池板质量检测和性能评估而设计的设备，具有高效、可靠、自动化、多功能和便携等特点。它采用高精度、高速度的检测系统，可以快速、准确地检测太阳能电池板的质量和性能，提高检测效率。同时，电致发光检测仪的自动化程度非常高，可以自动扫描、自动检测和自动分析等，减少人工操作，降低误差，其结果具有高度的可靠性和准确性，可有效避免人为因素对检测结果的影响。

7.3.3　太阳能电池的认证与相关标准

认证是对太阳能电池性能和质量的有力证明。通过一系列标准化测试和评估，认证机构可以确保太阳能电池的转换效率、电气安全、机械安全、环境适应性等方面达到既定的标准，有助于消费者了解产品的性能和质量，从而做出更明智的购买决策。认证也有助于太阳能电池产品在国际市场上获得认可和接受，从而促进产品的出口和销售。在许多国家和地区，使用经过认证的太阳能电池是政府或其他机构的硬性要求。此外，认证还可以加强产品的质量控制和风险管理。认证机构对太阳能电池的设计和性能进行严格的审核和测试，确保产品符合相关标准和法规。这有助于减小缺陷产品流入市场的风险，提高产品的可靠性和持久性，从而保护消费者的权益。对于生产厂家，通过太阳能电池认证可以提升产品的竞争力和品牌形象，有助于厂家在市场中树立良好的口碑和形象。

1. 太阳能电池认证标准

太阳能电池认证标准主要包括国际电工委员会(IEC)标准和美国国家标准学会(ANSI)标准，一些国家和地区也制定了一些适用于本地实际情况的太阳能电池相关的标准。

(1) IEC 标准：IEC 是制定和发布国际电工技术标准的权威机构，其制定的太阳能电池相关标准主要包括以下几种。

IEC 61238-1：晶体硅光伏组件的测试方法，主要针对单晶硅、多晶硅和薄膜硅太阳能电池。该标准规定了太阳能电池的基本要求，包括光电转换效率、温度系数、开路电压、短路电流、填充因子等参数。

IEC 61238-2：薄膜光伏组件的测试方法，主要针对非晶硅、铜铟镓硒、钙钛矿等薄膜太阳能电池。该标准同样规定了太阳能电池的基本要求，并对薄膜太阳能电池的特殊性能进行了测试。

IEC 61400-12-1：地面用光伏系统设计鉴定和定型，主要针对光伏发电系统的设计、安装、运行和维护等方面。该标准为光伏发电系统的设计提供了指导原则，并规定了系统的性能要求和安全要求。

(2) ANSI 标准：ANSI 是美国制定和发布国家标准的权威机构，其制定的太阳能电池相关标准主要包括以下几种。

ANSI C12.27-2017：光伏组件的可靠性测试方法，主要针对晶体硅光伏组件。该标准规定了光伏组件在长期运行过程中可能出现的故障类型，以及相应的测试方法和评价指标。

ANSI C12.35-2017：光伏组件的机械载荷测试方法，主要针对晶体硅光伏组件。该标准规定了光伏组件在运输、安装和使用过程中可能承受的机械载荷，以及相应的测试方法和评价指标。

(3) 其他国家和地区的标准：除 IEC 和 ANSI 外，其他国家和地区也制定了一些太阳能电池相关的标准，如欧洲的 EN 标准、中国的 GB 标准等。这些标准在基本要求和测试方法方面与 IEC 和 ANSI 的标准相似，但具体细节可能存在差异。例如，欧洲的标准 EN 61238-1 在光电转换效率测试方法上采用了不同的计算方法，而中国的国家标准 GB/T 9535—1998 对太阳能电池的外观质量和尺寸公差提出了更高的要求。

2. 认证机构

为了确保太阳能电池产品的质量和技术性能，各国和地区设立了一些专门的认证机构。这些认证机构通过对太阳能电池产品进行严格的测试和评估，为消费者提供可靠的产品信息和质量保障。这些认证机构还定期对认证实验室进行审查和监督，确保测试结果的准确性和可靠性。目前国际知名的太阳能电池认证机构包括：德国 TüV SÜD(技术检验协会南德意志集团)、美国保险商实验室(Underwriters Laboratories，UL)、美国国家可再生能源实验室。在国内，权威的认证机构主要是中国质量认证中心(CQC)和北京鉴衡认证中心(CGC)。

总之，太阳能电池的认证与相关标准是确保产品质量和安全的重要手段。通过遵循

IEC 和 ANSI 等相关标准,以及各国和地区的认证机构的严格测试和评估,可以有效提高太阳能电池产品的性能和安全性,为全球可再生能源的发展做出贡献。

7.4 总结与展望

太阳能电池作为清洁能源的重要组成部分,在民生、太空和军事等领域取得了显著的进展。随着全球对气候变化和可持续发展的日益关注,太阳能电池作为一种无污染、可再生的能源形式,其市场需求和应用领域都在不断扩大。

半个多世纪以来,技术进步和成本降低持续推动了太阳能电池的发展。光伏技术取得了显著进步,太阳能电池的效率不断提高,同时生产成本逐渐降低。这使得太阳能电池的竞争力进一步增强,市场份额有望持续增长。另外,太阳能电池的应用领域将不断拓宽。除传统的大型光伏电站外,太阳能电池还可以应用于建筑一体化、农业光伏、光伏扶贫、光伏+储能等领域。这些多元化的应用将为太阳能电池市场带来更多的机会和发展潜力。此外,新的光伏技术也不断涌现并应用于太阳能电池领域。例如,薄膜太阳能电池、有机太阳能电池等新技术正在逐步发展成熟,它们有望进一步提高光伏发电的效率和可靠性,推动太阳能电池的发展。

总的来说,太阳能电池的发展前景十分乐观。随着技术进步、成本降低、应用领域拓宽以及政策支持的加强,太阳能电池将在未来继续保持快速增长势头,为全球能源结构的转型和可持续发展做出重要贡献。然而,需要注意的是,太阳能电池产业的发展仍面临一些挑战,如政策和资源限制、技术瓶颈、发电成本等,因此需要在不断创新和突破中寻求持续发展。

一方面,虽然太阳能发电市场在一些地区已经取得了显著的进展,但仍有许多国家和地区的太阳能市场未能得到充分利用。这主要是由于缺乏配套政策和制度的支持。因此,在未来的发展中,需要加强对并网太阳能系统的支持,制定更加完善的政策和法规,以便更广泛地推广和应用太阳能发电技术。

另一方面,近年来太阳能发电的总体成本仍然较高,限制了其在能源市场中的普及和应用。为了促进太阳能市场的发展,需要继续实施激励措施和折扣,也需要采取创新的方法减轻政策激励措施所带来的财政负担。通过技术进步和成本降低,可以进一步降低太阳能发电的成本,使其更具竞争力。

展望未来的发展方向时,太阳能行业应更多地关注技术的质量和发展。尽管成本是一个重要的考虑因素,但不能牺牲技术的可靠性和稳定性。因此,研究人员应致力于提高太阳能技术的效率、稳定性、可制造性和可用性,以降低系统平衡成本和模块成本。此外,还需将太阳能与其他传统能源和可再生能源进行比较,进一步提高太阳能的竞争力。通过开展更多的研究和创新,可以推动光伏技术的发展,提高其性能和可持续性。

总之,尽管太阳能技术存在一些挑战,但它仍然是满足未来全球能源需求的最有希望的可再生能源之一。通过持续的技术创新和政策支持,可以进一步推动太阳能技术的发展,实现可持续和更清洁的能源未来。

思 考 题

1. 什么是单晶硅太阳能电池、多晶硅太阳能电池、薄膜太阳能电池？它们有什么优势？

2. 太阳能光伏发电系统如何分类？各种类型的光伏发电系统的工作原理有什么不同？

3. 太阳能电池如何满足照明工具的实际应用需求？

4. 光伏建筑一体化对太阳能电池的透明度有什么要求？试举例说明如何实现光伏材料的高透明度。

5. 简述太空太阳能电池的种类及优势。

6. 在日常生活中，太阳能电池还有哪些具体应用？

7. 简述硅太阳能电池、有机太阳能电池及钙钛矿太阳能电池失效的主要原因。

8. 影响电池组件输出功率的主要因素有哪些？

9. 简述几种常用的太阳能电池光学与电学特性分析检测手段。

10. 稳态光致发光光谱与瞬态光致发光光谱有什么区别？它们分别能获得材料的哪些信息？

参 考 文 献

毕凯, 宋明中, 林玉杰. 2021. 光伏建筑一体化技术及应用. 中国科技信息, (11): 41-42.

勃莱克莫尔 J S. 1965. 半导体统计学. 黄启圣, 陈仲甘译. 上海: 上海科学技术出版社.

陈庆东, 张宇翔, 郭敏, 等. 2008. 不同衬底上沉积硅薄膜的固相晶化研究. 真空科学与技术学报, (3): 230-234.

陈尚伍, 陈敏, 钱照明. 2006. 高亮度 LED 太阳能路灯照明系统. 电力电子技术, (6): 43-45.

国网嘉兴供电公司. 2017. 分布式光伏项目并网实例分析. 北京: 中国电力出版社.

国网能源研究院. 2010. 中国节能节电分析报告. 北京: 中国电力出版社.

何有军, 李永舫. 2009. 聚合物太阳能电池光伏材料. 化工进展, 21: 2303-2318.

黄德修, 黄黎蓉, 洪伟. 1989. 半导体光电子学. 成都: 电子科技大学出版社.

黄昆, 韩汝琦. 1979. 半导体物理基础. 北京: 科学出版社.

黄昆, 谢希德. 1958. 半导体物理学. 北京: 科学出版社.

黄勇. 2015. 光伏发电系统在温室大棚上的应用. 科技广场, (5): 69-76.

孔凡太, 戴松元. 2006. 染料敏化太阳能电池研究进展. 化学进展, 18(11): 1409-1424.

李甫, 徐建梅, 张德. 2007. 有机太阳能电池研究现状与进展. 能源与环境, (4): 52-54.

刘春娜. 2013. 国外铜铟镓硒太阳能电池研发现状. 电源技术, 37: 2095-2096.

刘恩科, 朱秉升, 罗晋生. 2017. 半导体物理学. 7 版. 北京: 电子工业出版社.

刘寄声. 2016. 太阳能电池加工技术问答. 2 版. 北京: 化学工业出版社.

栾和新, 庄大明. 2013. 磁控溅射法制备 ZnO 薄膜的工艺与性能研究. 太阳能学报, 34(10): 1729-1734.

罗玉峰. 2011. 光伏电池原理与工艺. 北京: 中央广播电视大学出版社.

苗青青, 石春艳, 张香平. 2022. 碳中和目标下的光伏发电技术. 化工进展, 41(3): 1125-1131.

上官小英, 常海青, 梅华强. 2019. 太阳能发电技术及其发展趋势和展望. 能源与节能, (3): 60-63.

施敏. 1987. 半导体器件物理. 黄振岗译. 北京: 电子工业出版社.

施敏, 李明逵. 2014. 半导体器件物理与工艺. 3 版. 王明湘, 赵鹤鸣译. 苏州: 苏州大学出版社.

史丹. 2022. 中国能源发展前沿报告(2021). 北京: 社会科学文献出版社.

史丹. 2023. 中国能源发展前沿报告(2023). 北京: 社会科学文献出版社.

史密斯. 1966. 半导体. 高鼎三, 等译. 北京: 科学出版社.

唐士洲, 邢锋. 2012. 太阳能电池在偏远基站的应用. 通信电源技术, 29(6): 47-49.

叶良修. 2007. 半导体物理学(上册). 2 版. 北京: 高等教育出版社.

尤源. 2014. 光伏发电原理与实践. 北京: 科学出版社.

袁惊柱. 2021. "十四五"时期, 我国能源发展趋势与挑战研究. 中国能源, 43(7): 34-40.

张贺, 常泽军, 吴英敏. 2023. 中国天然气发展报告(2023). 北京: 石油工业出版社.

Baliga B J. 2010. Fundamentals of Power Semiconductor Devices. New York: Springer Science & Business Media.

Barrett N J, Holtom P D, Houldsworth R A. 2004. Optics. 4th ed. Harlow: Addison-Wesley.

Bi S Q, Leng X Y, Li Y X, et al. 2019. Interfacial modification in organic and perovskite solar cells. Advanced Materials, 31(45): 1805708.1-1805708.8.

Chang C W, Matsui T, Kondo M. 2008. Electron spin resonance study of hydrogenated microcrystalline silicon-germanium alloy thin films. Journal of Non-Crystalline Solids, 354: 2365-2368.

Chenming C H. 2012. 集成电路中的现代半导体器件(英文版). 北京: 科学出版社.

Colinge J P, Colinge C A. 2002. Physics of Semiconductor Devices. Boston: Kluwer Academic Publishers.

Enrichi, F, Righini G C. 2019. Solar Cells and Light Management: Materials, Strategies and Sustainability. Burlington: Elsevier.

Feifel M, Rachow T, Benick J, et al. 2017. Gallium phosphide window layer for silicon solar cells. IEEE Journal of Photovoltaics, 6(1): 384-390.

Fraas L M. 2014. Low-Cost Solar Electric Power. Switzerland: Springer International Publishing.

Geyer R, Jambeck J R, Law K L. 2017. Production, use, and fate of all plastics ever made. Science Advances, 3(7): e1700782.

Kitai A. 2011. Principles of Solar Cells, LEDs, and Diodes: the Role of the PN Junction. Chichester: Wiley.

Neamen A. 2012. Semiconductor Physics and Devices: Basic Principles. New York: McGraw-Hill.

Nelson J. 2003. The Physics of Solar Cells. London: Imperial College Press.

Olga M. 2018. Semiconductor Physics. Oakville: Arcler Press.

Park N G, Grätzel M, Miyasaka T. 2016. Organic-Inorganic Halide Perovskite Photovoltaics. Switzerland: Springer International Publishing.

Rajagopal A, Yao K, Jen A K, et al. 2019. Advances in interface engineering towards highly efficient perovskite solar cells: A review. Journal of Materials Chemistry A, 7: 21643-21662.

Rashid M H. 2011. Power Electronics Handbook-Devices, Circuits, and Applications. 3rd ed. Burlington: Elsevier.

Reddy K R, Reddy K R, Kim S. 2021. Surface texturing of perovskite solar cells. Journal of Materials Chemistry A, 9: 4443-4473.

Shao Y C, Yuan Y B, Huang J S. 2016. Correlation of energy disorder and open-circuit voltage in hybrid perovskite solar cells. Nature Energy, 1: 15001.

Spreng R M, Sorrell S. 2015. A New Energy Paradigm: Pathways to a Sustainable Future. London: Earthscan.

Stern N. 2007. The Economics of Climate Change: The Stern Review. Cambridge: Cambridge University Press.

Streetman B G, Sanjay B. 1995. Solid State Electronic Devices. Vol. 4. Englewood Cliffs: Prentice Hall.

Tiwari S. 2020. Semiconductor Physics Principles, Theory and Nanoscale. Oxford: Oxford University Press.

Wang S. 1966. Solid State Electronics. New York: McGraw-Hill.

Yang R, Zhang Y, Grätzel M. 2020. Light management strategies towards high-efficiency perovskite solar cells. Materials Today, 37: 105-138.

Yu P Y, Cardona M. 2010. Fundamentals of Semiconductors: Physics and Materials Properties. 4th ed. Berlin: Springer.

Zou L, Durban M, Clark E. 2019. Concentrating solar power plants: Review and design methodology. Renewable and Sustainable Energy Reviews, 99: 29-43.